Technologie der Messwandler

Ruthard Minkner · Joachim Schmid

Technologie der Messwandler

Strom- und Spannungsmessung und Isolationssysteme

Springer Vieweg

Ruthard Minkner
Pfeffingen, Schweiz

Joachim Schmid
Müllheim, Deutschland

ISBN 978-3-658-30206-1 ISBN 978-3-658-30207-8 (eBook)
https://doi.org/10.1007/978-3-658-30207-8

Die Deutsche Nationalbibliothek verzeichnet diese Publikation in der Deutschen Nationalbibliografie; detaillierte bibliografische Daten sind im Internet über http://dnb.d-nb.de abrufbar.

Planung/Lektorat: Reinhard Dapper
Springer Vieweg ist ein Imprint der eingetragenen Gesellschaft Springer Fachmedien Wiesbaden GmbH und ist ein Teil von Springer Nature.
Die Anschrift der Gesellschaft ist: Abraham-Lincoln-Str. 46, 65189 Wiesbaden, Germany

Vorwort

Während der Arbeit an der Monografie „Ferroresonance Oscillations in Substations with inductive voltage transformers, in medium and high voltage systems“ sind wir auf die verschiedenen Konstruktionsprinzipien von Messwandler gestoßen, die in der Literatur nicht beschrieben sind. In der deutschen technischen Literatur betreffend Messwandler ist das Buch von R. Bauer [1], erschienen 1953, zu nennen und eine Sammlung von Aufsätzen, herausgegeben von I. Grambow [2] im Jahr 2003. Außerdem sind einzelne Aspekte der Messwandler in Aufsätzen in technischen Zeitschriften behandelt. Weiter fehlt in der heutigen Literatur der Einsatz von elektrischen Feldern [3] in der Dimensionierung der Messwandler. Der Einsatz dieses Werkzeugs wurde erst möglich durch verfügbare Hochleistungsrechner. In dem vorliegenden Lehrbuch spielen elektrische Felder eine wesentliche Rolle und ermöglichen Konstruktionen von Messwandlern, die noch vor 10 Jahren nicht möglich waren.

Die beiden Autoren Dr.-Ing. Ruthard Minkner und Dr.-Ing- Joachim Schmid sind auf dem Sektor Hochspannungsmesstechnik tätig.

Dr.-Ing. Ruthard Minkner war Direktor der Firma Emil Haefely AG in Basel. Er hat industrielle Erfahrung in Hochspannungssystemen und in Stabilitätsproblemen nichtlinearer Systeme. Er lehrte an der Berner Fachhochschule in Burgdorf Hochspannungstechnik und Regelungstechnik und war Gastprofessor an der State University of Washington (USA) in Pullman. Er leitete verschiedene IEC Arbeitsgruppen und bekam 3-mal den „IEC 1906 Award“ überreicht.

Dr.-Ing. Joachim Schmid war Entwicklungsleiter für Messwandler bei der Firma Trench Switzerland AG in Basel. Er ist Vorsitzender des Schweizerischen Elektrotechnischen Komitees CES TK 38 und leitet verschiedene IEC Arbeitsgruppen. Auch er bekam für sein Engagement in der Erstellung der Normen den „IEC 1906 Award“ überreicht. Er betreute mehrere Diplomarbeiten an der Berner Fachhochschule in Burgdorf auf dem Gebiet Kleinsignalwandler.

In den Abschnitten über neue Messtechnologien wird auch der optische Stromwandler und der RC-Teiler zur Spannungsmessung behandelt. Bei der Spannungsmessung scheint sich der kompensierte R-Teiler und der RC-Teiler als modernes Messmittel durchzusetzen.

Viele offene Fragen wurden mithilfe von Diplomarbeiten von Studenten der Berner Fachhochschule in Burgdorf geklärt. Die Herren J. Schmid, R. Minkner und V. Karius waren Ansprechpartner der Diplomanden. Ein Exemplar der Diplomarbeiten befindet sich an der Berner Fachhochschule. Die entnommenen Ergebnisse sind das geistige Eigentum der Diplomanden und betreuenden Experten.

Die Autoren danken der Berner Fachhochschule in Burgdorf für die Möglichkeit im Rahmen von Semester- und Diplomarbeiten technisch ungeklärte Phänomene zu lösen.

Ruthard Minkner führte während der Vorlesung über Hochspannungsmesstechnik an der State University of Washington in Pullman viele Gespräche über existierende Schwierigkeiten in der Hochspannungsmesstechnik. An dieser Stelle wird PhD Edmund Schweizer, Präsident der Relays Company SEL für sein Interesse an der Hochspannungsmesstechnik gedankt.

Dem Springer Verlag wird gedankt für die Bereitschaft dieses Lehrbuch zu publizieren.

2020

Ruthard Minkner
Joachim Schmid

Einführung

Die Autoren sind bemüht durch den Einsatz von praktischen Beispielen und detailierten Abbildungen den Inhalt so verständlich wie möglich dem Leser zu öffnen.

In der Tab. 1 ist der Inhalt des Buches dargestellt.

In dem vorliegenden Lehrbuch werden Konstruktionen und Berechnungen aufgezeichnet, die von den Verfassern in Vorschriften, Schulungen und Vorträgen gebracht wurden.

Ein besonderes Kapitel wurde der Technologie der Widerstände gewidmet, welche in kompensierten R-Teilern und RC-Teilern eingesetzt werden. Der Einsatz der Widerstände, kombiniert mit Kondensatoren in Spannungswandlern, ist erst am Anfang.

Die Überprüfung der Messwandler im Betrieb beschränkt sich heute auf Teilentladungsmessung, Gas in Öl Analysen, Undichtigkeiten etc. Diese Punkte werden im Kapitel Qualitätskontrolle behandelt.

Tab. 1 Übersicht über die behandelten Themen

Technologie der Messwandler

Isolation	Durchführungen	Strommessung	Spannungsmessung	Qualität
Einführung und Normung	Einführung und Normung	Einführung und Normung	Einführung und Normung	Gas in Öl Analyse
Öl-Papier	Öl-Papier	konventionell	induktive	Beurteilung von TE
Gießharz	SF_6	Kleinsignal	kapazitive	
SF_6 Gas		Rogowski	Widerstandstechn.	
Silikongel		Optisch (Faradayeffekt)	Kondensatortechn.	
Porzellan			Komp- R-Teiler	
Verbundisolatoren			RC-Teiler	
			Optisch (Pockelseffekt)	

Inhaltsverzeichnis

Isolation für Hochspannungsgeräte

1

1.1 Einführung und Normen

In dem folgenden Kapitel wird die elektrische Isolation von Messwandlern beschrieben. Es werden sowohl die innere Isolation der Wandler mit verschiedenen Materialien als auch die äußere Isolation mit Porzellan- oder Verbundisolatoren behandelt.

Als innere Isolation kommen sowohl flüssige, gasförmige und feste Isolierstoffe zur Anwendung. Zur Beurteilung der Materialien ist ein wesentlicher Aspekt die eingesetzte Prüfanordnung, die von der IEC Anordnung (Kugel-Kugel) [4] abweicht. Eine Prüfanordnung, wie in Abb. 1.1a dargestellt, wurde für die in den folgenden Kapiteln beschrieben Öl-Papierisolationen verwendet. Abb. 1.2b zeigt eine weiterentwickelte Elektrode, welche mit einem Rogowskiprofil ausgeführt ist. Die mit Epoxidharz eingegossene Hochspannungselektrode verhindert eine Erhöhung der Feldstärke am Rand (Zwickel-Effekt). Mit diesen Elektrodenanordnungen ist es möglich, für die eingesetzten Isolationssysteme einwandfrei die dielektrische Festigkeit bzw. die Durchschlagsspannung zu messen. Als flüssiges Imprägniermittel wird als Beispiel das Isolieröl Shell Diala D hydrofinish als Muster benutzt. Die Erfahrungen der Autoren basieren auf Untersuchungen mit diesem Öl, das aber heute nicht mehr hergestellt wird.

Die beschriebene Prüfeinrichtung ist einsetzbar für flüssige, feste und gasförmige Isolierstoffe. Bei den festen Isolierstoffen kommen sowohl geschichtete Öl-Papierisolierungen, geschichtete Folienisolierungen und feste Isolierstoffe wie Gießharz zum Einsatz.

Für die Isolation von Messwandlern sind die beiden internationalen Normen IEC 60071-1 [5] und IEC 60505 [6] maßgebend.

IEC 60071-1 beschreibt die Isolationskoordination von Isoliersystemen in Hochspannungsgeräten. In Abhängigkeit der höchsten zulässigen Systemspannung U_m werden Werte für Überspannungen definiert, welche die Isolation halten muss. Es werden für

R. Minkner und J. Schmid, *Technologie der Messwandler*,
https://doi.org/10.1007/978-3-658-30207-8_1

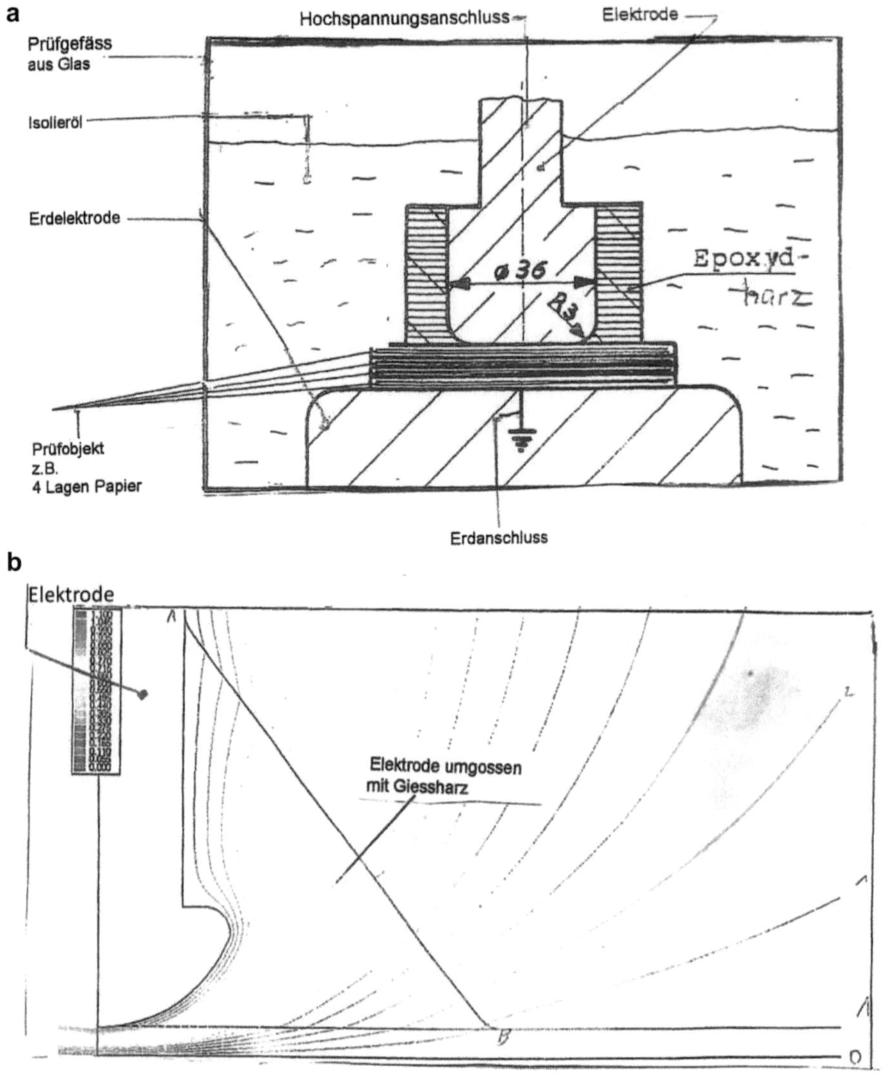

Abb. 1.1 Prüfeinrichtungen zur Bestimmung der dielektrischen Festigkeit **a** Anordnung zur Bestimmung der dielektrischen Festigkeit von Isolierstoffen, z. B. ölimprägnierte Papierisolation. **b** Elektrodenanordnung mit eingegossenem Rogowskiprofil zur Bestimmung der dielektrischen Festigkeit von Isolierstoffen

Geräte mit U_m kleiner 300 kV die Stehwechselspannung und die Stehblitzstoßspannung (BIL) definiert, für Geräte mit U_m größer oder gleich 300 kV werden die Stehblitzstoßspannung und Stehschaltstoßspannung (SIL) definiert. IEC 60071-2 [7] gibt Anwendungsrichtlinien zu der Isolationskoordination.

IEC 60505 beschreibt die Basis zur Bestimmung der Lebensdauer eines elektrischen Isoliersystems unter elektrischen, thermischen, mechanischen und Umwelteinflüssen. Die Mechanismen der Alterung werden dabei erklärt und Prüfmethoden zur Lebensdauer beschrieben.

1.2 Isolieröle für Messwandler

1.2.1 Eigenschaften verschiedener Isolieröle

Die in der Tab. 1.1 aufgeführten Öle „Shell Diala D hydrophinish" und „Nytro Libra" von Nynas sind aufbereitete Mineralöle ohne Zusätze. Für das über 20 Jahre eingesetzte Mineralöl Shell Diala D hydrofinish liegen die meisten Erfahrungen der Autoren vor. Dieses Öl wird heute nicht mehr hergestellt. Die Nachteile sind Schwankungen der Basis-Öle.

Die synthetischen Öle Jarilec und Polyectren D100 haben den Vorteil einer konstanten Zusammensetzung. Die Nachteile gegenüber Shell Diala D hydrofinish sind der über 10 °C höhere Stockpunkt von Jarilec und Polyctren D100.

In der IEC Norm IEC 60296 [8] sind einige wichtige Anforderungen angegeben, die besonders für Messwandler zutreffen, welche praktisch keine Eigenwärme haben:

1. Die Viskosität des Isolieröls muss auch für die tiefste Umgebungstemperatur vorhanden sein
2. Der Stockpunkt muss 10 °C tiefer sein als die tiefste Umgebungstemperatur.

Die Erfahrung hat gezeigt, dass Isolations-Konstruktionen, die nur auf Öl basieren, keine Dauerlösung sind, da sich durch die im Öl vorhandenen Partikel im Laufe der Zeit Faserbrücken bilden, und es dadurch zum Durchschlag kommt.

1.2.2 Viskosität und Stockpunkt von Isolierölen

Die Abb. 1.2 zeigt die Darstellung der Viskosität als Funktion der Temperatur von 3 Isolierölen. Neben den eingesetzten Isolierölen Shell Diala D hydrofinish und Polyectren D100 wurde auch das Isolieröl Polyectren D12 untersucht. Die Messungen wurden im Temperaturbereich +20 °C und +80 °C gemacht. Die Werte für Temperaturen <20 °C wurden nicht gemessen. Die Kurven wurden extrapoliert.

Die Kurven zeigen die deutlich höhere Viskosität des Polyectren D100, dessen Stockpunkt mit −50 °C auch um mindestens 10 °C höher liegt als bei Shell Diala D hydrofinish.

Der Stockpunkt von Shell Diala D hydrofinish wurde zu −60 °C und der Stockpunkt von Polyectrene D100 zu −50 °C ermittelt.

Tab. 1.1 Vergleich der von den Autoren als wesentlich angesehenen charakteristischen Eigenschaften der Isolieröle nach Herstellerangaben (IEC 60296, 2012 [8])

Nr.	Eigenschaft	Shell Diala D hydrofinish	Nitro Libra	Jarilec	FR3 (Hersteller: Cooper power systems)	Polyectrene D100
1	Durchschlagspannung (aufbereitetes Öl)	>60 kV_{eff}	>70 kV_{eff}	>70 kV_{eff}	48–75 kV_{eff}	>65 kV_{eff}
2	$\tan\delta$ bei 20 °C	$<0{,}3 \cdot 10^{-3}$	–	–	$(0{,}2–1) \cdot 10^{-3}$ (bei 25 °C)	$0{,}3 \cdot 10^{-3}$
3	$\tan\delta$ bei 100 °C	$<2 \cdot 10^{-3}$	$(1–5) \cdot 10^{-3}$	$(2–4) \cdot 10^{-3}$	$6 \cdot 10^{-3}$	$2{,}5 \cdot 10^{-3}$
4	Stockpunkt	−60 °C	−51 °C	−50 °C	−25 °C	−50 °C
5	Viskosität (−30 °C)	900 mm^2/s	1100 mm^2/s	100 mm^2/s	–	50.000 mm^2/s
6	Viskosität (−40 °C)	3000 mm^2/s	–	–	–	250.000 mm^2/s
7	Flammpunkt	130 °C	152 °C	140 °C	300 °C	170 °C
8	Grenzflächenspannung	40 mN/m	48 mN/m	>36 mN/m	20–25 mN/m	35 mN/m
9	Dielektrizitätskonstante ε_r bei 20 °C	2,25	–	2,66	–	2,23

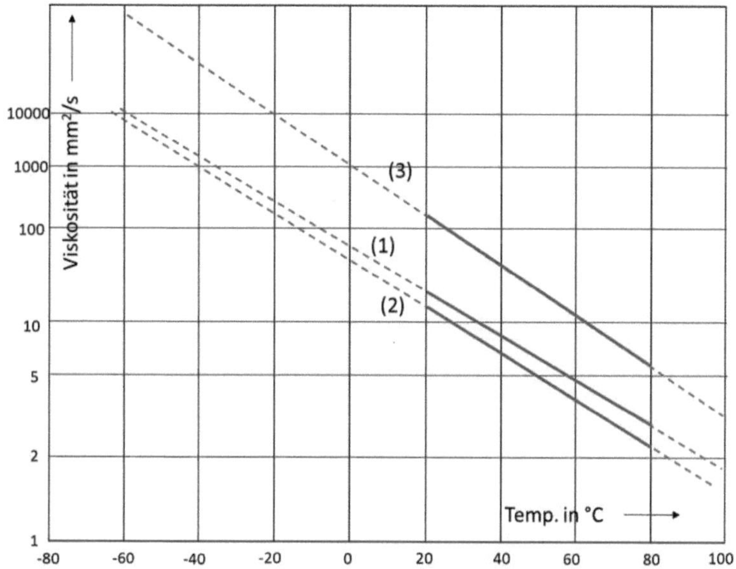

Abb. 1.2 Viskosität der Isolieröle Shell Diala D hydrofinish (1), Polyectren D12 (2) und Polyectren D100 (3)

In der Praxis hat der Einsatz von Polyectren D100 in Kanada zu einer Reihe von Ausfällen von Wandlern bei niedrigen Temperaturen geführt, deren Ursache auf die hohe Viskosität und den hohen Stockpunkt zurückzuführen waren.

1.2.3 Teilentladung (TE) – Einsatzspannung/-Feldstärke als Funktion des Druckes für gasgesättigte und entgaste Öle

Abb. 1.3 zeigt die Einsatzspannung bzw. Einsatzfeldstärke von Ölisolation für zwei unterschiedliche Abschlusssysteme:

a) Hermetisch abgeschlossenes System mit Metallfaltenbalg (entgastes Öl)
b) Offenes System mit Stickstoffpolster (gasgesättigtes Öl)

Die Kurve a) zeigt bei einem Druckanstieg von 0,8 auf 1,2 bar eine Erhöhung der TE Einsatzfeldstärke von 20 auf 25 kV/mm.

Die Kurve b) zeigt beim gleichen Druckanstieg von 0,8 auf 1,2 bar eine Erhöhung der TE Einsatzfeldstärke von 5 auf 20 kV/mm.

Den Verlauf der Kurve b) zeigen alle Messwandler, die in den Jahren 1965 bis 1974 in der Schweiz hergestellt wurden, infolge der Übernahme einer Konstruktion mit starrem Gehäuse und Stickstoffpolster. Die dadurch tiefe Teilentladungs-Einsatzspannung,

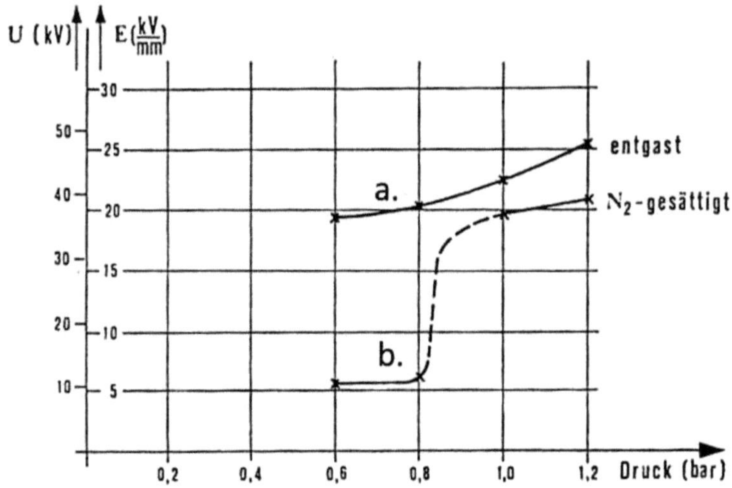

Abb. 1.3 Teilentladungseinsatz als Funktion des Druckes für entgastes (**a**) und gasgesättigtes (**b**) Isolieröl

besonders im Winter, führte zu zahlreichen Wandlerausfällen. Es mussten etwa 150 Wandler ersetzt werden.

1.2.4 Vorgehen bei der Beurteilung und Auswahl von geeigneten Isolierölen

Als flüssige Isoliermittel werden reines Mineralöl, Mineralöle mit Zusätzen, synthetische Isolierflüssigkeiten sowie natürliche und synthetische Esterflüssigkeiten verwendet.

Die dielektrische Festigkeit hängt ab von dem untersuchten Volumen. Eine entscheidende Rolle spielt die Dicke der dimensionierten Ölspalte. Der Einfluss der Länge der Ölspalte ist etwa 1/10 des Einflusses der Dicke der Ölspalte.

Die elektrische Festigkeit der flüssigen Isolierstoffe hängt von dem Zustand der Isolierflüssigkeit ab. Hierzu ist von Bedeutung der Gehalt an Gas, Wasser und festen Fremdstoffen in der Isolierflüssigkeit.

Für hochwertige Isolation in Messwandlern spielen die Qualität des aufbereiteten Öls (Entzug von Wasser, Gas und Fremdstoffen) eine entscheidende Rolle.

Kurven über die Festigkeit wurden, unter anderem, von der Firma Weidmann veröffentlicht [9]. Die Durchschlagspannung der Ölspalte liegt für eine Ölstreckendicke von 1 bis 10 mm bei 22 bis 10 kV/mm (siehe Abb. 1.4).

Es ist nicht möglich, für elektrische Beanspruchung längere Zeit große Ölstrecken einzusetzen. Die Erfahrung hat gezeigt, dass sich dann Faserbrücken bilden können, welche zum Durchschlag führen. Technisch einwandfrei ist die Beachtung, dass freie

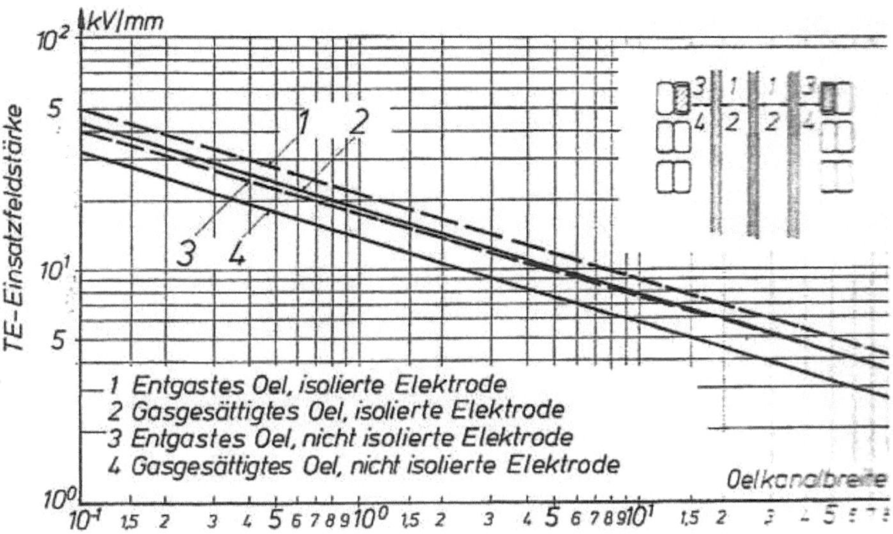

Abb. 1.4 Elektrische Festigkeit von Isolieröle in Abhängigkeit der Ölspaltdicke bei einer Versuchsanordnung mit isolierten und mit nicht isolierten Elektroden

Ölstrecken generell einen Schwachpunkt einer Isolierung darstellen. Die Verfasser halten einen Sicherheitsfaktor von 2 für notwendig. Bei längsbeanspruchter Ölspalten, wie sie durch den Trocknungsprozess des Papiers auftreten können sollte ein Sicherheitsfaktor von 4 eingehalten werden. Für isolierte Elektroden und sorgfältig entgastes und partikelfreies Öl können niedrigere Sicherheitsfaktoren benutzt werden.

Als Beispiel einer Fehlkonstruktion sind freie Ölstrecken zwischen der Elektrode einer Durchführung und dem Dom des Transformators zu erwähnen. Nach 3-jährigem einwandfreien Betrieb bauten kleine Fasern im Öl eine Brücke zwischen der Elektrode der Durchführung und dem Dom des Transformators auf, welche zum Durchschlag führten. Hier mussten nachträglich Barrieren eingebaut werden, um die Ölstrecke zu unterteilen.

1.3 Öl-Papier Isolation

Die hervorragende Stellung des Öl-Papier Isolationssystems beruht auf der Tatsache, dass das Papier vollständig mit Öl imprägniert werden kann, das Öl Wärme von elektrischen Leitern abführen kann, eine hohe mechanische Stabilität besitzt und eine kostengünstige Isolation herstellbar ist.

1.3.1 Die eingesetzten elektrischen Isolierpapiere

Für die Anwendung in der Isolierung der Messwandler wurden die verschiedenen Elektro-Isolierpapiere mit den Herstellern entwickelt. Für alle eingesetzten Papiere gilt:

- Basismaterial mit Sulfatzellulosegehalt in der trockenen Masse von mindestens 90 %
- Aschegehalt $\leq$1 %
- Ohne Zusatz von Leimen und Harzen
- Ungebleicht
- Nicht satiniert

In der Tab. 1.2 sind die sonstigen Parameter der eingesetzten Isolierpapiere zusammengestellt.

Die Durchschlagspannung und der tanδ werden mit der in Abb. 1.5 gezeigten Anordnung gemessen. Abb. 1.6 zeigt den gemessenen tanδ in Abhängigkeit der Temperatur. Die Messungen gelten für 4 Lagen Papier mit Isolieröl imprägniert:

a) Vortrocknung unter Normaldruck bei 105 °C für ca. 6 h bei Normaldruck
b) Evakuierung bei Raumtemperatur auf <13 Pa (0,1 Torr), danach 14–16 h bei 120 °C
c) Flutung: Nach Abkühlung auf Raumtemperatur mit Shell Diala D hydrofinish, Standzeit bei einem Druck von 13 Pa (0,1 Torr), danach mit N_2 belüften

Tab. 1.2 Parameter der eingesetzten Isolierpapiere

Dicke Isolierpapiere:	80 μm	100 μm	150 μm	150 μm dehnfähig*	220 μm Krepppapier**
Raumgewicht	0,75 g/cm³	0,60 g/cm³	0,75 g/cm³	0,75 g/cm³	0,55 g/cm³
Flächengewicht	62 g/m²	60 g/m²	112 g/m²	112 g/m²	100–150 g/m²
tanδ/90 °C	$3{,}5 \times 10^{-3}$	$3{,}5 \times 10^{-3}$	$3{,}5 \times 10^{-3}$	$3{,}5 \times 10^{-3}$	$3{,}5 \times 10^{-3}$
Durchschlagsfestigkeit	>19,5 kV	>20 kV	>30 kV	>30 kV	>19 kV
Luftdurchlässigkeit	40–70 ml/min	>60 ml/min	>42 ml/min	60 ml/min	2–4 ml/min
Saughöhe in destilliertem Wasser:					
in Längsrichtung	10–20 mm	>25 mm	>10 mm	>10 mm	10–40 mm
in Querrichtung	10–20 mm	>20 mm	>10 mm	>10 mm	15–40 mm

*Dehnung beim Bruch in Längsrichtung >6 %
**Dehnung beim Bruch in Längsrichtung 60 %

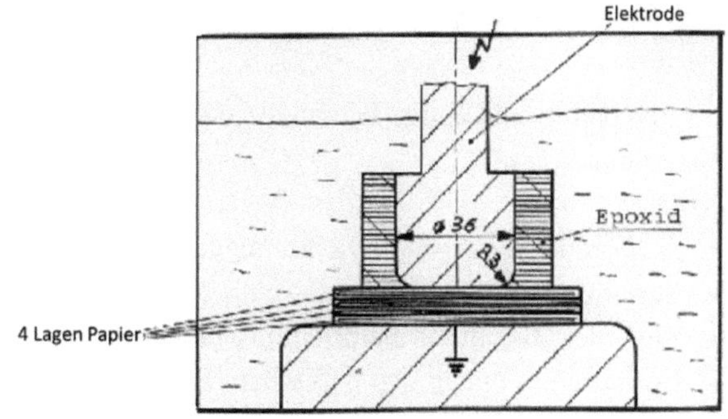

Abb. 1.5 Anordnung zur Messung von Durchschlagspannung und tanδ

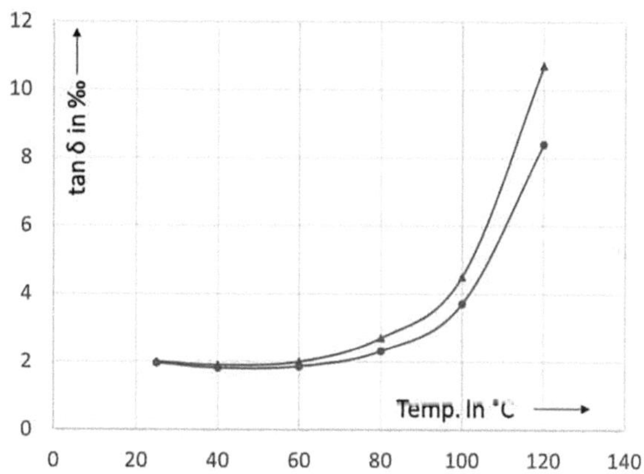

Abb. 1.6 Mit der Schering Brücke gemessene Werte für tanδ als Funktion der Temperatur. Gemessen mit 4 Lagen imprägniertem (mit Shell Diala D hydrophinish) 100 μm Isolierpapier mit einem Elektrodendruck von 5 kPa. Messspannungen: ● 190 V (0,5 kV/mm), ▲ 760 V (2,9 kV/mm)

1.3.2 Anwendung der in Tab. 1.2 aufgeführten Isolierpapiere

Die in der Tab. 1.2 aufgeführten Isolierpapiere wurden in der Isolierung der Messwandler wie folgt eingesetzt:

- 80 μm — Lagenwicklung bei Spannungswandlern, Einlagen bei Spannungswandlern
- 100 μm — Elektro-Isolierpapierlagen der Öl-Papier Durchführung
- 150 μm — Einlagen für Verbindung Durchführung mit Kerngehäuse bei Stromwandler und dem Aktivteil bei Spannungswandler und Einlagen in der Kopfisolation bei Stromwandler
- 150 μm, dehnfähig — Kopfbandagierung bei Stromwandler
- 220 μm Krepppapier — Anbandagierung von Einlagen bei Strom- und Spannungswandler

1.3.3 Einflussparameter der Öl-Papiertechnologie

Im Folgenden sind einige Parameter aufgezählt, welche die Qualität der Öl-Papierisolation beeinflussen:

- Aufbau der Isolierung (Dichte in g/m^2, Dicke in μm und Auswahl des Isolierpapiers)
- Verteilung der Ölspalte in der Isolierung
- Tiefe der Ölspalte in Feldrichtung und Volumen der Ölspalte
- Luftdurchlässigkeit des Isolierpapiers [ml/min], (wichtig für die Imprägnierung)
- Relative Permittivität ε_r als Funktion der Dichte und der Art der Zellulose
- Viskosität, Temperatur und Druck des Öls
- Aufbereitung des Öls (Entgasung und Filterung von Verunreinigungen)
- Für die Imprägnierung: Öl, Temperatur, Steiggeschwindigkeit
- Elektrodenoberfläche (Rauigkeit, Material)
- Abdeckung der Elektroden mit halbleitendem Papier
- Verlustfaktor tanδ als Funktion der Temperatur, der Feuchtigkeit, der Permittivität und der Art der Zellulose
- Sauberkeit in den Fabrikationsräumen, in denen die Öl-Papierisolierungen hergestellt werden

Für die Herstellung von Isoliersystemen für Stromwandler mit kleinen Ölspalten ist es notwendig, die Randbedingungen konstant zu halten:

- Die verschieden eingesetzten Isolierpapiere müssen unter konstanter Temperatur und Luftfeuchtigkeit, Sommer wie Winter, gelagert werden.
- Die Bandagierungen muss mit gleichem konstantem Zug ausgeführt werden.
- Die fertigen Aktivteile müssen sofort in stabile luftdichte Plastikhüllen eingepackt werden, um Verunreinigungen zu vermeiden.

1.3.4 Messung der Teilentladungseinsatz- und der Durchschlagsspannung an Isoliermodellen für Messwandler

Für Versuche zu Spannungsfestigkeit von Papier wurde die Vorrichtung nach Abb. 1.7 verwendet. Da es sich um Vergleichsmessungen an Modellen handelt, wurden keine isolierten Flachelektroden eingesetzt, sondern eine Kugelelektrode. Sämtliche Proben wurden im Vakuum getrocknet und mit Shell Diala D hydrofinish imprägniert. Beim verwendeten Leim handelt es sich einen Dextrin Leim.

Die Durchschlagspannungen an den Modellen, gemessen mit der Kugelelektrode von 50 mm Durchmesser ergaben sich zu:

1. Bei einer Lage 80 μm Papier: 8,22 kV als Mittelwert aus 4 Messungen
2. Bei 3 Lagen 80 μm Papier: 16 kV als Mittelwert aus 4 Messungen

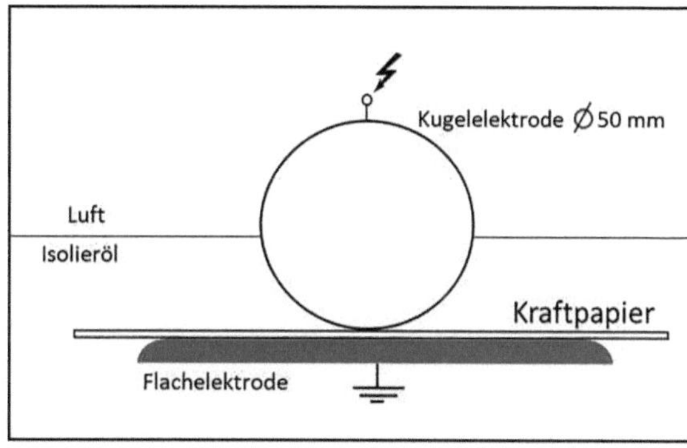

Abb. 1.7 Versuchsanordnung für die Messung der Durchschlagsspannung an Modellen

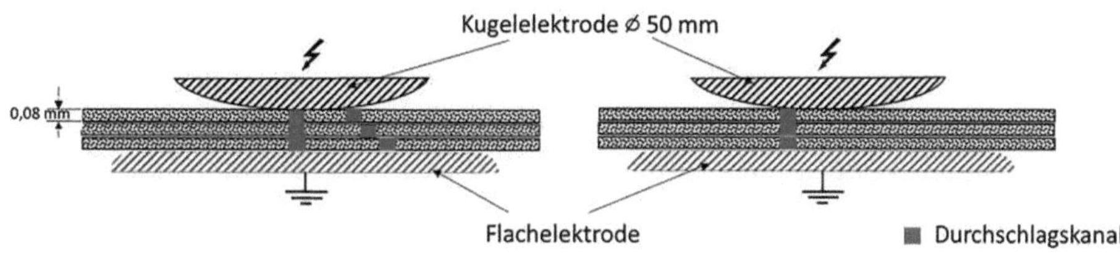

Abb. 1.8 Durchschlagskanäle an zwei Proben mit 3 Lagen Papier

An den Proben aus 3 Lagen Papier ergaben sich verschiedene Durchschlagskanäle wie in Abb. 1.8 dargestellt. Bei der Probe auf der linken Abbildung ergaben sich 2 Durchschlagskanäle.

1.3.5 Öl-Papierisolationssysteme

1.3.5.1 Arten der Isolation

In Messwandlern werden folgende Arten von Isolationssysteme unterschieden:

a) Breitbandisolation mit Kondensatorfolieneinlagen zur Potentialsteuerung im Durchführungsteil von Strom- und Spannungswandler
b) Kabelisolation überlappt und gestuft mit sehr kleinen Ölspalten im Kopfteil des Stromwandlers und im Kompaktbereich der Isolation der Hochspannungselektrode des Spannungswandlers
c) Große und konstruierte Ölspalte (2 bis 10 mm) und freie Ölstrecken durch Streifenisolation zur Unterteilung der Ölstrecke zwischen Lagenisolation und Gehäuse im Spannungswandler; sowie bei der radialen Beanspruchung der Stufung der Durchführung im Verbindungsteil Durchführung – Torus bei Strom- und Spannungswandler
d) Lagenisolation der Primärwicklung im Spanungswandler.

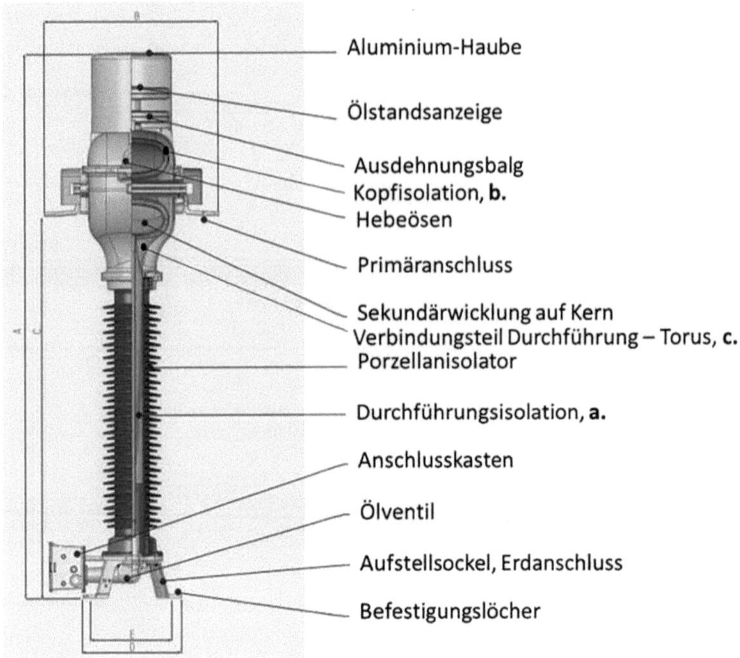

Abb. 1.9 Schnittbild eines Stromwandlers

In den Schnittbildern eines Stromwandlers (Abb. 1.9) und eines Spannungswandlers (Abb. 1.10) ist die Lage dieser Arten der Isolation gekennzeichnet.

Verwendete Materialien und deren Permitivität:

- Öl-Papier in Breitbanddurchführung $\varepsilon_r = 3{,}5$
- Transformerboard, ölimprägniert $\varepsilon_r = 3{,}5$
- Öl-Papier Handbandage $\varepsilon_r = 2{,}8$
- Mineralöl $\varepsilon_r = 2{,}2$
- Porzellanisolator $\varepsilon_r = 6$

1.3.5.2 Dimensionierungsspannung

Die Isolation im Messwandler wird für eine Dimensionierungsspannung U_{DIM} (Effektivwert) ausgelegt, für die folgende Bedingungen erfüllt sein müssen:

a) Angegebene Prüfwechselspannung (1 min, Effektivwert) — $U_{DIM} \geq U_P$

b) Maximale Betriebsspannung $U_m/\sqrt{3}$ (Effektivwert) — $U_{DIM} \geq 2{,}6 \cdot U_m/\sqrt{3}$ um eine Lebensdauer von 30–40 Jahren zu garantieren

c) Prüf-Blitzstoßspannung $\hat{u}$ (Scheitelwert) — $U_{DIM} \geq \hat{u}/2{,}3$ (Der Wert 2,3 beruht auf langjährige Erfahrungen)

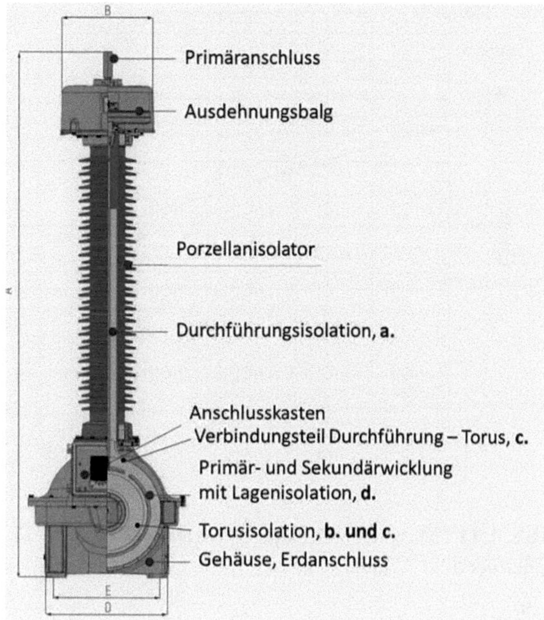

Abb. 1.10 Schnittbild eines Spannungswandlers

Bei mit Mehrfachfunkenstrecke abgeschnittener Blitzstoßprüfung muss die Dimensionierungsspannung überprüft und eventuell erhöht werden. Erfahrungen bei Durchführungen ergaben 20 % als Sinnvolle Erhöhung der Dimensionierungsspannung.

1.3.5.3 Zulässige Feldstärke im Ölspalt

Die mittlere Feldstärke in Ölspalten zwischen festen Isolierungen darf bei U_{DIM} die Werte in der Abb. 1.11 nicht überschreiten.

Die Maximalwerte sind für entgastes Öl gegeben durch:

$$E_{\max} \leq 13{,}2\, d^{-0{,}26}\ \mathrm{kV/mm} \quad \text{für Ölspalte zwischen 0,1 und 5 mm}$$

$$E_{\max} \leq 10\, d^{-0{,}2}\ \mathrm{kV/mm} \quad \text{für Ölspalte größer als 5 mm}$$

Ölstrecken größer als 100 mm sowie Ölstrecken zwischen blanken Elektroden sind nicht zulässig.

1.3.5.4 Zulässige tangentiale Feldstärke entlang einer Isolieroberfläche (Längsbeanspruchung)

Die tangentiale Feldstärke entlang einer Isolierstoff oberfläche darf bei U_{DIM} die folgenden Werte nicht überschreiten:

a) Maximale tangentiale Feldstärke entlang der gesamten Isolierstoffoberfläche: $E_{t\max} \leq 5{,}9\,\mathrm{kV/mm}$

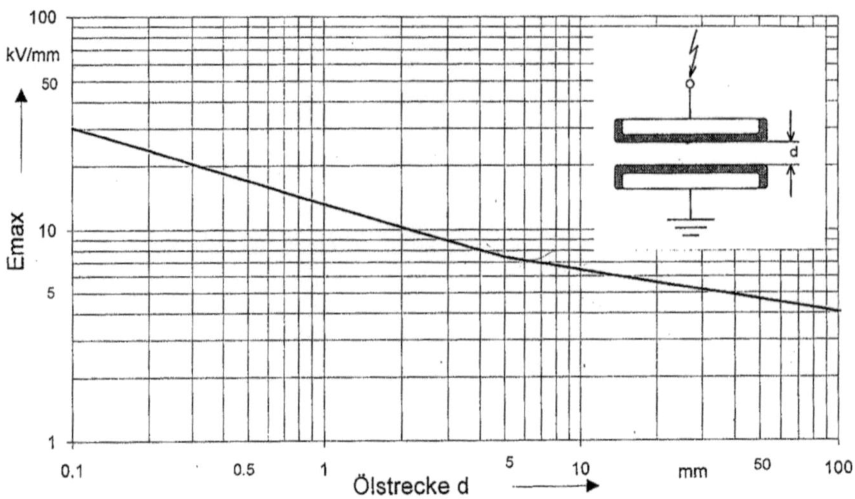

Abb. 1.11 Maximal zulässige mittlere Feldstärke in Ölstrecken für entgastes Öl bei isolierten Elektroden

b) Mittlere Feldstärke an einer Teilstrecke Δs der Isolierstoffoberfläche $1/\Delta s \cdot \int E_t dx \leq$ Kurvenwert aus Abb. 1.12 für die Strecke Δs
c) Mittlere Feldstärke entlang der gesamten Gleitstrecke l $1/l \cdot \int E_t dx \leq$ Kurvenwert aus Abb. 1.12 für die gesamte Gleitstrecke l

Die Kurvenwerte nach Abb. 1.12 sind gegeben durch

$$E \leq 10{,}5\, d^{-0{,}36}\ \text{kV/mm} \qquad \text{für Gleitstrecken zwischen 5 und 500 mm}$$

Nach obiger Dimensionierungsregel dürfen die mittleren tangentialen Feldstärken weder auf der Gesamtstrecke noch auf Teilstrecken überschritten werden. Im Folgenden wird ein Verfahren vorgestellt, nach dem diese Überprüfung sämtlicher Teilstrecken einfach möglich ist.

Ausgang ist der Verlauf der tangentialen Feldstärke über eine Isolierstoffoberfläche wie sie aus den Ergebnissen einer Feldberechnung ermittelt wurde. Abb. 1.13 zeigt ein Beispiel.

Vorgehen zur Überprüfung:

a) Zunächst wird die maximale Feldstärke überprüft. Sie darf nach der Dimensionierungsregel den Wert von 5,9 kV/mm nicht überschreiten.
b) Die gesamte Strecke wird, ausgehend vom Ort der maximalen Feldstärke, in kleine Abschnitte mit gleicher Länge Δs eingeteilt

Nr	1	2	3	4	5	6	7	8	9	10	11	12	13	14	15	17
Ort x mm	0	4	8	12	16	20	24	28	32	36	40	44	48	52	56	60
E_t kV/mm	0,4	0,5	0,6	0,7	0,7	0,8	1,0	1,3	1,7	3,0	4,5	5,0	4,4	3,4	2,3	1,8

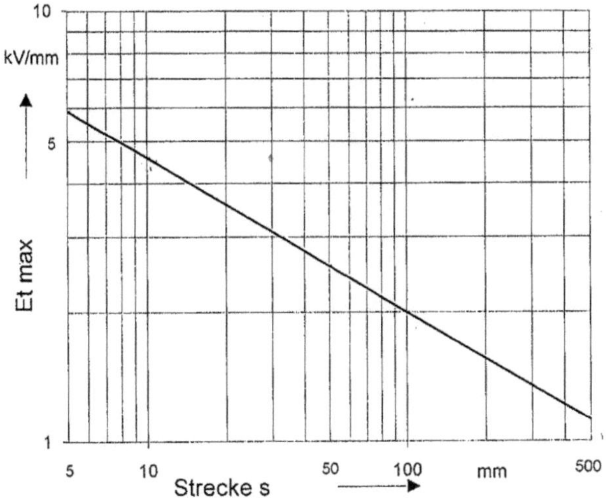

Abb. 1.12 Maximal zulässige mittlere tangentiale Feldstärke auf einer Isolierstoffoberfläche

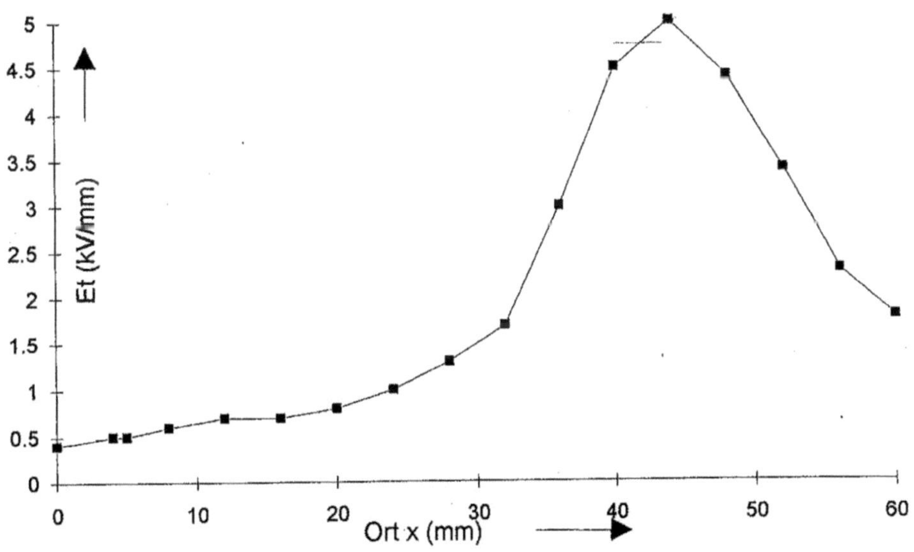

Abb. 1.13 Verlauf einer tangentialen Feldstärke entlang einer Isolierstoffoberfläche von 60 mm Länge

c) Ausgehend vom Ort höchster tangentialer Feldstärke wird der Abschnitt mit der größten mittleren Feldstärke gesucht. Diese mittlere Feldstärke E_{m1} darf nicht größer sein als die Dimensionierungsvorschrift für die Strecke Δs zulässt. Das heißt, $E_{m1} \leq 10{,}5(\Delta s)^{-0{,}36}$ kV/mm (für $\Delta s \geq 5$ mm), ist Δs kleiner als 5 mm darf E_{m1} nicht größer sein als 5,9 kV/mm.
d) Die unter c) gewählte Strecke wird nun um die nächste Strecke erweitert, und zwar in Richtung, dass die mittlere Feldstärke über die Strecke 2 Δs den größten Wert annimmt. Diese mittlere Feldstärke E_{m2} darf nicht größer sein als die Dimensionierungsregel für die Strecke $2\Delta s$ zulässt. Das heißt $E_{m2} \leq 10{,}5(2\Delta s)^{-0{,}36}$ kV/mm
e) Das Vorgehen unter d) wird nun so lange wiederholt, bis die gesamte Strecke betrachtet wurde.
f) Grafisch ist eine Erfüllung der Dimensionierungsregel schnell zu erkennen, wenn die einzelnen Werte $E_{m\nu}$ über der entsprechenden Teilstrecke $\nu\Delta s$ aufgetragen wird und gleichzeitig die Dimensionierungskurve eingezeichnet wird.

Im Folgenden werden die einzelnen Schritte a) bis f) am Beispiel des Feldstärkeverlaufes von Abb. 1.13 durchgeführt:

a) Nach Abb. 1.13 ist die maximale Feldstärke 5 kV/mm < 5,9 kV/mm
b) Die gesamte Strecke wird in Teilabschnitte von $\Delta s = 4$ mm eingeteilt. Die mittleren Feldstärkewerte sind in untenstehender Tabelle zusammengestellt.
c) Ausgehend vom Ort der höchsten Feldstärke bei x = 44 mm (Nr. 12) ist der am stärksten belastete Abschnitt zwischen x = 40 mm und x = 44 mm. Hier beträgt die mittlere Feldstärke $E_{m1} = (5{,}0 + 4{,}5)/2 = 4{,}75$ kV/mm < 5,9 kV/mm.
d) Die Strecke unter c) wird erweitert zwischen x = 40 mm und x = 48 mm, da die Feldstärke bei 48 mm größer ist als bei 36 mm. Die mittlere Feldstärke $E_{m2} = (5{,}0 + 4{,}5 + 4{,}4)/3 = 4{,}63$ kV/mm. Erlaubt wäre eine Strecke von $2\Delta s = 8$ mm eine mittlere Feldstärke von 5,0 kV/mm.
e) Die Teilstrecke wird nun jeweils erhöht um 4 mm, und zwar in die Richtung der höheren Feldstärke. Untenstehende Tabelle zeigt die mittleren Feldstärken und jeweils erlaubten Werte für die Teilstrecken

ν	Teilstrecke	$E_{m\nu}$ in kV/mm	$E_{erlaubt}$ in kV/mm	
0	E_{tmax}	5,0	5,9	☑
1	40 mm–44 mm	4,75	5,9	☑
2	40 mm–48 mm	4,63	4,97	☑
3	40 mm–52 mm	4,33	4,29	!
4	36 mm–52 mm	4,06	3,87	!
5	36 mm–56 mm	3,77	3,57	!

6	36 mm–60 mm	3,49	3,34	!
7	32 mm–60 mm	3,26	3,16	!
8	28 mm–60 mm	3,04	3,02	!
9	24 mm–60 mm	2,84	2,89	☑
10	20 mm–60 mm	2,65	2,78	☑
11	16 mm–60 mm	2,49	2,69	☑
12	12 mm–60 mm	2,35	2,61	☑
13	08 mm–60 mm	2,23	2,53	☑
14	04 mm–60 mm	2,11	2,47	☑
15	Gesamtstrecke	2,01	2,40	☑

Hieraus ist zu ersehen, dass die Feldstärken E_{m3} bis E_{m8} zu hoch sind und damit die Gesamtstrecke überlastet wird.

f) Die nachfolgende Abb. 1.14 zeigt die Belastung der einzelnen Teilstrecken wie sie unter Punkt e) berechnet wurden zusammen mit der Dimensionierungskurve. Diese Darstellung zeigt auf einem Blick die überlasteten Teilstrecken.

1.3.6 Lebensdauer der Öl-Papierisolation

Die Öl-Papierisolation hat eine endliche Lebensdauer, welche von der belasteten Spannung abhängt. Bei gegebener Dauerbeanspruchung wird die Isolation nach einer

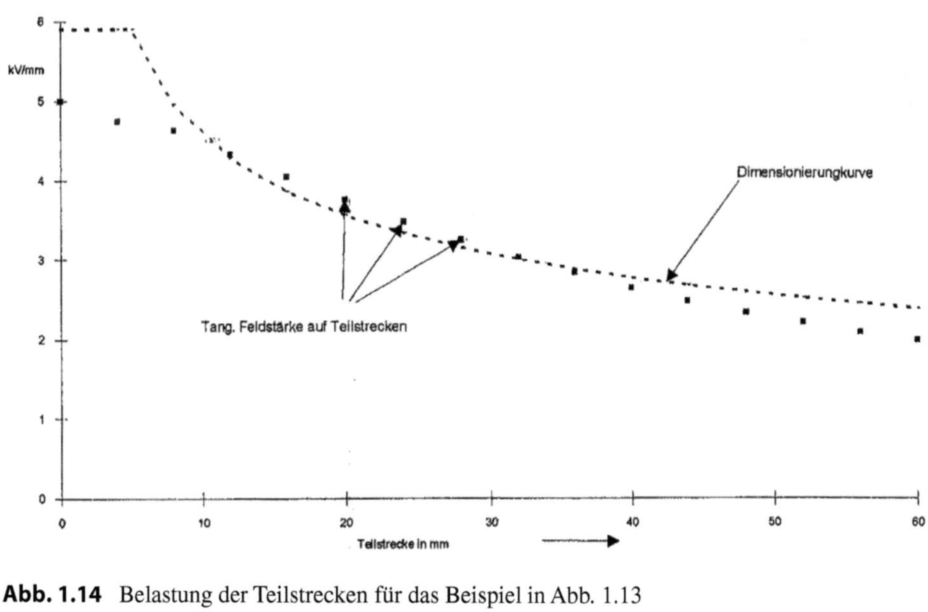

Abb. 1.14 Belastung der Teilstrecken für das Beispiel in Abb. 1.13

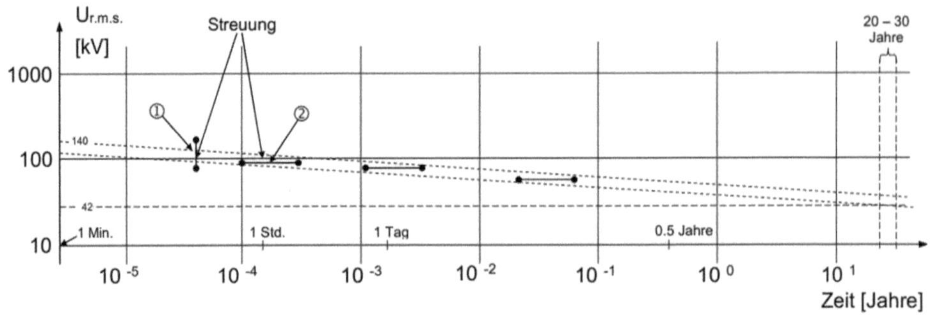

Abb. 1.15 Lebensdauerkurve einer 72,5 kV Durchführung bei gleichbleibender Temperatur

gewissen Zeit durchschlagen. Für Messwandler wird eine Lebensdauer der Isolation von mindestens 40 Jahren erwartet. Mit zunehmender Belastungsdauer nimmt die Zeit bis zum Durchschlag der Isolation ab. Für die Lebensdauerkennlinie gilt dabei:

$$U_d/U_0 \sim \left(t_d/t_0\right)^{-1/k}$$

Dabei sind U_0 und t_0 Bezugsgrößen und k der Lebensdauerkoeffizient [10]. In doppelt logarithmischer Darstellung ergibt dies eine Gerade mit der Steigung $-1/k$.

Um die Lebensdauerkurve einer Isolation zu bestimmen sind umfangreiche Versuche notwendig. Abb. 1.15 zeigt die Lebensdauerkurve einer 72,5 kV Durchführung mit Öl-Papierisolation.

Mit zunehmender Temperatur nimmt die Lebensdauer der Isolation ab. Nach Montsinger halbiert sich die Lebensdauer bei einer Erhöhung der Betriebstemperatur um 8 K [11].

1.4 Gießharzisolation

Mittelspannungswandler bis 35 kV Systemspannung werden überwiegend mit Gießharz isoliert.

Prinzipiell kommen dazu zwei Gießharzsysteme zur Anwendung, Polyurethan und Epoxidharz.

1.4.1 Isolation mit Polyurethan

Ein häufig verwendetes Gießharzsystem ist MICARES der Firma ABB Micafil (gehört heute zum Spezialchemiekonzern Altana). Es handelt sich um ein Zwei-Komponenten System aus Harz und Härter. Die Erfahrung der Autoren basiert auf den zwei Harzen

MICARES 730 und MICARES 721, beide werden mit dem Härter P978 gemischt. Dazu kommt noch Magnesiumkalk ($MgCaCO_3$) als Füllstoff, der dem Harz beigemischt ist. In Tab. 1.3 sind die Eigenschaften dieser Harze zusammengestellt. Die Polyurethanharze können bei Raumtemperatur ausgehärtet werden, benötigen jedoch zur Erreichung ihrer endgültigen Härte eine Nachhärtung bei höheren Temperaturen für 7 h.

Gießprozess: **Vakuum-Gießverfahren**

Im Vorratsbehälter des Harzes wird Vakuum gezogen (<0,01 MPa) um das Harz zu entgasen. Um ein Absetzen des Füllstoffs zu vermeiden wird das Harz gut durchgerührt.

Die Gießform wird vor dem Verguss ca. 1 h im Ofen aufgeheizt und zum Vergießen unter Vakuum von 0,015 MPa gesetzt.

Beim Vergießen wird Harz und Härter unter Druck von ca. 0,15 MPa der Gießpistole zugeführt. Dabei ist das Rührwerk des Harzbehälters abzustellen, da sonst Luft in das Harz eingerührt wird. In der Pistole wird Harz und Härter in einem statischen Mischer gemischt und das Gemisch in die Gießform von unten eingefüllt. Ist die Gießform mit dem Harz/Härter Gemisch gefüllt wird anstatt des Vakuums ein Überdruck von etwa 0,3 MPa eingestellt. Danach wird die gesamte Gießform bei 40 °C während 4 h getempert und anschließend bei 60 °C während 10 h ausgehärtet. Danach wird die Gießform auf Raumtemperatur abgekühlt. Erst dann kann der Gießkörper ausgeformt werden.

Tab. 1.3 Polyurethane Gießharzsysteme MICARES

Harz	MICARES 721	MICARES 730
Härter	P978	P978
Mischungsverhältnis	2,5:1	5:1
Viskosität bei 25 °C (mPa · s)	1200–2200	2500–3000
Gelierzeit (min)	40–80	240–360
Nachhärtung (h/°C)	7/120	7/80
Eigenschaften nach dem Aushärten:		
Dichte (g/cm^3)	1,5–1,6	1,7–1,8
Dielektrische Festigkeit (kV/mm)	18–24	12–18
tanδ bei 23 °C	<0,04	<0,03
tanδ bei 70 °C	<0,07	<0,07
Rel. Permittivität ε_r bei 23 °C	4–5	5,5–6,0
Rel. Permittivität ε_r bei 70 °C	5–6	8,5–9,2
Zugfestigkeit (N/mm^2, MPa)	50–60	15–25
Biegefestigkeit (N/mm^2, MPa)	85–100	28–30
Glasumwandlungstemperatur T_g (°C)	95–110	30–40
Thermischer Ausdehnungskoeffizient (10^{-6}/K)	35–45	100–120

1.4.2 Isolation mit Epoxidharz

Ein zweites oft verwendetes Harzsystem ist Epoxidharz. Die Erfahrungen der Autoren basieren auf dem Epoxidharz Araldite der Firma Huntsman [12]. Das System besteht aus dem Harz Araldite CW 229-3 und dem Härter Aradur HW 229-1. Harz und Härter sind mit 60 % Wollastonit ($CaSiO_3$) als Füllstoff versetzt.

Die Eigenschaften des Epoxidharzes sind in Tab. 1.4 zusammengestellt.

Gießprozess: **Automatisches Druckgelierverfahren (ADG)**
In zwei Vorratsbehälter wird das Harz und der Härter auf 40 °C erwärmt und unter Vakuum entgast. Um ein Absetzten des Füllstoffs zu vermeiden muss Harz und Härter dabei ständig aufgerührt werden.

Beide Komponenten werden in einem dritten Behälter gemischt und bei 50–60 °C und einem Druck von 3–5 mbar unter Rühren entgast. Bis keine Blasen mehr vorhanden sind. Die Gelierzeit bei 50–60 °C beträgt 12 h. Es darf also nur so viel Harz und Härter gemischt werden, welches in dieser Zeit verarbeitet werden kann.

Zum Gießen wird der Rührer abgeschaltet und der Behälter unter 0,3–0,5 MPa Druck gesetzt. Das Harz wird innerhalb 4–6 min über einen auf 40 °C erwärmten Schlauch in die Gießform gefüllt.

Tab. 1.4 Epoxidharzgießsystem Araldite 229-3/Araldur 229-1

Harz	Araldite CW 229-3
Härter	Aradur HW 229-1
Mischungsverhältnis	1:1
Viskosität bei 25 °C (mPa · s)	2000
Gelierzeit (min)	6 bei 140 °C
Nachhärtung (h/°C)	0,5/140 + 10/140
Eigenschaften nach dem Aushärten:	
Dichte (g/cm^3)	1,8–1,9
Dielektrische Festigkeit (kV/mm)	18–22
tanδ bei 23 °C	0,03
tanδ bei 70 °C	0,09
Rel. Permittivität ε_r bei 23 °C	4,5
Rel. Permittivität ε_r bei 70 °C	4,7
Zugfestigkeit (N/mm^2, MPa)	80–90
Biegefestigkeit (N/mm^2, MPa)	120–130
Glasumwandlungstemperatur T_g (°C)	110–120
Thermischer Ausdehnungskoeffizient (10^{-6}/K)	27–30

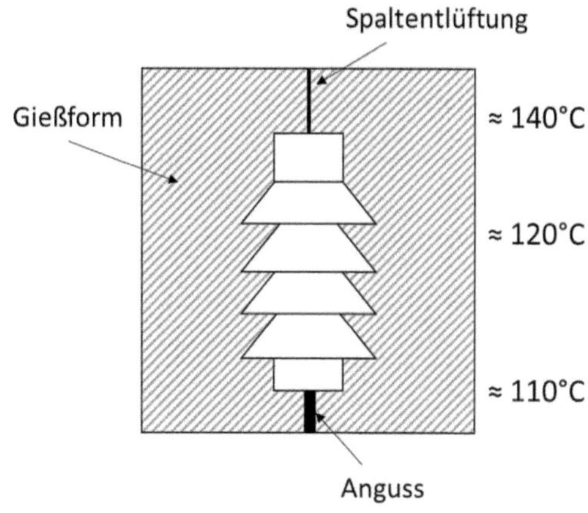

Abb. 1.16 Temperaturprofil der Gießform

Die Gießform wird aufgeheizt, sodass die Aushärtung von oben nach unten erfolgt (siehe Abb. 1.16). Alle in die Gießform eingelegte Teile werden vor der Montage auf 120 °C vorgeheizt.

Nach einer Aushärtung von 30 min kann der Gießkörper ausgeformt werden. Die Gießform steht dann wieder zum Verguss des nächsten Teils zur Verfügung. Das gegossene Teil wird nochmals bei 140 °C 10 h nachgehärtet.

1.4.3 Dimensionierung der Gießharzisolation

Die Isolation von Messwandlern muss sowohl Wechselspannungen als auch Stoßspannungen standhalten. Nach Versuchen mit Gießharzprüfkörpern von 80 mm Durchmesser, in die halbkugelförmige Elektroden aus Aluminium mit einem Durchmesser von 30 mm im Abstand von s eingegossen wurden (siehe Abb. 1.17) die Dimensionierungskurven in den Abb. 1.18 und 1.19 erstellt.

Abb. 1.18 zeigt die Durchschlagswerte und die Dimensionierungskurve für die Beanspruchung mit der Prüfwechselspannung. Es sind jeweils die Durchschlagsspannungen sowie die Durchschlagsfeldstärken dargestellt.

Neben der Wechselspannungsbeanspruchung muss auch die Belastung mit Blitzstoßspannungen berücksichtigt werden. Abb. 1.19 zeigt die Durchschlagswerte und Dimensionierungskurven für die Belastung mit Blitzstromspannungen der Welle 1,2/50 µs.

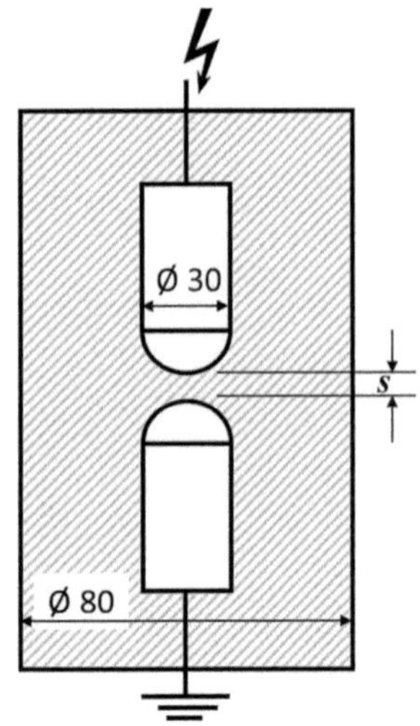

Abb. 1.17 Prüfkörper für die Bestimmung der Durchschlagsspannungen

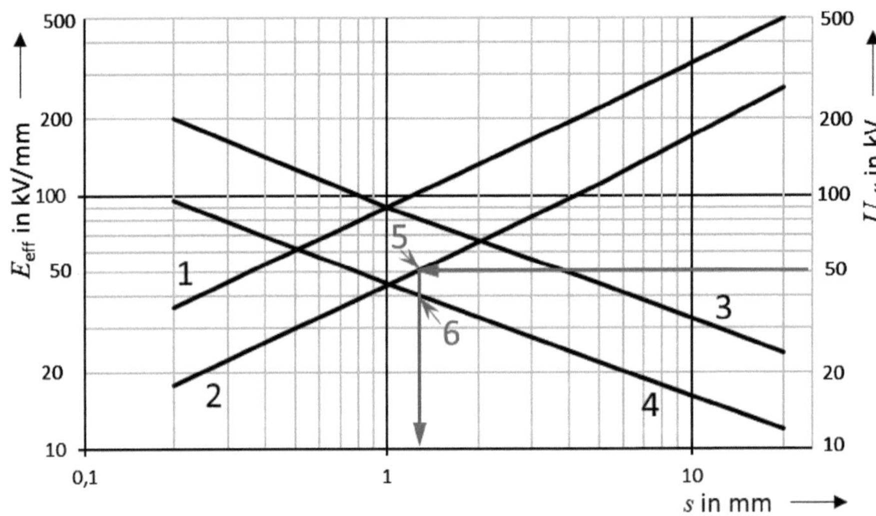

Kurve 1:	Durchschlagswechselspannung
Kurve 2:	Dimensionierung für Wechselspannung
Kurve 3:	Durchschlagsfeldstärke für Wechselspannung
Kurve 4:	Dimensionierungsfeldstärke für Wechselspannung
Punkt 5:	Beispiel für eine Prüfspannung von 50 kV ist ein minimaler Abstand von 1,2 mm notwendig
Punkt 6:	Die Feldstärke für die Werte in Punkt 5 beträgt 44 kV/mm

Abb. 1.18 Durchschlagskurven und Dimensionierungskurven für die Belastung mit Wechselspannung

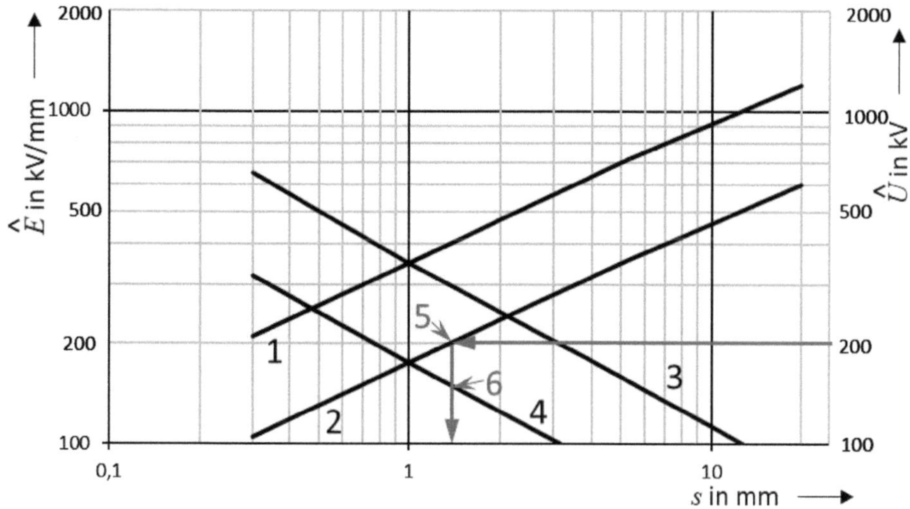

Kurve 1: Durchschlagsblitzstoßspannung
Kurve 2: Dimensionierung für Blitzstoßspannung
Kurve 3: Durchschlagsfeldstärke für Blitzstoßspannung
Kurve 4: Dimensionierungsfeldstärke für Blitzstoßspannung
Punkt 5: Beispiel für eine Blitzstoßspannung von 125 kV ist ein minimaler Abstand von 1,3 mm notwendig

Abb. 1.19 Durchschlagskurven und Dimensionierungskurven für die Belastung mit Blitzstoßspannung

1.5 SF_6 Isolation

1.5.1 Allgemeines zu SF_6 als Isoliergas

Schwefelhexafluorid (SF_6) wird seit 1965 als Isoliergas in metallgekapselten Schaltanlagen verwendet. Seit den 1980er Jahren werden auch frei stehende Messwandler mit SF_6 Isolation gebaut. SF_6 ist ein farbloses, geruchloses, nicht brennbares und ungiftiges Gas.

Die Qualität von neuem SF_6 Gas ist in der IEC 60376 [13], die für gebrauchtes SF_6 Gas in IEC 60480 [14] festgelegt (siehe Tab. 1.5). Diese Werte müssen beim Einsatz als Isoliergas in GIS oder frei stehenden Messwandlern eingehalten werden.

In Tab. 1.6 sind die Werte der Dichte sowie der elektrischen Festigkeit von SF_6 im Vergleich zu Luft dargestellt.

Nach dem Paschen Gesetz steigt die Durchschlagsfeldstärke einer SF_6 Isolierung mit dem Druck an, wie Abb. 1.20 zeigt. In gasisolierten Schaltanlagen (GIS) und in SF_6 isolierten frei stehenden Messwandlern wird üblicherweise ein Druck von 3 bis 5 bar verwendet.

Tab. 1.5 Spezifikationen für SF_6 in IEC Normen

	IEC 60376 Spezifikation für neues SF_6	IEC 60480 Spezifikation für gebrauchtes SF_6
Anteil Luft/CF_4	Max. 1 Vol.%	<3 Vol.-%
Taupunkt (Feuchtigkeit)	−36 °C bei p_a 1 bar <25 ppm (Masse)	−23 °C bei <1 bar p_e (Mittelspannung) −36 °C bei >1 bar p_e (Hochspannung)
Anteil Öl	<10 ppm (Masse)	<10 ppm (Masse)
Anteil HF, SO_2	<1 ppm_v	<12 ppm_v SO_2 <50 ppm_v in Summe

Tab. 1.6 Physikalische Parameter von SF_6 und Luft

	SF_6	Luft
Dichte bei 20 °C	6,16 kg/m^3	1,16 kg/m^3
Elektrische Festigkeit bei 1 bar Druck	8,9 kV/mm	2,5 kV/mm

SF_6 ist unter Normaldruck bis zu einer Temperatur von −63 °C gasförmig, jedoch verschiebt sich dies bei höherem Druck zu höheren Temperaturen. Aus dem Zustandsdiagramm in Abb. 1.21 ist zu sehen, dass sich SF_6 unter 5 bar Druck bereits bei −30 °C verflüssigt. Für den Einsatz bei tiefen Umgebungstemperaturen wird deshalb dem SF_6 Stickstoff beigemischt, um den SF_6 Partialdruck zu reduzieren und somit die Verflüssigung zu tieferen Temperaturen zu verschieben.

Die elektrische Festigkeit der SF6/Stickstoff Mischung wird auch bei einem größeren Anteil an Stickstoff nicht sehr herabgesetzt. Ein Zusatz von 25 % Stickstoff ergibt nur eine Verringerung der elektrischen Festigkeit um 5 %. Ein Gemisch aus 70 % Stickstoff und 30 % SF6 hat noch eine Festigkeit von 83 % gegenüber der Festigkeit von reinem SF6 (siehe Abb. 1.22). Damit lässt sich das Isoliergas auch für tiefere Umgebungstemperaturen einsetzen.

1.5.2 Einfluss der Elektrodenrauigkeit auf die Isolationseigenschaften von SF_6

Für die Auslegung einer SF_6 Isolation ist besonders auf die Oberflächen von Elektroden zu achten. Außerdem haben die Feuchtigkeit des Gases, sowie sonstige Verunreinigungen einen wesentlichen Einfluss auf die Isolationseigenschaften.

Um eine Entladung im elektrischen Feld auszulösen, werden freie Anfangselektronen benötigt, welche dann nach der Beschleunigung im Feld weitere Elektronen auslösen und so zur ersten Elektronenlawinen führen. Die Anfangselektronen werden durch kosmische Strahlung erzeugt, oder durch hohe Oberflächenfeldstärken aus dem

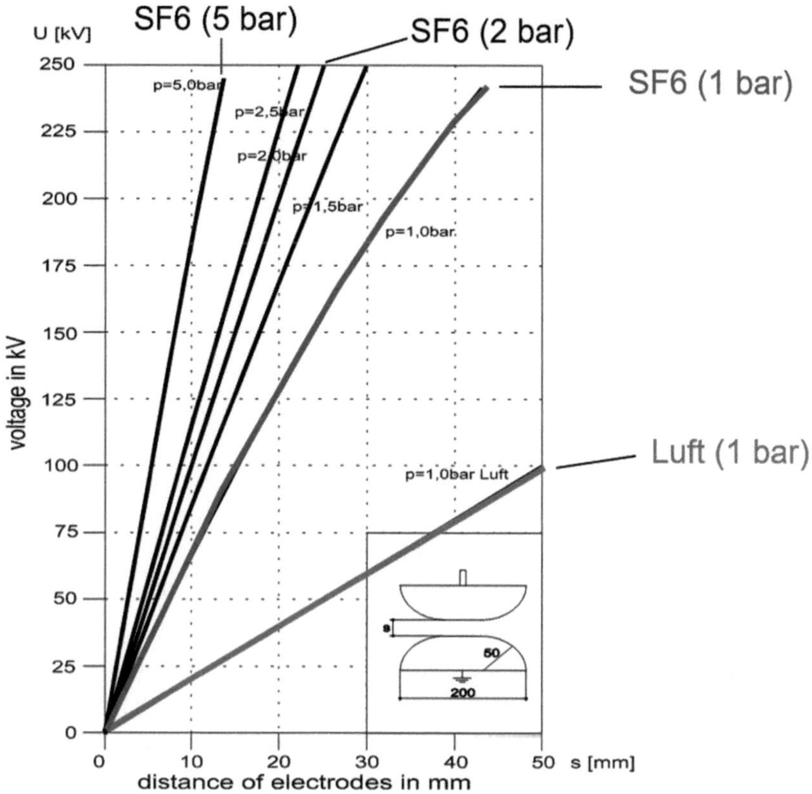

Abb. 1.20 Durchschlagspannung von SF_6 in Abhängigkeit des Druckes

Abb. 1.21 Das Zustandsdiagramm von SF_6

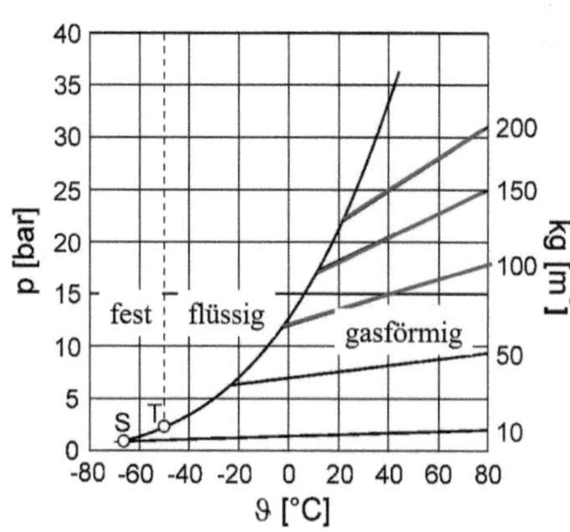

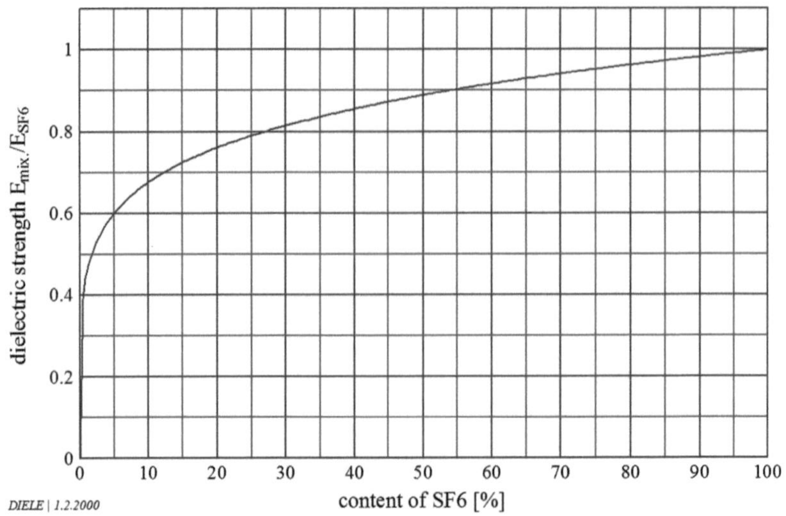

Abb. 1.22 Durchschlagspannung von SF_6/Stickstoff Gemischen

Elektrodenmaterial herausgelöst. Durch Feldüberhöhungen an rauen Oberflächen wird somit die elektrische Festigkeit herabgesetzt. Es ist daher bei SF_6 Isolation besonders darauf zu achten, dass sämtliche Elektroden glatte Oberflächen haben [15].

Den Austritt von Anfangselektronen aus der Elektrode kann auch verringert werden, durch eine Lackierung der Elektroden mit isolierendem Lack.

1.5.3 Umwelteigenschafen von SF_6

Ein Nachteil von SF_6 Gas ist dessen hohes Treibhauspotential, das 22.800-mal größer ist als bei Kohlendioxid CO_2. Aus diesem Grund ist es besonders wichtig, dass SF_6 isolierte Geräte besonders dicht sind. Nach den heutigen Anforderungen ist eine maximale Leckrate von 0,5 % pro Jahr erlaubt.

Ein weiteres Problem können Zersetzungsgase des SF_6 bilden, welche bei Entladungen entstehen. Obwohl SF_6 selbst ein ungiftiges Gas ist, können bei dessen Zersetzung gefährliche hochgiftige Verbindungen entstehen.

1.6 Trends in der Isolationstechnik

1.6.1 Einführung

In den letzten Jahren suchten die Hersteller von Strom- und Spannungswandlern, die nach dem Stand der Technik als Öl-Papierwandler gebaut wurden, nach modernen Isolationstechniken für Messwandler.

Die Öl-Papier Technologie sollte durch eine trockene Isolation ersetzt werden, die aber gleichzeitig auch die Ausdehnung des Isoliermaterials mit der Temperatur übernehmen kann. Bei der traditionellen Öl-Papiertechnik übernehmen ein Faltenbalg oder andere Ausdehnungskörper die Wärmeausdehnung des Isoliermaterials.

Die Hochspannungstechnik stellt vielfältige Anforderungen an die Isoliermaterialien:

- mechanische Eigenschaften
- mechanische Festigkeit
- thermische Stabilität
- Lebensdauer
- Elektrische Eigenschaften
  - Tanδ
  - Elektrische Festigkeit
  - Teilentladungs-Freiheit

Erste Untersuchungen mit Silikon-Gel als Isolierstoff in der Hochspannungstechnik wurden an der Universität Kassel durchgeführt [16]. Weitergehend wurde von O. Belz Silikon-Gel gefüllt mit Micro-Hohlkugeln untersucht [17]. Sie haben gezeigt, dass das mit Micro-Hohlkugeln gefüllte Silikon-Gel ein äußerst interessanter Isolierstoff ist, und für den Einsatz bei Hochspannungswandlern geeignet ist.

1.6.2 Isoliermaterial Silikon-Gel mit Micro-Hohlkugeln

Grundlagen zur Untersuchung von mit Micro-Hohlkugeln verfülltes Silikon-Gel als Isoliermaterial (Abb. 1.23) wurden von O. Belz am Hochspannungsinstitut der Universität Kassel gelegt [17]. Die Anwendung dieser Isolationstechnik für Messwandler ist im Europäischen Patent EP 2281 294 B1 [18] beschrieben.

Auf dem Markt gibt es verschiedene Sorten von Micro-Hohlkugeln, charakterisiert durch die Größe der Kugeln, deren Dichte, dem Füllgas und dem Material.

Dank der Beimischung der Micro-Hohlkugeln, welche bei unterschiedlichem Druck ihr Volumen ändern, wird das Silikon-Gel zu einem kompressiblen Material. Dies ermöglicht den Einsatz in einem breiten Temperaturbereich.

Ungefülltes Silikon-Gel ist inkompressibel und besitzt einen großen Ausdehnungskoeffizienten. Die macht es ungeeignet als Isolationsmaterial für Messwandler.

1.6.3 Trockene Isolation für Messwandler

Die Untersuchungen haben gezeigt, dass die Öl-Papierisolation durch eine trockene Isolation ersetzt werden kann.

Abb. 1.23 Mit Micro-Hohlkugeln gefülltes Silikon-Gel [17]

Das mit Micro-Hohlkugeln verfüllte Silikon-Gel, das im unvernetzten Zustand flüssig ist, lässt sich als Vergussmasse verarbeiten. Nach dem Vernetzen des Materials bildet sich eine feste, aber kompressible Masse, die an den Elektroden und Gehäusen klebt.

Es ist keine zusätzliche Flüssigkeit zur Wärmeabfuhr notwendig, und bei einem Defekt kann kein Gas austreten. Dies bedeutet, es brauchen keine Umweltmaßnahmen am Aufstellungsort getroffen zu werden.

Um das mit Micro-Hohlkugeln verfüllte Silikon-Gel als Isolierstoff einzusetzen, sind jedoch noch Untersuchungen zur elektrischen und thermischen Alterung, sowie zur elektrischen Festigkeit bei den geometrischen Abmessungen der Isolation notwendig.

Im Vergleich zum Öl-Papier isolierten Messwandler kann mit der Silikon-Gel Isolation und dem Einsatz einer trockenen Durchführung ein Wandler gebaut werden, der weder Öl noch SF_6 als Isolierstoff enthält. Bei der Isolation mit dem verfüllten Silikon-Gel kann außerdem auf das Ausgleichsgefäß verzichtet werden (siehe Abb. 1.24).

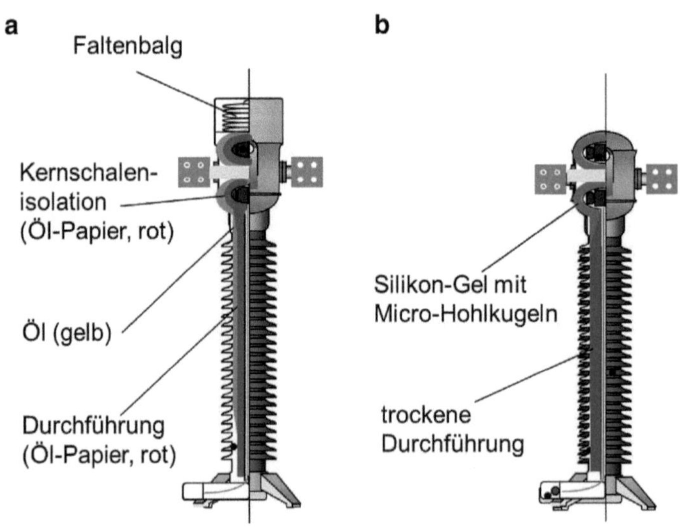

Abb. 1.24 **a** Stromwandler mit Öl-Papier Isolation **b** Stromwandler mit trockener Isolation

1.7 Porzellanisolatoren

1.7.1 Material der Porzellanisolatoren

Bei den Porzellanisolatoren handelt es sich um Dreistoff-Legierungen, auch als ternäre Legierungen bezeichnet. Die drei Stoffe sind Kaolin, Quarz und Feldspat.

Die Beschreibung der Zusammensetzung des ternären Legierungssystems erfolgt mithilfe gleichseitiger Dreiecke. Jeder Punkt innerhalb des Dreiecks entspricht einer Zusammensetzung der ternären Systems.

In den folgenden Abbildungen sind drei gleichseitige Dreiecke mit verschiedenen Beschriftungen gezeigt.

Abb. 1.25 zeigt die Zusammensetzung eines ternären Systems. Durch den Punkt, der eine Legierung entspricht, werden parallel zu den Seiten des Dreiecks Linien gezeichnet. An den Schnittpunkten kann die jeweilige Konzentration der Komponenten A, B und C abgelesen werden.

Die Abb. 1.26 zeigt den Einfluss der Massenzusammensetzung des Porzellans auf Durchschlagsfestigkeit, mechanische Festigkeit und Temperaturbeständigkeit. Die Seiten des Dreiecks sind jetzt mit den Basissubstanzen des Porzellans, Kaolin, Quarz und Feldspat bezeichnet [20].

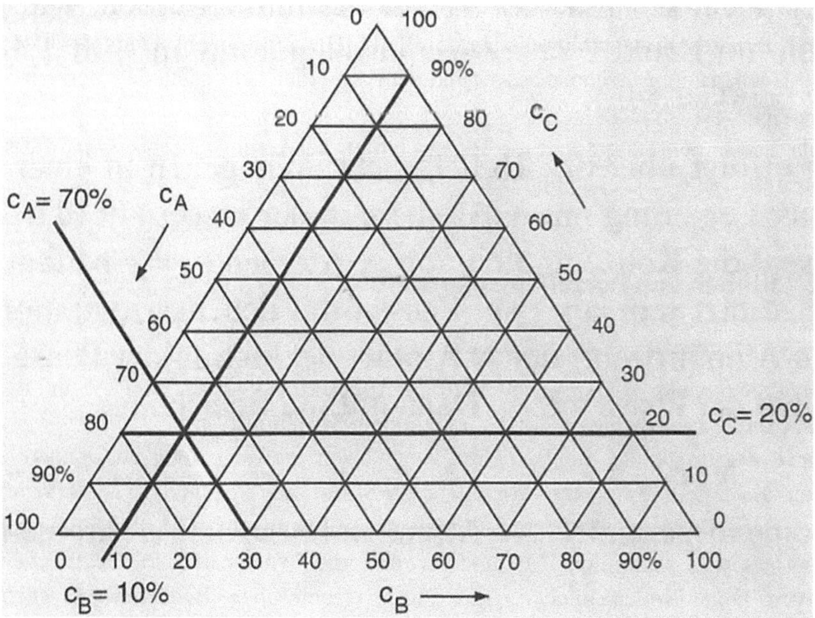

Abb. 1.25 Zusammensetzung eines ternären Systems [19]

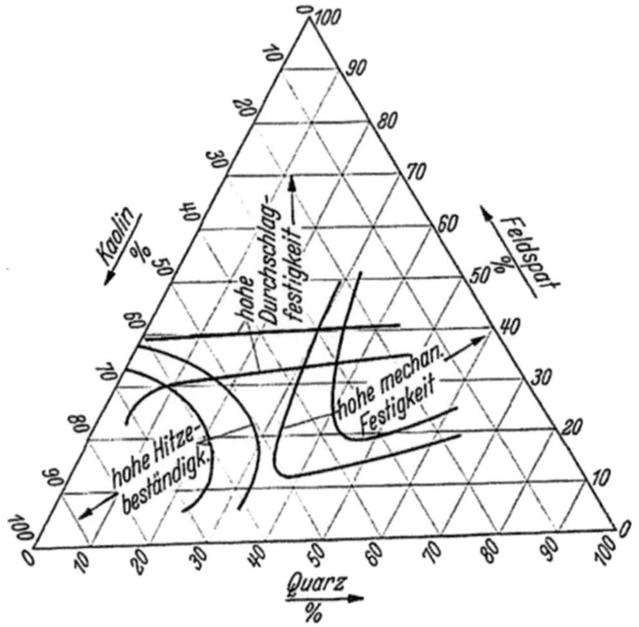

Abb. 1.26 Einfluss der Zusammensetzung des Porzellans auf die Durchschlagsfestigkeit, die mechanische Festigkeit und die Temperaturbeständigkeit

Die Abb. 1.27 zeigt den Konzentrationsbereich verschiedener feuerfester Keramiken mit dem ternären Konzentrationsdiagramm [21]. Die Zusammensetzung des Porzellans für die Hochspannungstechnik beschränkt sich auf einen sehr schmalen Bereich auf der rechten Seite des Dreiecks.

Eine Zusammensetzung und die Eigenschaften der keramischen Isolierstoffe sind in der Norm IEC 60672 [22] zu finden.

1.7.2 Kleben von Porzellanisolatoren

Der Bedarf an elektrischer Energie ist in den Jahren 1970 bis 2015 stetig gestiegen. Bis 1970 lag die Systemspannung von Übertragungsnetzen bei 420 kV/500 kV, und bis 2010 erreichte die Systemspannung 800 kV und höhere Spannungswerte.

Der Kostendruck auf die Betreiber von Netzen erzwang hoch ausgenutzte Messwandler, die einteilige Apparate-Porzellane für Strom- und Spannungswandler benötigen.

Die Herstellung von Apparate-Porzellane mit Längen von über 4 m bereitete Schwierigkeiten, wenn der Durchmesser und die Wandstärke in elektrischen notwendigen Dimensionen blieben. Aus diesen technischen Bedürfnissen wuchs die Forderung Apparate-Porzellane in einzelnen Längen herzustellen und sie zusammen zu fügen.

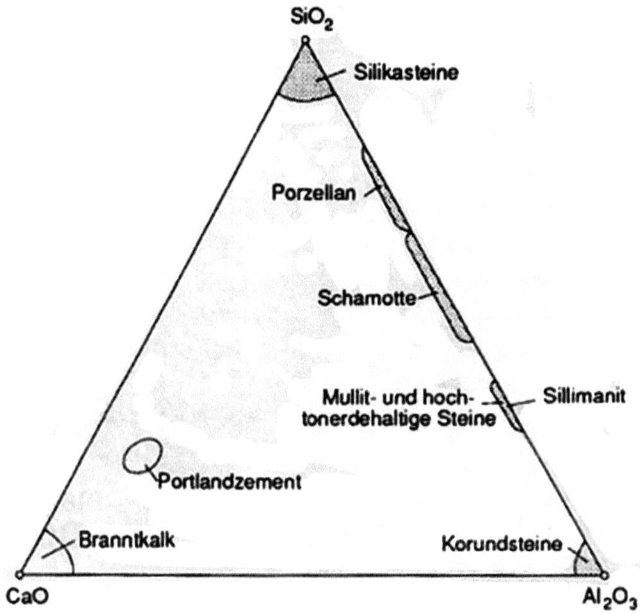

Abb. 1.27 Zusammensetzung verschiedener feuerfester Keramiken [21]

Das Zusammenfügen von Teil-Porzellan-Hohlkörpern kann auf 2 verschiedenen Wegen durchgeführt werden.

a) Zusammenglasieren: Das Bindemittel ist anorganisch und ähnelt dem Basismaterial eines Porzellan-Isolators. Vorteile: Eigenschaften wie ein Porzellan-Isolator Nachteile: Der Verbindungsprozess benötigt eine hohe Temperatur wie bei der Herstellung der Isolatoren und hohe Öfen.
b) Kleben mit organischen Klebstoffen: Die folgenden Ausführungen basieren auf den Erfahrungen der Autoren mit dem Klebstoff Araldite AV 138 und Härter HV 998. Diese Klebstoffe wurden von CIBA-GEIGY entwickelt und werden heute von der Firma Huntsman hergestellt und vertrieben [12].

Araldite AV 138 härtet nach Zugabe von Härter HV998 ohne Anwendung von Druck und Wärme. Es härtet bereits bei Temperaturen von 5 °C. Die Einwirkung von Wärme beschleunigt jedoch die Härtung wesentlich und verbessert die Festigkeit der Klebung.

Eigenschaften des Materials:

		Araldite AV138	Härter HV998
		Hellbeige thixotrope Paste	Graue thixotrope Paste
Viskosität bei 25 °C	Pa s	≈ 960	≈ 385

Viskosität bei 50 °C	Pa s	≈ 390	≈ 320
Spezifisches Gewicht bei 25 °C	g/cm³	1,6	1,7
Flammpunkt (Pensky-Martens)	°C	110	86

Für eine gute Haftung des Klebers auf der Klebefläche muss die Porzellanoberfläche eine minimale Rautiefe von $R_a = 10 \pm 4\ \mu m$ ($R_t = 40 - 70\ \mu m$) haben. Dies kann durch Sandstrahlen erreicht werden. Um Verunreinigungen zu entfernen werden die Klebeflächen unmittelbar vor dem Kleben mit einem Schleifleinen der Körnung P80 abgeschliffen und mit Aceton gereinigt, um eine fettfreie Oberfläche zu erhalten. (siehe Abb. 1.28). Danach darf die Klebefläche auf keinen Fall mehr mit den Fingern berührt werden.

Um eine optimale Festigkeit zu erreichen beträgt das Mischungsverhältnis von Kleber und Härter 100 Gewichtteile Araldite AV 138 und 40 Gewichtsteile Härter HV 998.

Der Kleber wird auf beiden Klebeflächen bei einer Umgebungstemperatur von 18 °C bis 34 °C mithilfe einer Spachtel aufgetragen und dabei in die Poren der Oberfläche gepresst. Zusätzlich wird auf dem unteren Porzellanteil eine Kleberaupe angebracht (siehe Abb. 1.29).

Nach dem Klebstoffauftrag werden die beiden Teile zusammengefügt (siehe Abb. 1.30), dabei wird der obere Porzellanteil um ±15° gedreht und mithilfe einer Vorrichtung die Füße des Wandlers und das Kopfgehäuse ausgerichtet (siehe Abb. 1.31). Ein Pressdruck ist nicht erforderlich. Jegliches Anpassen schlechtsitzender Teile durch Pressdruck ist zu unterlassen. Ein notwendiges Anpassen oder Richten der Teile hat vor der Verklebung zu erfolgen, damit Spannungen in der Klebung vermieden werden.

Abb. 1.28 Vorbereitung der Klebeflächen durch **a** abschleifen mit Schleifleinen und **b** Reinigung mit Aceton

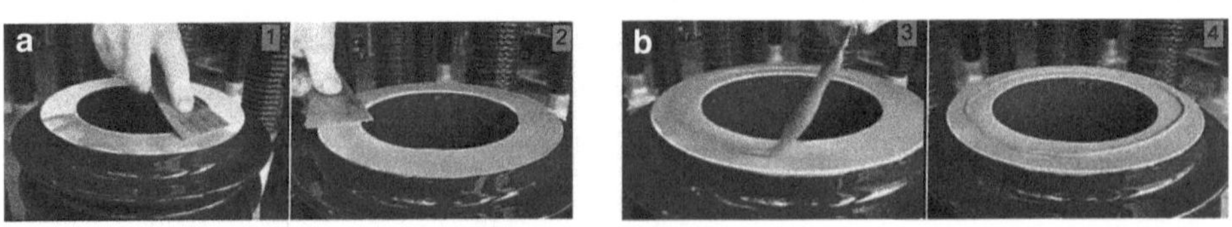

Abb. 1.29 Aufbringen des Klebers auf den Klebeflächen **a** mit Spachtel auf Ober- und Unterteil und **b** als zusätzliche Kleberraupe auf dem Porzellanunterteil

Abb. 1.30 Zusammenfügen von Porzellanober- und -unterteil

Abb. 1.31 Ausrichten von Füßen und Kopfgehäuse des Messwandlers

1.7.3 Einzementierung von Porzellanisolatoren in Flansche

Die Verbindung zwischen Porzellanisolator und metallischem Flansch wird heute meist durch Einzementieren realisiert. Um eine gute Kraftschlüssigkeit zu erreichen, werden die einzementierten Enden der Porzellanisolatoren vor dem Glasieren mit Sand versehen. Dabei soll eine gleichmäßige mechanische Festigkeit wie der Porzellankörper erreicht werden. Der Sand sollte aus runden Vollkörnern bestehen, um eine Überbeanspruchung durch vorstehende Körner zu vermieden.

Spitze Körner führen zu einer Überbeanspruchung, wie in Abb. 1.32 gezeigt wird.

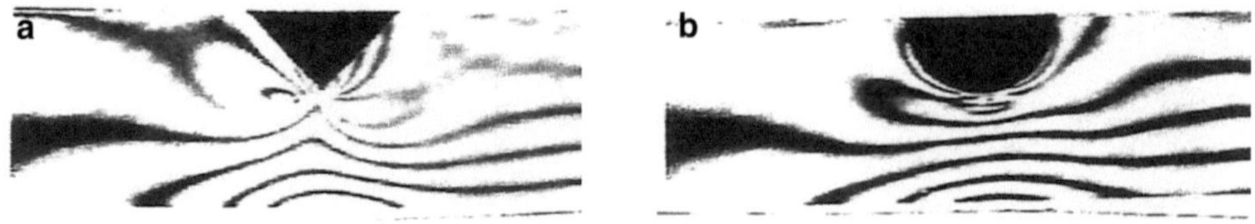

Abb. 1.32 Biegebeanspruchung mit Besandung des Porzellans mit **a** Spitzkorn: Durch den Verlauf der Kraftflusslinien ist die Überbeanspruchung zu erkennen, **b** Rundkorn: Die Überbeanspruchung ist zu vernachlässigen

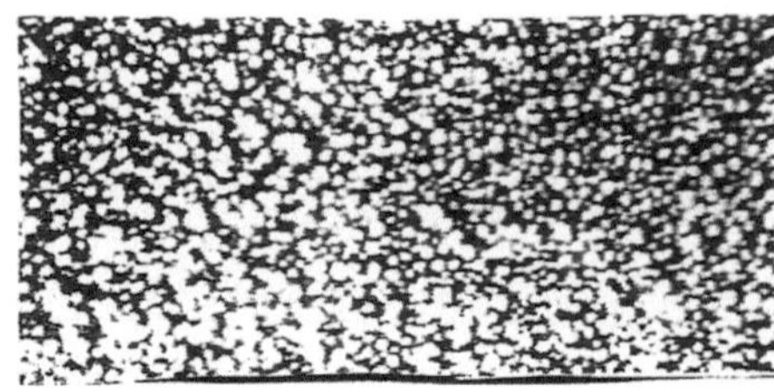

Abb. 1.33 Korngrößenband einer Besandung mit Rundkorn

Die Festigkeit des einzementierten Porzellanisolators hängt ab von der Kornart bei der Besandung (Abb. 1.33):

Besandung	Klassisches gerundetes Spitzkorn	Rundkorn, einheitliche Größe	Rundkorn, optimale Korngrößenverteilung (Abb. 1.33)
Festigkeit:	100 %	110 %	140 %

Für die Festigkeit des einzementierten Porzellanisolators ist die Höhe der Einzementierung im Verhältnis zum Außendurchmesser des Porzellans maßgebend. Abb. 1.34 zeigt die Bruchfestigkeit des einzementierten Isolators in Abhängigkeit des Verhältnisses Höhe der Einzementierung zu Porzellandurchmesser (h/D) [23]. Es wird empfohlen die Einkitthöhe 50 % des Außendurchmessers des Porzellanisolators zu wählen.

Für eine gute Verbindung von Flansch und Porzellanisolator ist die Behandlung der Zementierflächen eine wesentliche Voraussetzung. Der einzuzementierende Bereich des Isolators mit der Sandung und der Flansch werden mit Aceton gereinigt und danach wird ein Schutzauftrag auf Bitumenbasis (Inertol Poxitar) aufgebracht. Dazu werden 100 g Inertol Poxitar mit 13 g Härter und 5 g Verdünner gut durchmischt. Danach wird die Mischung 30 min stehen gelassen, die Topfzeit beträgt 6 h. Der Schutzanstrich wird mit einem Pinsel auf das Porzellan und den Flansch aufgebracht.

Es ist besonders darauf zu achten, dass die O-Ring Nut und die Dichtflächen frei von Rückständen des Schutzanstrichs sind (Abb. 1.35).

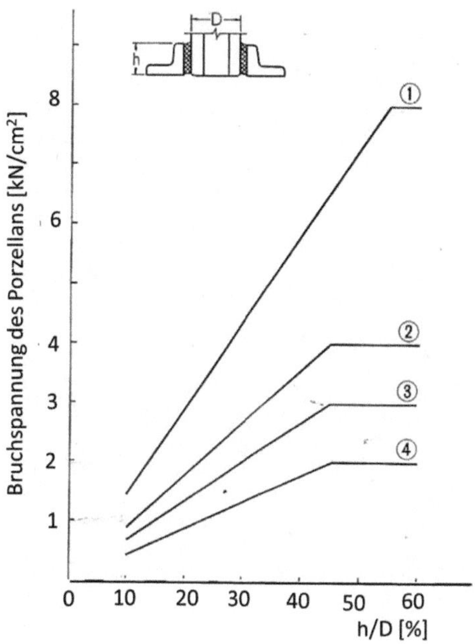

Kurve \ Dimensionen		Außen-durch-messer D	Gesamt-höhe
Sehr festes Porzellan	①	215	--
Festes Porzellan	②	≤ 300	≤ 1700
	③	≤ 400	≤ 1700
	④	--	> 1700

Abb. 1.34 Bruchspannung von Porzellan in Abhängigkeit von h/D

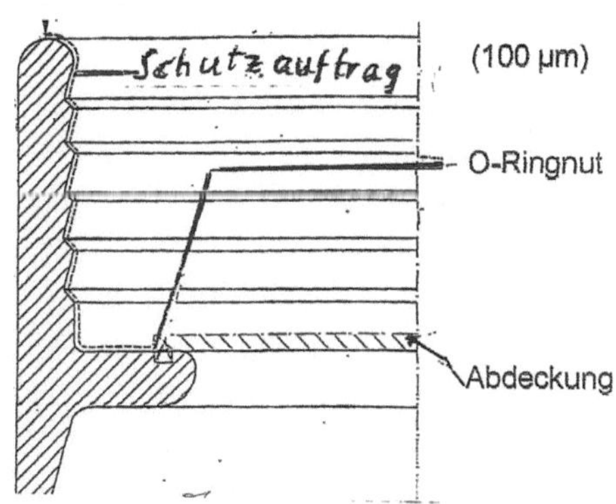

Abb. 1.35 Anbringung des Schutzauftrags auf den Flansch

Um ein Einzementieren ohne Lufteinschlüsse zu gewährleisten, muss die Einkittstelle vibriert werden. Dies geschieht am besten auf einem Vibriertisch. Dazu wird der Flansch mit dem darin fixierten Isolator, wie in Abb. 1.36 gezeigt, auf den Vibriertisch gestellt.

Die Zementiermasse wird in den Spalt zwischen Flansch und Isolator gefüllt, und dann wird durch Vibrieren das Material verdichtet. Eventuell muss danach Zementiermasse nachgefüllt werden.

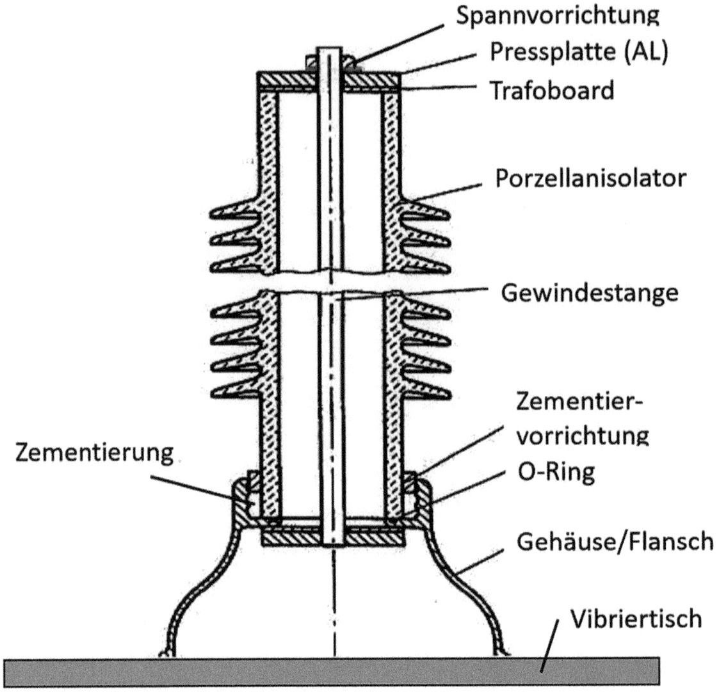

Abb. 1.36 Isolator mit Wandlergehäuse, in dem ein Flansch integriert ist, auf dem Vibriertisch

Danach wird die Oberfläche geglättet, angeschrägt und mit einer Schutzschicht aus Diofan bestrichen. Dies verhindert ein zu schnelles Aushärten der Zementiermasse, was zu Rissbildung führen würde. Zum Schutz der Porzellandichtfläche wird vor allem bei großen Isolatoren eine dünne Klingerit Ringscheibe eingelegt (siehe Abb. 1.37).

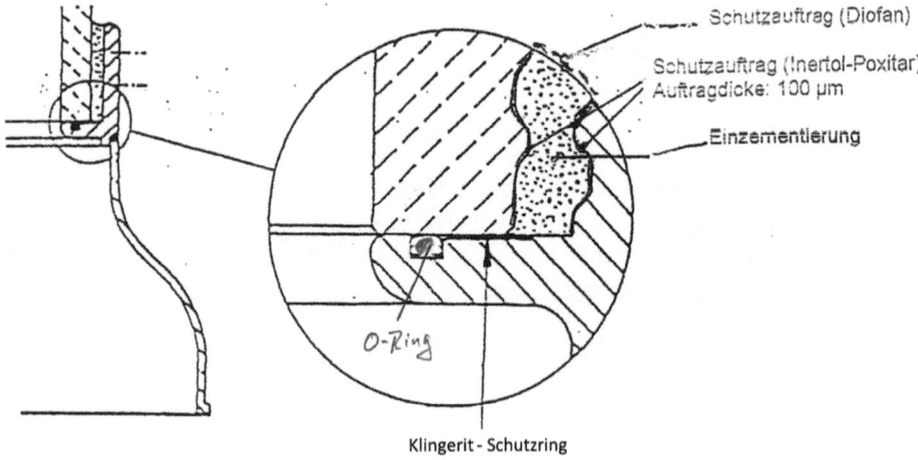

Abb. 1.37 Schutz der Porzellandichtstelle mit einer dünnen Klingerit Ringscheibe

Als Zementiermasse wird bei einem Spalt zwischen Flansch und Porzellan größer als 5 mm folgende Mischung (Grobsand) verwendet:

- 470 g Portlandzement
- 500 g Sand fein mit Körnung 0,5–0,75
- 500 g Sand grob mit Körnung 2–3
- 160 g Wasser

Ist der Zementierspalt kleiner als 5 mm, so ist die Mischung nur mit Feinsand zu verwenden:

- 470 g Portlandzement
- 1000 g Sand fein mit Körnung 0,5–0,75
- 160 g Wasser

Sand und Zement werden trocken 3 min mit einem Mischer vermischt und danach das Wasser zugegeben. Dann wird nochmals 3 min gemischt, bevor die Masse in den Zementierspalt eingegeben werden kann.

Nach dem Einfüllen der Zementiermasse darf der Isolator 7 Tage nicht bewegt werden.

Neuere Materialien als Ersatz für den bewährten Portlandzement sind Zementiermassen wie Masterflow von BASF. Ihr Vorteil ist, dass die Isolatoren schneller bewegt werden können.

1.7.4 Mechanische Festigkeit von Porzellanisolatoren

Die internationale Norm IEC 60672 definiert die Materialien von Keramik- und Glasisolatoren. Im Teil 3 dieser Norm [24] sind die Spezifikationen der verschiedenen Materialien beschrieben.

Für Porzellanisolatoren in der Hochspannungstechnik, welche auch bei Messwandlern zum Einsatz kommen, werden hauptsächlich die Materialien der Gruppe C100 und insbesondere die Materialien mit der Bezeichnung C110, C120 und C130 verwendet. Die Unterschiede dieser Materialien liegen hauptsächlich in Ihrer mechanischen Festigkeit. So liegt die Biegefestigkeit von glasiertem Porzellan für C110 bei 6 kN/cm^2, für C120 bei 11 kN/cm^2 und für C130 bei 16 kN/cm^2. Für hohe Anforderungen an die mechanische Festigkeit wird demnach das Material C130 verwendet.

Die Tab. 1.7 zeigt einen Auszug aus der Spezifikation der Materialien der Gruppe 100 nach der Norm IEC 60672-3.

Für die mechanische Beanspruchung der Messwandler, wie sie in Abschn. 3.2.10 beschrieben ist, bildet der Isolator und insbesondere die Einkittstelle am unteren Ende den kritischen Bereich. Das Material des Isolators muss entsprechend den Anforderungen für die Belastung ausgewählt werden. Da der schwächste Punkt der Isolatoren die Einkittung ist, sollte wie im vorherigen Kapitel beschrieben, die Einkitthöhe 50 % des Porzellandurchmessers betragen.

Tab. 1.7 Spezifikation von Porzellanisolatoren der Gruppe 100 [24, Tab. 1]

			Untergruppe	C110	C120	C130
Eigenschaften		Symbol	Einheit			
Biegefestigkeit	Unglasiert	σ_{ft}	kN/cm^2	5	9	14
	Glasiert	σ_{fg}	kN/cm^2	6	11	16
Elastizitätsmodul	Minimum	E	10^3 kN/cm2	6	–	10

1.8 Verbundisolatoren

1.8.1 Aufbau der Verbundisolatoren

Für frei stehende Hochspannungsapparate werden die Porzellanisolatoren immer mehr durch Verbundisolatoren ersetzt. Insbesondere bei SF_6 isolierten Messwandlern werden Verbundisolatoren eingesetzt, um im Fehlerfall zu verhindern, dass scharfkantige Porzellansplitter durch den hohen Druck im gasgefüllten Isolator Geräte und Personen gefährden.

Die Verbundisolatoren bestehen aus einem Glasfaser verstärkten Gießharzzylinder, der mir Silikonschirmen ummantelt ist (s. Abb. 1.38) und metallischen Flanschen zur Befestigung an die Messwandlergehäuse bzw. Sockel.

Das Glasfaserrohr sorgt beim Verbundisolator für die mechanische Festigkeit. Es hat einen hohen Berstdruck. Beim Bersten zersplittert der Isolator nicht. Durch die Elastizität des Glasfaserrohres weist der Verbundisolator eine hohe Erdbebenfestigkeit auf.

Die Silikonbeschirmung des Isolierrohres dient zur Erzeugung des erforderlichen Kriechweges. Die hydrophoben Eigenschaften der Silikonschirme sorgen für ein Abperlen von Wasser und verbessert die Verschmutzungseigenschaften des Isolators (s. Abb. 1.39). Die hydrophoben Eigenschaften werden auf eine eventuell vorhandene Verschmutzungsschicht übertragen. Die Ableitströme bei verschmutzten Isolatoren sind deutlich geringer als bei Porzellanoberflächen. Der Isolator muss deshalb nicht gereinigt werden.

Der Flansch zum Befestigen des Verbundisolators am Wandlergehäuse wird direkt auf den GFK Zylinder geklebt, bevor die Silikonschirme aufgebracht werden.

Die Silikonschirme können mit verschiedenen Prozessen auf das GFK-Rohr aufgebracht werden.

Gießen von Einzelschirmen

Die Form für einen einzelnen Schirm wird auf den GFK Zylinder aufgebracht und mit einem RTV (room temperature vulcanizing) Silikonmaterial gefüllt. Der Isolator rotiert, um eine gleichmäßige Schirmform zu erhalten. Nach dem Aushärten des Schirms wird die Form auf dem Rohr versetzt und die nächste Form wird gegossen (Abb. 1.40).

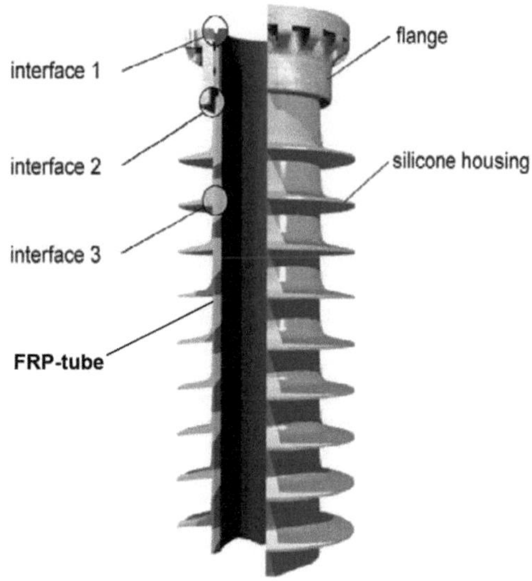

Abb. 1.38 Aufbau des Verbundisolators [25]

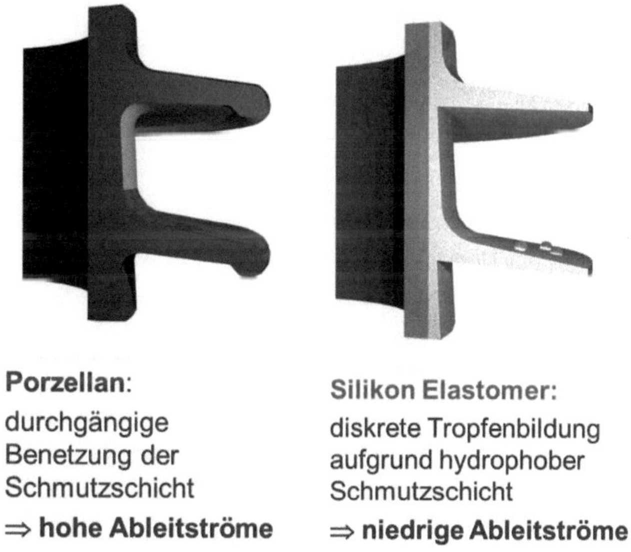

Abb. 1.39 Hydrophobie von Silkonschirmen

Die Kosten für die Einrichtungen für dieses Verfahren sind relativ gering, und der Isolator kann in Bezug auf den Schirmabstand, und damit den Kriechweg, flexibel gestaltet werde. Jedoch ist der Prozess zur Herstellung eines Isolators wegen der Aushärtung der einzelnen Schirme sehr lang.

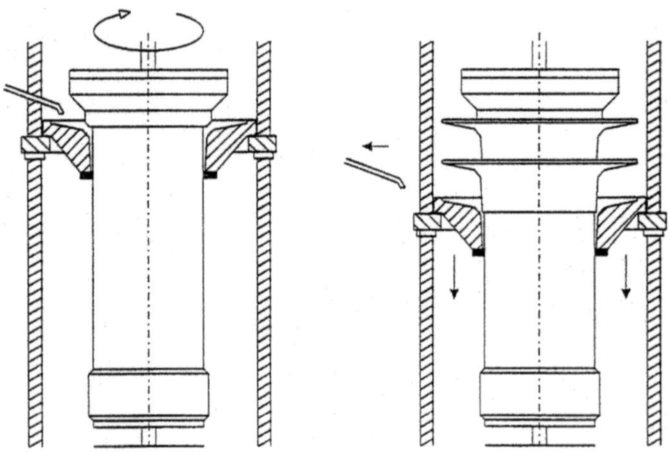

Abb. 1.40 Herstellung des Verbundisolators durch Gießen von Einzelschirmen

Gießen des gesamten Isolators in einer Form

Für dieses Verfahren werden zwei Formhälften (siehe Abb. 1.41) mit den Schirmformen des gesamten Isolators hergestellt. Für dieses Verfahren wird flüssiges Silikon (LSR – liquid silicone rubber) benutzt, das nach dem Vermischen der zwei Komponenten in einem statischen Mischer in die Form eingespritzt wird.

Das Material vernetzt dann innerhalb der Form, abhängig von der Temperatur und dem Volumen der Form. Dieser Prozess ist sehr schnell und eignet sich deshalb zur Herstellung von großen Stückzahlen mit den gleichen Schirmformen. Die Formen für dieses Verfahren sind jedoch sehr teuer, und es benötigt für jeden Isolator (Durchmesser, Schirmform, Schirmabstand und Länge des Isolators) eine spezielle Form.

Abb. 1.41 Gießform für einen Verbundisolator [26]

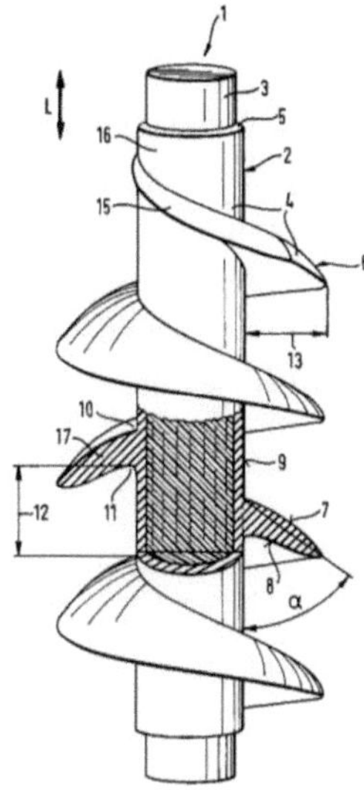

Abb. 1.42 Schematische Darstellung der spiralförmigen Schirme [27]

Extrudieren der Schirme in Spiralform
Eine besondere Form der Verbundisolatoren entsteht durch das spiralförmige Extrudieren von HTV (high temperature vulcanizing) Silikonmaterial. Dabei entstehen keine einzelnen Schirme, sondern ein kontinuierlicher spiralförmiger Schirm. Dabei können beliebige Längen von Isolatoren mit der gleichen Form hergestellt werden (Abb. 1.42).

Die Flansche des Verbundisolators werden mit dem GFK-Rohr verklebt. Diese Klebung muss die mechanische Stabilität des Isolators gewährleisten und die Dichtheit zwischen dem Material innerhalb des Gerätes (Öl oder Gas) sicherzustellen. In vielen Fällen wird diese Klebung durch eine Schrumpfung des Flansches auf das GFK-Rohr unterstützt.

1.8.2 Normen und Prüfungen

Verbundisolatoren für Messwandler werden beschrieben in der Norm IEC 61462 [28] „Composite hollow insulators". Unter diese Norm fallen sowohl Isolatoren, die nicht unter Druck stehen, wie bei Öl-Papier isolierten Messwandler, als auch Isolatoren, die unter Druck stehen, wie bei SF_6 isolierten Messwandlers.

Die Prüfungen werden in drei Kategorien eingeteilt:

Design Tests sollen die Brauchbarkeit des Designs, Materials und des Herstellprozesses verifizieren.

Type Tests für ein Design von Verbundisolatoren, welche die Designs Tests bestanden haben, verifizieren hauptsächlich die mechanische Charakteristik des Isolators.

Sample Tests werden an einer definierten Anzahl von gleichen Isolatoren durchgeführt, um die Charakteristik der Isolatoren, welche von der Herstellqualität und dem Material abhängen zu verifizieren. Die Anzahl der geprüften Isolatoren hängt von der Menge an produzierten Isolatoren ab.

Routine Tests werden an jedem Verbundisolator gemacht und sollen Defekte in der Herstellung aussortieren.

Es werden hauptsächlich mechanische Belastungsprüfungen beschrieben. Dazu werden die notwendigen mechanischen Lasten und Drucke definiert:

SML – „specified mechanical load“ vom Hersteller spezifizierte Biegelast für Typenprüfungen

MML – „maximum mechanical load“ höchste mechanische Biegelast, welche in Betrieb vorkommt.

SIP – „specified internal pressure“ vom Hersteller spezifizierter Druck für Typenprüfungen

MSP – „maximum service pressure“ maximaler Druck während des Betriebs

Tab. 1.8 stellt den Zusammenhang der verschiedenen Drucke zusammen, welche in den Prüfungen benutzt werden.

Weitere Anforderungen und Prüfungen der Verbundisolatoren für Messwandler sind in der Norm IEC 62217 „Polymeric HV insulators for indoor and outdoor use“ [29] enthalten. Die Norm IEC 61462 verweist in vielen Punkten auf diese allgemeinere Norm.

Tab. 1.8 Für die Prüfungen relevante Lasten und Drucke

Biegebelastung auf den Isolator		
Biegelast	Zusammenhang	Deformation
Höchste Last in Betrieb, MML	= 1.0 × MML	Reversible elastisch
Elastizitätsgrenze („damage limit in IEC 61462“)	> 1,5 × MML	Reversible elastisch
Last in Typenprüfung, SML	= 2,5 × MML	Irreversibel plastisch
Zerstörungslast	> 2,5 × MML	Irreversibel plastisch
Druckbelastung auf den Isolator		
Druck	Zusammenhang	Deformation
Höchster Druck in Betrieb, MSP	= 1,0 × MSP	Reversible elastisch
Druck für Routineprüfungen	= 2,0 × MSP	Reversible elastisch
Elastizitätsgrenze („damage limit in IEC 61462“)	> 2,0 × MSP	Reversible elastisch
Druck bei Typenprüfung	= 4,0 × MSP	Irreversibel plastisch
Spezifizierter Interne Druck, SIP	> 4,0 × MSP	Irreversibel plastisch

Durchführungen

2

2.1 Einführung

Die Aufgaben einer Durchführung sind Stromleitung und Verbindung von Hochspannungspotentialen in unterschiedlichen Isoliermedien durch eine Trennfläche (siehe Abb. 2.1).

Die Potentialdifferenz zwischen dem Stromleiter, dem Wandlergehäuse und der Umgebung hat ein elektrisches Feld zur Folge, was durch die Durchführung gesteuert werden muss, damit eine zulässige Höchstfeldstärke $\vec{E}_{\text{max}}$ auf der Oberfläche, die zur Ionisierung führt, nicht überschritten wird.

Abb. 2.1 zeigt ein schematisches Durchführungsprinzip, was für Darstellung aller Arten von Durchführungen gilt:

Die beiden Feldstärke-Vektoren $\vec{E}_Z$ in Längsrichtung und $\vec{E}_r$ in radialer Richtung bestimmen die Feldstärke auf der Oberfläche der Durchführung oder aussen auf dem Porzellan- oder Verbundisolator.

Bei zu hoher resultierender Feldstärke kann die Ionisierungsspannung in Luft überschritten werden, was sich durch blaue Leuchtfäden bei der Wechselprüfspannung zeigt. Begünstigt wird dieser Vorgang durch feuchte Oberfläche bei Regen.

Die beiden Feldstärken $\vec{E}_{r\text{max}}$ und $\vec{E}_{Z\text{max}}$ im Aktivteil der Durchführung längs der Oberfläche des Isolators, an der Hochspannungselektrode und in der Nähe des Isolators lassen sich durch den Einbau von koaxialen Steuerbelägen, bzw. Elektroden, deren Potentialverteilung durch die Grösse der Kapazitäten gegeben ist, steuern.

Je nach Anzahl der Beläge, bzw. Elektroden, lassen sich kleinere Werte für $\vec{E}_Z$ und $\vec{E}_r$ erreichen. Die Verteilung der Potentiallinien an einer Kondensatordurchführung (Anzahl der Steuerbeläge >20 je nach Höhe der Systemspannung) zeigt Abb. 2.2.

Die im Aktivteil vorhandenen Einlagen steuern bei diesem Konstruktionsprinzip das elektrische Feld der Durchführung auf beiden Seiten der Trennfläche. Auf der Luftseite

R. Minkner und J. Schmid, *Technologie der Messwandler*,
https://doi.org/10.1007/978-3-658-30207-8_2

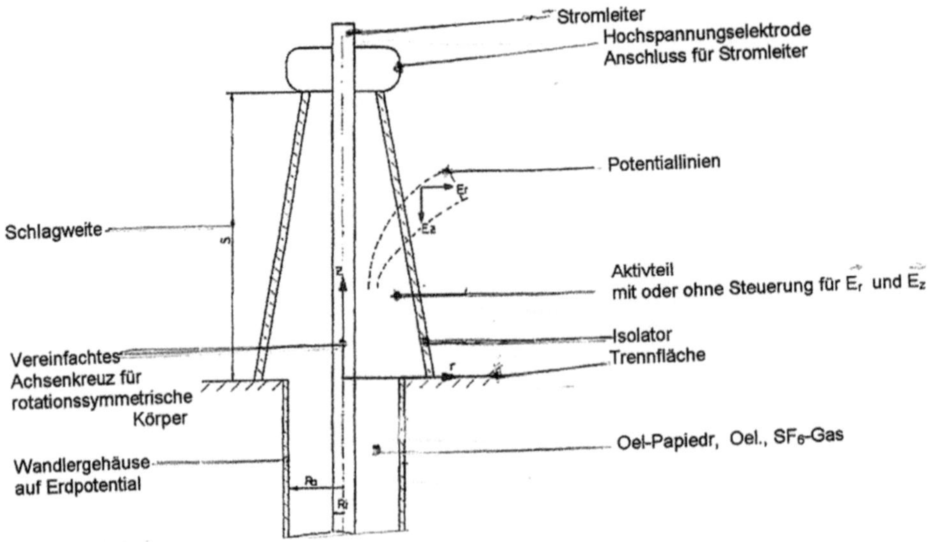

Abb. 2.1 Durchführungsprinzip

erfolgt ein gleichmässiger Potentialabbau von der Hochspannungselektrode zum Flansch längs des Porzellanisolators. Die Feldstärke an der Hochspannungselektrode, wesentlich für die garantierten RIV Werte, kann ebenfalls beeinflusst werden.

Die elektrische Festigkeit des Isolieröls, der Öl-Papier-Isolation und des SF_6 Gases erlaubt höhere Oberflächengradienten längs des Unterteils der Durchführung, und die Einlagen erzwingen einen konstanten Längsgradienten. Das Feld geht anschliessend über in das gegebene elektrische Feld der Aktivteile, Spannungswandler-Lagenwicklung, bzw. metallische Schale auf Erdpotential mit Messkernen bei Stromwandlern.

2.2 Öl-Papier (OIP) Durchführungen

2.2.1 Feingesteuerte und grobgesteuerte Durchführungen in Messwandler

Jeder Hochspannungsmesswandler hat eine integrierte Durchführung, welche nach dem Prinzip der Transformatordurchführung aufgebaut ist. Die Norm IEC-60137 [30] gilt für Durchführungen allgemein und insbesondere für Transformatordurchführungen.

Für die Auslegung von Durchführungen für Messwandler werden Basiskennwerte für verschiedene Durchführungsarten angegeben, wie z. B. Teilentladungs-Werte, die in den Wandler-Standards vorgeschrieben sind.

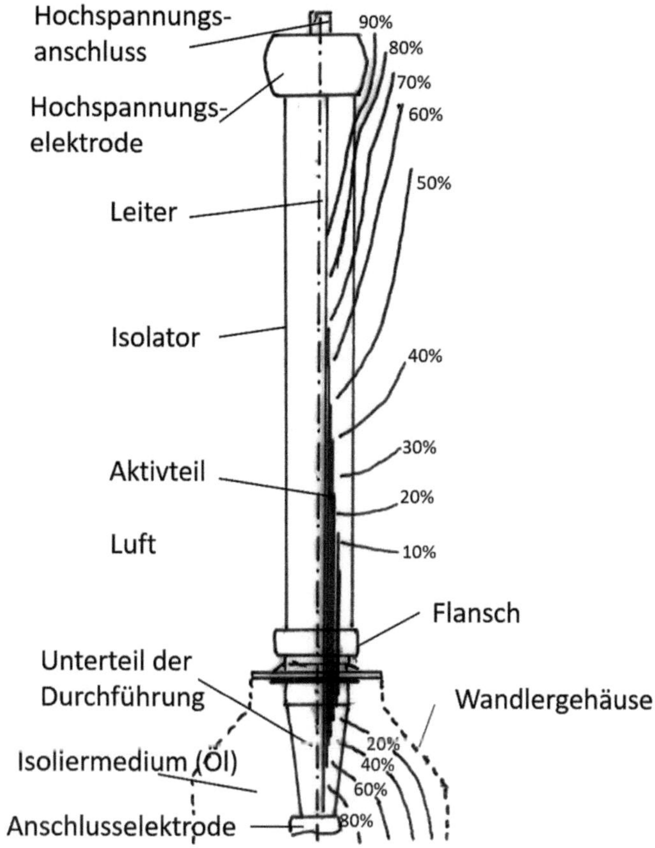

Abb. 2.2 Verlauf der Potentiallinien einer feinstufigen Kondensatordurchführung am Beispiel einer Transformatordurchführung

Es existieren prinzipiell zwei verschiedene Messwandler – Konstruktionen, die für die Wandler eingesetzt werden:

a) Getrennte maschinelle Herstellung von Durchführungen mit einem stufenförmigen Verbindungsteil zum Aktivteil, der Spannungswandlerwicklung oder zur metallischen Schale mit den von Kunden spezifizierten Stromwandlerkernen. (s. Abb. 2.3)

Anforderungen an die separat hergestellte Messwandler-Durchführung:

- Teilentladungswerte <1 pC bis zur Prüfspannung mit einer Wahrscheinlichkeit von <0,1 %
- Leichte Verbindungsmöglichkeit von Durchführung mit dem Aktivteil der Wandler
- Optimale Ausnutzung des Durchführungs-Dielektrikums
- Leichte Anpassbarkeit an die Forderungen der Kunden

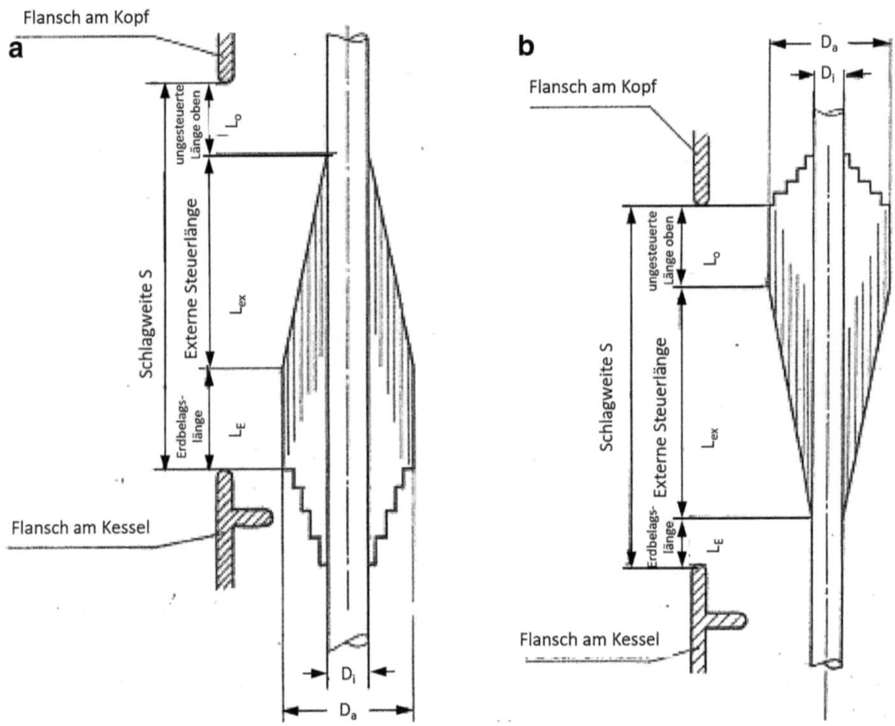

Abb. 2.3 Durchführungen für Messwandler **a** Spannungswandler **b** Stromwandler

b) Gemeinsame Herstellung der Isolation von Durchführung und Aktivteil; Wicklung bei Spannungswandler, bzw. metallischer Schale mit Ringkernen bei Stromwandlern. (s. Abb. 2.4)

Typisch für das Konstruktionsprinzip nach b) ist eine Grobsteuerung, mit dem Feld angepassten, ringförmigen Elektroden auf der Durchführung. Die an den Elektroden angeschlossenen, metallischen Steuerbeläge werden um den ganzen Aktivteil bei Stromwandlern herumgezogen. Durch die erhöhte Kapazität zwischen den Steuerbelägen wird der kapazitive Strom erhöht und damit das Auslösen von Teilentladungen begünstigt.

Die Basis für die Feldstärke $\vec{E}_r$ zwischen den Belägen $\vec{E}_r = f(d)$ beruht auf Versuchen, die im Folgenden beschrieben sind:

2.2.2 Die Feldstärkefestlegung zwischen den Steuerbelägen von feingesteuerten Kondensatordurchführungen

2.2.2.1 Entwicklungsversuche

Aus dem Paschen-Gesetz für Gase und der Öl-Papier-Technologie war bekannt, dass die Durchschlagsspannung bzw. die Durchschlagsfestigkeit für Wechsel- und Stoßspannung eine Funktion der Dielektrikumsdicke ist.

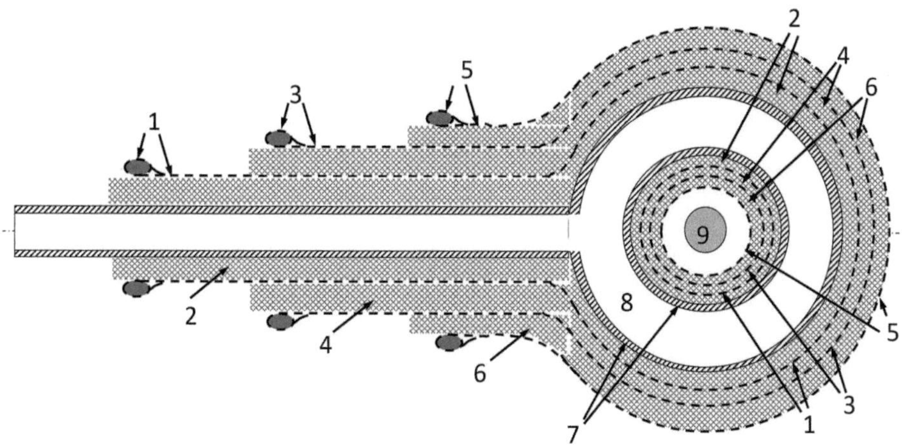

1. Potentialelektrode (Ring) mit Metallbelag (1/3 Hochspannungspotential)
2. Umlaufende Isolation
3. Potentialelektrode (Ring) mit Metallbelag (2/3 Hochspannungspotential)
4. Umlaufende Isolation
5. Potentialelektrode (Ring) mit Metallbelag (Hochspannungspotential)
6. Umlaufende Isolation
7. Kernschale
8. Messkerne
9. Primärstrom

Abb. 2.4 Grobsteuerung einer Durchführung in einem Kopfstromwandler

Es wurden je 10 gleiche Testmodelle mit einer Dielektrikumsdicke (d_D) von 0,5 mm, 1,0 mm, 2,0 mm und 5,0 mm hergestellt. Die Ausführung entsprach einer kleinen Durchführung mit Steuerbelag (Abb. 2.5).

Hinweise zum Herstellungsprozess

- Die Versuche haben gezeigt, dass beim Wickelvorgang ein bestimmter Walzendruck ± 30 % und Papierzug ± 30 % die kleinsten TE-Werte liefert.
- Der Wickeldorn und die Walzen werden auf 120 °C erwärmt
- Die Dicke des Isolierpapiers wird durch das Heisswickeln und einen Anpressdruck von 100 μm auf 76 μm reduziert

Bei den Basisversuchen waren die Hälfte der Testmodelle mit umgelegten Folien, die andere Hälfte mit nicht umgelegten Folien gewickelt (siehe Abb. 2.6).

Kritisch bei den Folien sind nur die axialen Schnittkanten, da die radialen Schnittkanten überlappen.

Die Messung der TE-Werte der Testexemplare hat gezeigt, dass die TE-Einsatz -Werte der Testmuster mit umgelegten Steuerfolien (Lösung a) tiefer lagen als mit nicht umgelegten Folien (Lösung b). Die Lösung b) wurde als Standard gewählt.

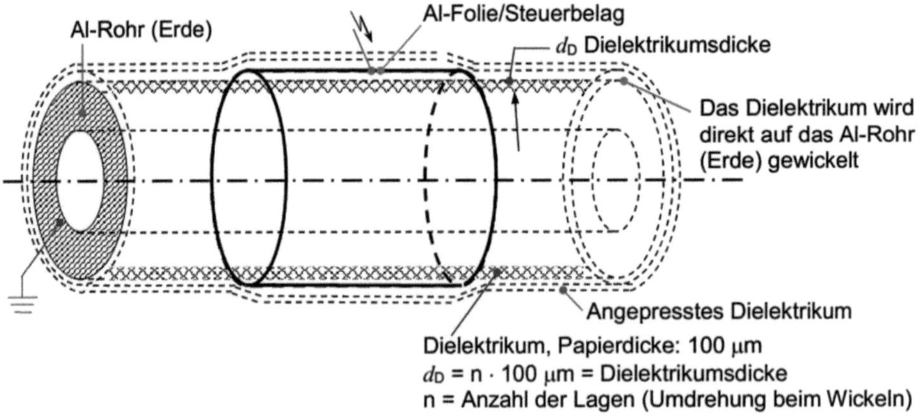

Abb. 2.5 Aufbau eines Testmodells

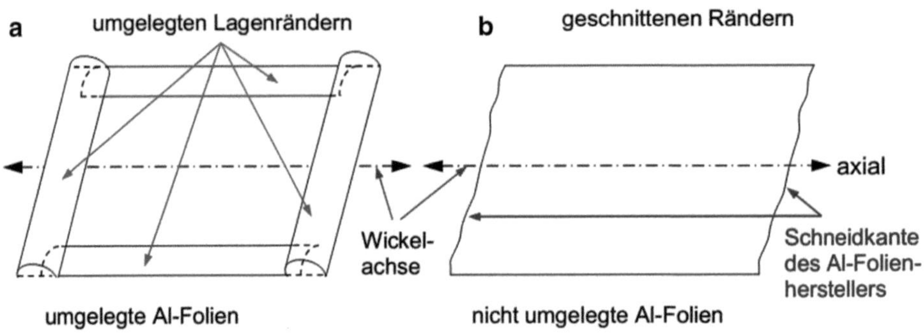

Abb. 2.6 Ausführung der eingelegten Folien

Die Fertigungstechnik mit nicht umgelegten Folien ist auch einfacher. Die tieferen TE-Einsatzspannungen bei umgelegten Folien ist durch den etwas größeren Ölspalt am Rand der Folie zu suchen. Die Beurteilung der beiden Ausführungen a) und b) kann sich durch verschiedene Fertigungsmethoden ändern.

2.2.2.2 Die Auswertung der TE-Messungen

Die je 5 Spannungswerte für den Teilentladungseinsatz wurden in die Weilbull-Statistikblätter (Beispiel siehe Abb. 2.7) eingezeichnet und damit der Wert für die 0,1 % Wahrscheinlichkeit des TE Einsatzes ermittelt.

Die grafische Ermittlung des Spannungswertes für eine 0,1 % Wahrscheinlichkeit des TE Einsatzes ist für die Auslegung der Durchführungen genau genug, auch wenn es mathematisch nicht exakt ist.

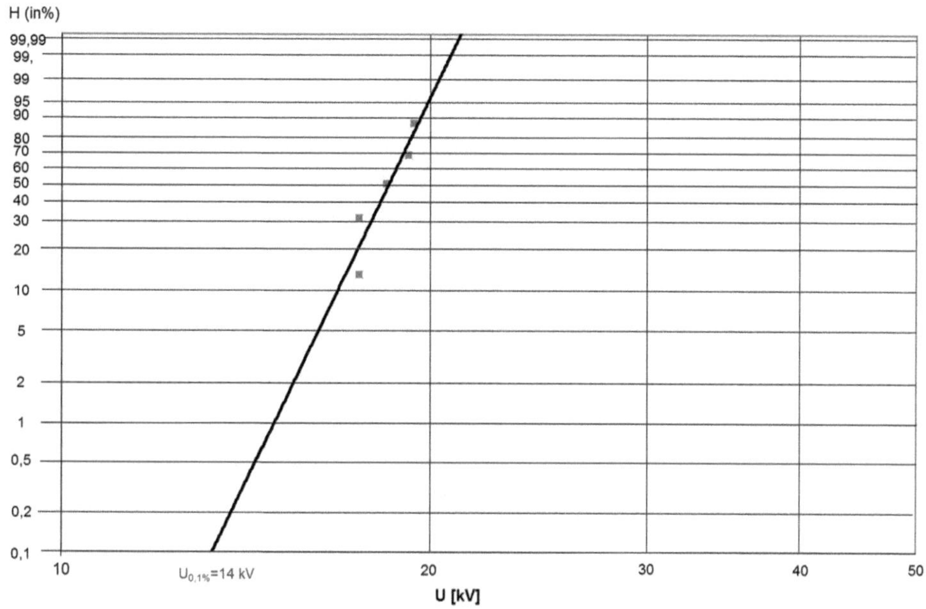

Abb. 2.7 Das Weibull-Diagramm für das Beispiel 0,5 mm Dielektrikumsdicke mit nicht umgelegten Folienrändern

Die Auswertung der Messwerte mithilfe der Weibullstatistik ergab für umgelegte Folienränder tiefere Teilentladungs-Einsatzspannungen als für nicht umgelegte Folien. Der Grund dafür liegt am größeren Ölspalt am Rand der Folien bei umgelegter Folie.

Die elektrische Festigkeit für die Auslegung bei Prüfspannung $\vec{E}_{rP}$ für eine TE Einsatzspannung mit TE < 1 pC ist gegeben durch $\left|\vec{E}_{rP}\right| = \frac{U_{TE}(<1pC)kV_{eff}}{0{,}5\,\text{mm}}$.

Allgemein ist die radiale Feldstärke durch den Ausdruck $\vec{E}_r = \frac{U}{r \cdot \ln {r_a}/{r_i}} \vec{e}_r$ gegeben.

Für eine Durchführung ist der Innenradius r_i und der Aussenradius r_a fest gegeben, und die Feldstärke $\vec{E}_r \sim 1/r$ nimmt von innen nach aussen ab.

Mit der experimentell ermittelten Beziehung $\vec{E}_r = f(d)$ (siehe Abb. 2.8) ist es möglich, den Abstand der Steuerlänge variabel zu gestalten, und die Längssteuerung des Luftoberteils und des Ölunterteils der Durchführung optimal zu dimensionieren.

Die axiale Spannungsverteilung wird durch die radialen Spannungen der Steuerbeläge bestimmt. Die radiale Spannung ist durch die kapazitive Aufteilung mithilfe der Steuerbeläge, Leiterrohr und Erdbelag/Flansch gegeben.

In Abb. 2.8 sind die mithilfe der Weibull Statistik ermittelten Werte der Messungen (nach Tab. 2.1 und Abb. 2.7) zusammen mit einer Auslegungskurve für Durchführungen eingezeichnet. Die niedrigen Werte der Auslegungskurve berücksichtigt die Reduzierung der Lebensdauer bei erhöhten Betriebstemperaturen nach der Montsinger Regel [11].

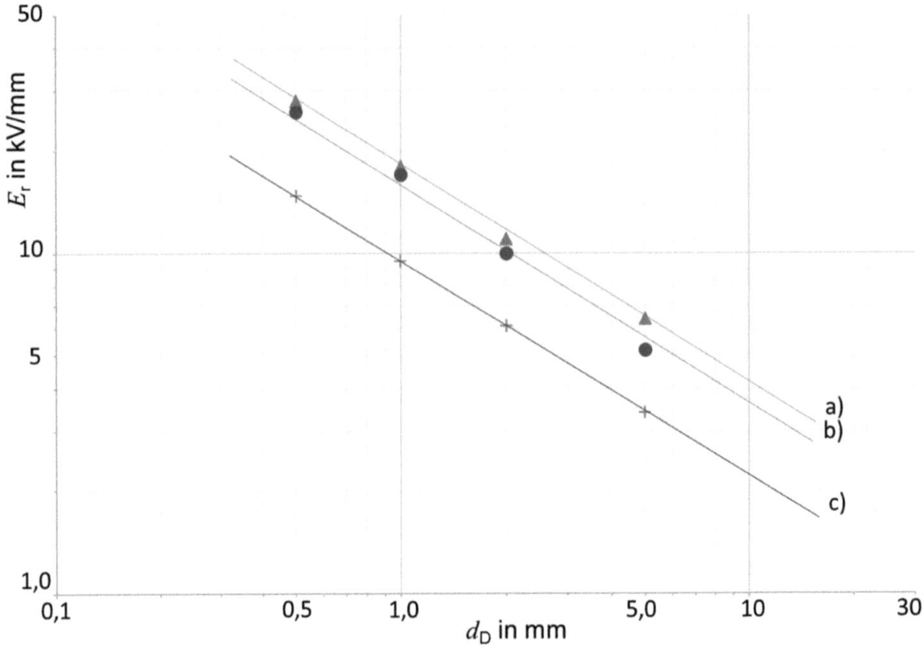

Abb. 2.8 Radiale Feldstärke $\vec{E}_r$ als Funktion der Dielektrikumsdicke d_D für 0,1 % Wahrscheinlichkeit des TE Einsatzes a) ▲gemessene Werte nicht umgelegte Folienränder b) •gemessene Werte umgelegte Folienränder c) +Auslegungskurve

Die maximal zulässige Feldstärke $\vec{E}_r$ in radialer Richtung zwischen zwei Steuerbelägen in Abhängigkeit der Ölpapier-Dielektrikumsdicke zwischen den Belägen (Abb. 2.9) ist durch die Gleichung $\vec{E}_r = 9{,}5 \cdot d^{-0{,}63} \cdot \vec{e}_r \frac{kV_{eff}}{\text{mm}}$ gegeben. Diese Auslegungskurve ist in Abb. 2.8 dargestellt.

Mithilfe eines Computerprogramms werden die Positionen der Steuerfolien berechnet und dabei die Feldstärken nach der Auslegungskurve (Abb. 2.8, Kurve c) berücksichtigt. Außerdem wird als Randbedingung die gleichmäßige Verteilung des Potentials in axialer Richtung berücksichtigt. Die Abstände der Folie werden so bestimmt, dass die radiale Feldstärke zwischen 2 Folien einen möglichst hohen Wert erreicht, die Auslegungskurve (Abb. 2.8, Kurve c)) aber nicht überschreitet. Dabei wird jedoch ein Mindestabstand von 6 Papierdicken eingehalten, um eventuelle Fehlstellen im Papier zu berücksichtigen. Die Steuerfolien sollten eine konstante Länge in axialer Richtung haben.

Als ein hervorragendes Werkzeug für die gleichzeitige Optimierung der verschiedenen Größen hat sich die Methode der Maximal- und Minimalwerte mehrerer Veränderlichen und die Monte Carlo Methode bewährt [31].

Neben den elektrischen Parameter müssen bei der Auslegung der Durchführung auch die mechanischen Werte berücksichtigt werden.

Tab. 2.1 Gemessene Teilentladungseinsatzspannungen an je 5 Proben mit umgelegten und nicht umgelegten Folien, sowie nach der Weibullstatistik ermittelte Spannung für 0,1 % Wahrscheinlichkeit des Teilentladungseinsatzes

	a) Umgelegte Folienränder						b) Nicht umgelegte Folienränder					
d_D	1	2	3	4	5	0,1 % Wert	1	2	3	4	5	0,1 % Wert
0,5 mm	18,4 kV	17,3 kV	16,5 kV	18,3 kV	17,4 kV	13 kV	19,2 kV	19,4 kV	18,4 kV	17,5 kV	17,5 kV	14 kV
1 mm	24,0 kV	24,9 kV	22,8 kV	26,0 kV	23,7 kV	17 kV	24,7 kV	24,0 kV	25,3 kV	26,8 kV	24,8 kV	18 kV
2 mm	32,6 kV	33,0 kV	33,1 kV	34,7 kV	–	20 kV	40,0 kV	41,4 kV	31,9 kV	35,0 kV	38,0 kV	22 kV
5 mm	49,0 kV	27,4 kV	30,0 kV	45,7 kV	–	24 kV	44,9 kV	45,1 kV	44,0 kV	39,0 kV	–	32 kV

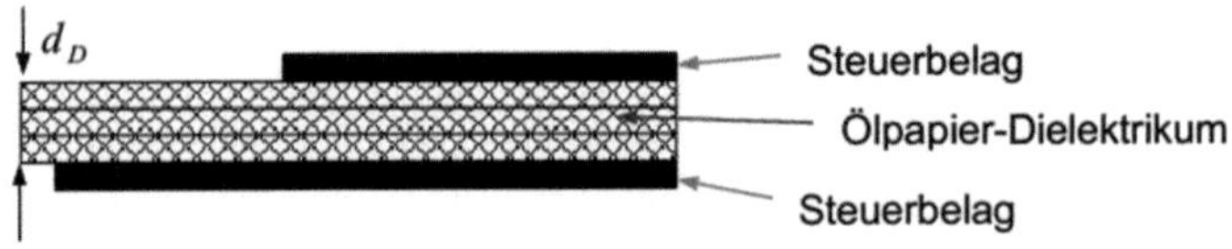

Abb. 2.9 Anordnung der Steuerbeläge in der Durchführung

2.2.3 Der Anschlussbereich

Die maschinell hergestellte Ölpapier-Durchführung für einen Strom- oder Spannungswandler muss mit den Aktivteilen, Stromwandler Kerngehäuse für die Mess- und Schutzringkerne oder mit der Lagenwicklung des Spannungswandlers verbunden werden (siehe auch Abschn. 3.2.8.2).

Die konstruktive Ausführung des Anschlussbereichs der Durchführung basiert auf der Technologie des Durchführungsunterteils (Stufen siehe Abb. 2.10).

Die Verbindung wird mit besonderen Papiereinlagen gemacht, welche an die Stufen der Durchführung angeklebt werden. Die Isolation dieses Übergangs wird von Hand ausgeführt.

Abb. 2.10 zeigt den Verbindungsteil Durchführung und Aktivteil-Stromwandler.

Die entstehenden Ölspalte (Position 13, 14 und 15 in Abb. 2.10) werden mithilfe der Kurven in Abb. 2.11 dimensioniert.

Es müssen die Feldstärkevektoren für die Wechselprüfspannung $\vec{E}_{eff}(r.z)$ und dem spezifizierten Stoßspannungslevel (BIL) $\vec{\hat{E}}(r.z)$ zwischen dem Hochspannungsbelag 9 und dem Trägerrohr 6 für die Ölspalttiefe d_T und Ölspaltbreite d_B berechnet werden.

Die Spalte entstehen bei der Anbandagierung der Streifenisolation an die Stufen und durch das Schrumpfen des Papiers der Durchführung und der Streifenisolation beim Trocknungsprozess der Isolation vor der Imprägnierung mit Öl.

Die berechnete Feldstärke $\vec{E}(r,z)$ muss in die beiden Komponenten $\left|\vec{E}_r\right| \cdot \vec{e}_r$ und $\left|\vec{E}_z\right| \cdot \vec{e}_z$ zerlegt werden. Da das elektrische Feld für die einzelnen Stufen angenähert zylindrisch ist, kann die Beanspruchung in z-Richtung vernachlässigt werden.

Es müssen die Wechselspannungsfeldstärken $\left|\vec{E}_{reff}\right| \cdot \vec{e}_r$ und die Stoßspannungsfeldstärken $\left|\vec{\hat{E}}_r\right| \cdot \vec{e}_r$ berechnet werden. Die Werte müssen kleiner sein als die Werte in Abb. 2.11 mit einem Sicherheitsfaktor von 1,4 bis 2. Die Berechnungen der Feldstärken muss mit einem ε_r(öl) = 2,2 und einem ε_r(Papier) = 3,5, oder entsprechend anderen zugehörigen Materialwerten erfolgen.

Die Öl-Papier Durchführung hat sich als hervorragend und zuverlässiges Element für Messwandler bewährt. Gleichzeitig wurden Versuche mit Kunststofffolienisolation gemacht, die keinen langwierigen Trocknungs- und Imprägnierprozess benötigen. Es wurde im Rahmen einer Forschungsarbeit eine Durchführung mit Folienisolation gebaut,

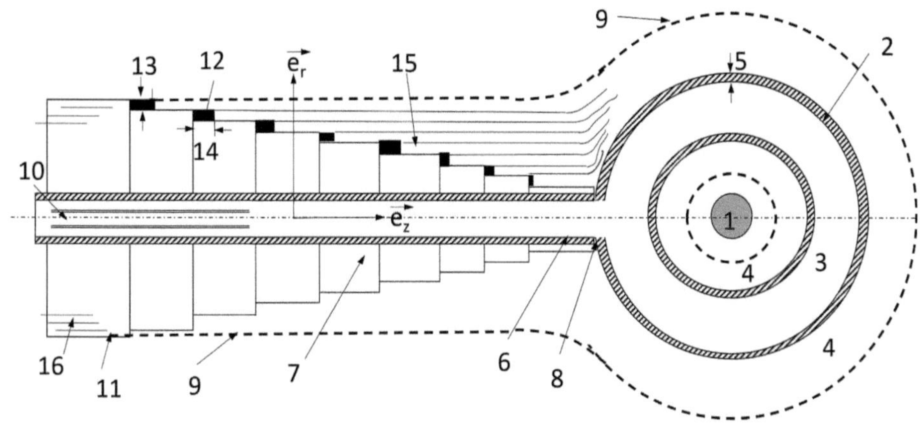

1. Stromleiter auf Hochspannung
2. Kernschale auf Erdpotential
3. Mess- und Schutzkerne auf Erdpotential
4. Isolation
5. Wanddicke der Kernschale
6. Trägerrohr der Durchführung auf Erdpotential
7. Hochspannungsdurchführung getrennt hergestellt
8. Eingeschweisstes Trägerrohr der Durchführung
9. Metallischer Hochspanungsbelag, mit dem Kopfgehäuse verbunden
10. Messleitungen an die Kerne
11. Verbindung Hochspannungsbelag mit letzter Folie der feingesteuerten Kondensatordurchführung
12. Ölspalt zwischen Durchführung und anbandagierter Isolation
13. Ölspalttiefe d_T
14. Ölspaltbreite d_B
15. An den Stufen befestigte Streifenisolation
16. Steuerbeläge der Durchführung

Abb. 2.10 Verbindungsbereich Durchführung zum Aktivteil

die mit extrem kurzen Herstellzeiten realisiert wurde. Der Vorteil dieser neuen Technologie waren neben der kurzen Herstellzeit ein kleinerer Durchmesser der Durchführung.

2.2.4 Herstellung von Durchführungen

In den folgenden Ausführungen wird die Technologie der getrennt maschinell hergestellten Durchführung für Messwandler behandelt. Es wird nur die Durchführung für Stromwandler im Detail aufgezeigt. Für magnetische Spannungswandler ist der Ablauf ähnlich. An Abb. 2.3 sind beide Aktivteile schematisch dargestellt.

Als Beispiel wird die Herstellung einer fein-gesteuerten Stromwanderdurchführung für 145 kV in Abb. 2.12 dargestellt.

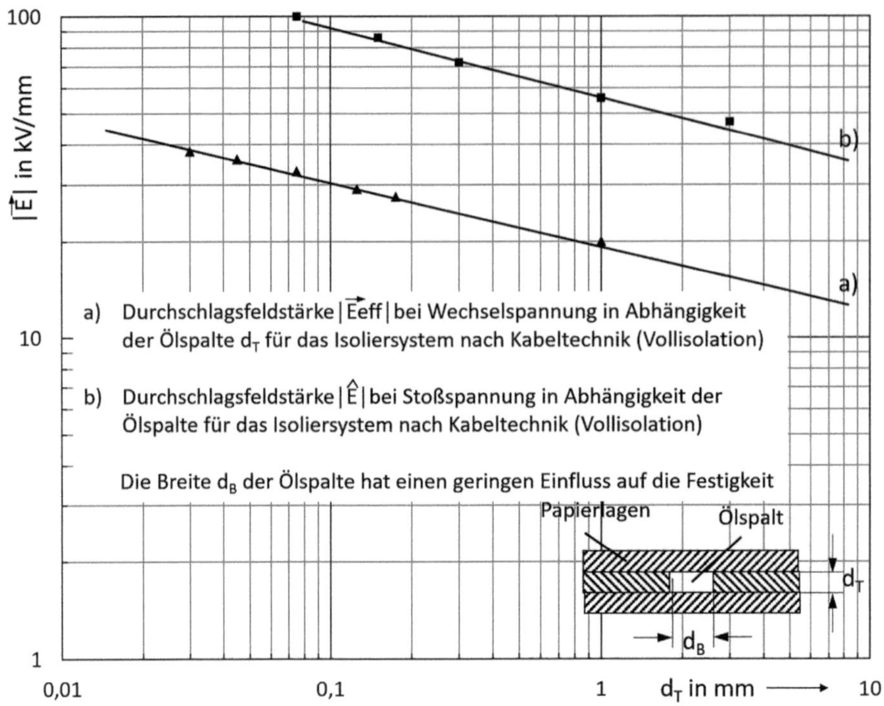

Abb. 2.11 Durchschlagsfeldstärke in Ölspalten

Für die Berechnung und Herstellung ist die Prüfwechselspannung (275 kV) die dimensionierende Größe. Es muss aber die Auslegung mit der erwarteten Lebensdauer übereinstimmen. Dabei ist zu beachten, dass die teilentladungsfreie (TE < 1 pC) Prüfspannung wesentlich höher liegt, was oft zu falschen Dimensionierungen führt, besonders, wenn es sich um keine Normalausführung handelt.

Dimensionen der Durchführung in Abb. 2.13:

- D_{rohr}: Außendurchmesser des Leiterrohrs 40 mm
- D_a: Außendurchmesser der Durchführung 85 mm ± 1 mm
- Folienbreite: 350 mm
- Foliendicke: 6 μm
- Anzahl der Aluminiumfolien: 37
- Steuerlänge 640 mm
- Schlagweite 1200 mm
- Dielektrikum: 100 μm Isolierpapier gepresst und heiss gewickelt, ergibt eine Dicke des Papiers von 76 μm

Abb. 2.12 Schematische Darstellung einer Stromwandlerdurchführung

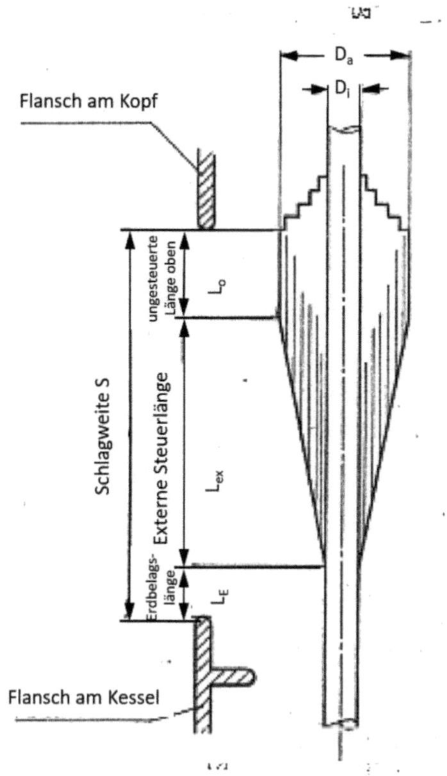

Die Fertigung der Messwandler-Durchführung basiert auf 2 Rechenprogrammen:

a) Einlagen der Steuerungen
b) Berechnung der radialen und axialen Feldstärken an jeder eingelegten Steuerung für die Prüfspannung von 275 kV

Für diese Durchführung ergaben sich 294 Papierlagen. Zwischen den Folien wurden zwischen 14 und 6 Papierlagen gewickelt. Die radiale Feldstärke lag zwischen 8,8 und 15,4 kV/mm, die axiale Feldstärke lag zwischen 0,24 und 0,64 kV/mm.

An der Stelle A in Abb. 2.14 sind 6 verzinnte Kupferbänder eingelegt um die Stromwandlerdurchführung mit der Kernschale für schnelle Spannungsänderungen zu verbinden.

Abb. 2.13 Fertig hergestellte Durchführung (für Stromwandler) für 275 kV Prüfwechselspannung

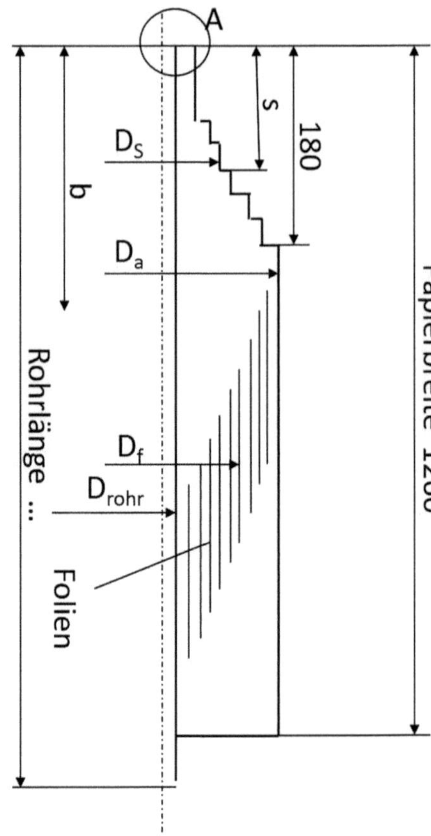

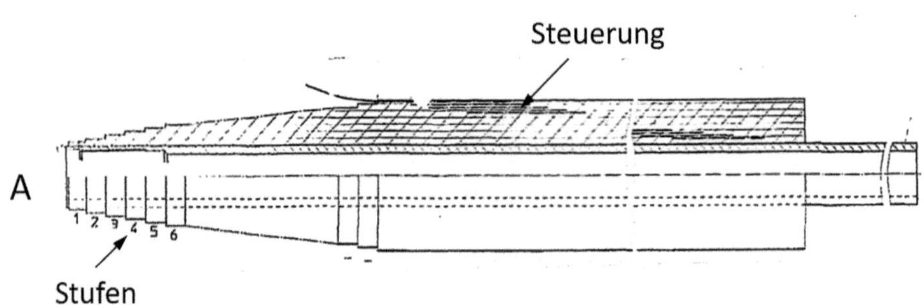

Abb. 2.14 Stromwandler Durchführung 145 kV/275 kV

2.3 SF_6 Durchführungen

Für Messwandler mit SF_6-Isolation werden auch Durchführungen mit SF_6-Isolation eingesetzt. Da gasisolierte Messwandler und Durchführungen mit einem Druck von mehreren Atmosphären betrieben werden, werden aus Sicherheitsgründen in den meisten Fällen Verbundisolatoren anstelle von Porzellanisolatoren verwendet.

Um hohe Feldstärken an den Flanschen der Durchführungen zu vermeiden wird das Potential entlang der Durchführung gesteuert. Bei SF_6 isolierten Durchführungen werden dabei für kleinere Spannungen bis etwa 170 kV einfache Elektroden verwendet. Für Spannungen ab 245 kV werden meistens kapazitive Steuerungen eingesetzt.

2.3.1 Feldsteuerungen mit Elektroden

Um die Feldstärken an den Flanschen der Durchführengen zu begrenzen werden, wie in Abb. 2.15 gezeigt, Elektroden in die Durchführung eingebaut. Die Elektroden müssen so dimensioniert werden, dass

- Die Feldstärken an der Elektrodenoberfläche innerhalb der Durchführung nicht zu Entladungen führt,

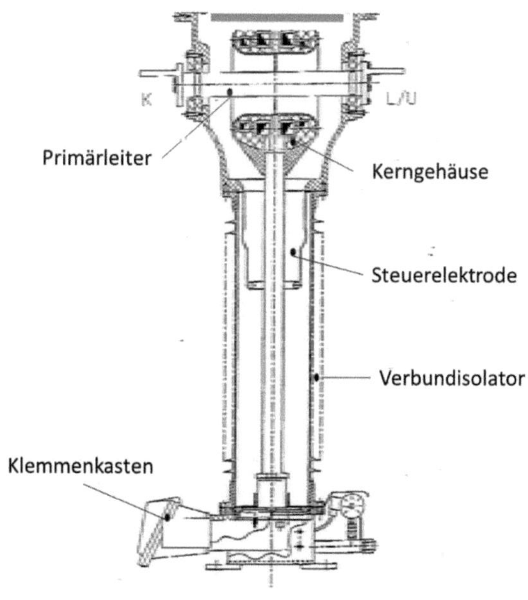

Abb. 2.15 Elektrodensteuerung in SF_6 isolierter Durchführung [32]

- Die Feldstärken an den Flanschen außerhalb der Durchführung so reduziert werden, dass es nicht zu äußeren Entladungen kommt.
- Die Feldstärke an der Isolierstoff Oberfläche begrenzt wird, sodass es zu keinen Erosionen der Silikonschirme kommt.

2.3.2 Kapazitive Feinsteuerung bei SF_6 Durchführungen

Durchführungen für Spannungen mit 245 kV und höher werden meistens nicht mit einer Elektrode zur Feldsteuerung realisiert, sondern mit einer Feinsteuerung versehen, welche das Potential entlang der Durchführungslänge kontrolliert.

Abb. 2.16 zeigt einen SF_6 Isolierten Stromwandler mit einer kapazitiven Potentialsteuerung in der Durchführung [25].

Die Steuerung wird realisiert durch einen selbsttragenden Zylinder aus Polyesterfolien, in die Aluminiumfolien als kapazitive Beläge eingebettet sind (siehe Abb. 2.18). Diese Beläge bilden eine kapazitive Verteilung der Spannung entlang der Durchführung und steuert somit den Potentialabbau. Abb. 2.17 zeigt die Potentiallinien an einer 800 kV Durchführung mithilfe einer kapazitiven Steuerung (Abb. 2.18).

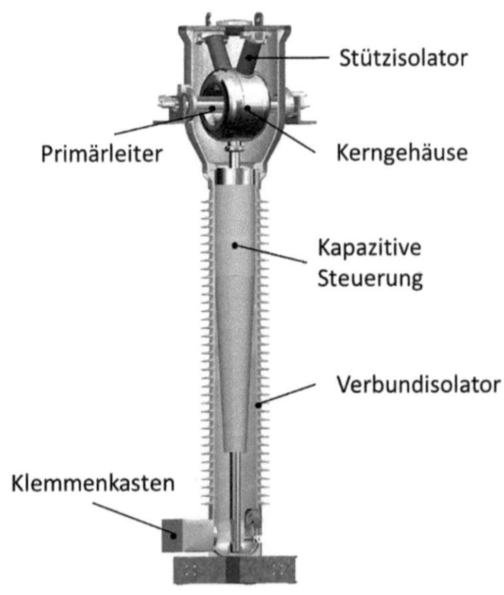

Abb. 2.16 SF_6 isolierter Stromwandler mit kapazitiver Potentialsteuerung

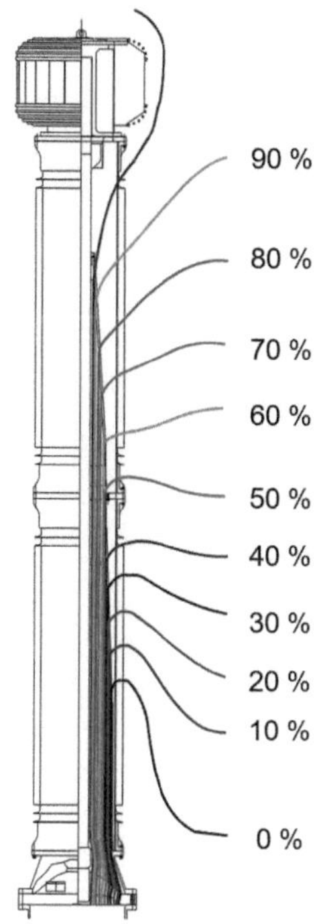

Abb. 2.17 Potentiallinien entlang einer 800 kV SF_6-Durchführung mit kapazitiver Steuerung

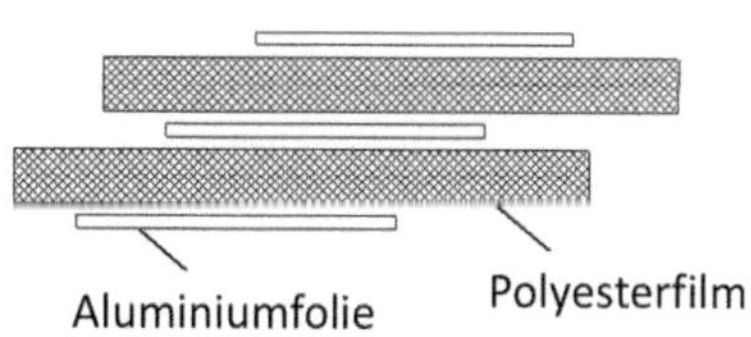

Abb. 2.18 Detail der Steuerbelägen in einer kapazitiven Steuerung in SF_6 Durchführungen

Strommessung

3

3.1 Einführung und Normung

Konventionelle Stromwandler nach dem induktiven Transformatorprinzip werden bis heute in überwiegender Zahl als Messwandler für Strommessung eingesetzt. Neben der genauen Übertragung des Primärstromes auf die Sekundärseite wird dabei auch je nach Art der angeschlossenen Schutz- und Messgeräten Leistungen bis zu 100 VA übertragen. Die Eigenschaften, Anforderungen und verschiedenen Ausführungsformen der konventionellen Wandler werden im Abschn. 3.2 näher behandelt. Viele theoretischen Hintergründe und technischen Aspekte über konventionelle Stromwandler sind in dem Buch „Die Messwandler“ von Rudolf Bauer [1] enthalten.

Mit der Entwicklung der Schutz- und Messgeräte hin zu rein elektronischen und digitalen Geräten wurde die Anforderung an die vom Stromwandler zu übertragende Leistung immer kleiner. Dies ermöglichte den Einsatz von Stromwandlern anderer Prinzipien, wie Kleinsignalwandler, Luftspulen oder optische Stromwandler. Diese neuen, nicht konventionellen Stromwandler werden in den Abschn. 3.3 bis 3.5 behandelt.

Bereits 1931 erschien die erste IEC Norm für Messwandler als IEC 44 „Recommendations for Instrument Transformers“. Heute gilt für alle Messwandler die Normenreihe IEC 61869 „Instrument Transformers“ Die Anforderungen für konventionelle Stromwandler sind in den Teilen 1 und 2 dieser Normenreihe aufgeführt. Der Teil 1 [33] beinhaltet dabei allgemeine Anforderungen an alle Messwandler, und der Teil 2 [34] zusätzliche Anforderungen an konventionelle Stromwandler. Ein neu erschienener Teil 6 der Normenreihe [35] beschreibt zusätzliche Anforderungen an Wandler mit kleiner Ausgangsleistung, darunter fallen elektronische Wandler welche aktive Elektronik beinhalten und passive Wandler ohne Elektronik. Für zusätzliche Anforderungen an die Stromwandler der verschiedenen Messprinzipien gib es jeweils einen speziellen Teil der Normenreihe. Der Teil 8 [36] befasst sich mit den elektronischen Stromwandlern, welche aktive Elemente enthalten, wie optische Wandler

R. Minkner und J. Schmid, *Technologie der Messwandler*,
https://doi.org/10.1007/978-3-658-30207-8_3

(siehe Abschn. 3.5) oder Wandler mit Verstärkern. Der Teil 10 [37] behandelt passive Wandler kleiner Leistung ohne aktive Elemente, wie Eisenkernwandler mit Shuntwiderstand (siehe Abschn. 3.3) oder Luftspulen (siehe Abschn. 3.4). Ein eventueller digitaler Ausgang des Stromwandlers wird im Teil 9 der Normenreihe [38] beschrieben und basiert auf der Übertragung von abgetasteten Messwerten der Kommunikationsnorm IEC 61850 [39]. Abb. 3.1 zeigt eine Übersicht der Teile der Normenreihe IEC 61869 zusammen mit den entsprechenden deutschen Normen DIN EN 61869 mit den Teilen 1 bis 15, welche auch als VDE-Bestimmung VDE 0414-9 Teile 1 bis 15 ins VDE-Vorschriftenwerk aufgenommen wurden.

<table>
<tr><th colspan="2">PRODUCT FAMILY STANDARDS</th><th>PRODUCT STANDARD</th><th>Titel</th><th>Deutsche Norm</th></tr>
<tr><td rowspan="13">IEC 61869-1
GENERAL REQUIREMENTS FOR INSTRUMENT TRANSFORMERS

Deutsche Norm:
DIN EN 61869-1
VDE 0414-9-1</td><td rowspan="4"></td><td>IEC 61869-2</td><td>ADDITIONAL REQUIREMENTS FOR CURRENT TRANSFORMERS</td><td>DIN EN 61869-2
VDE 0414-9-2</td></tr>
<tr><td>IEC 61869-3</td><td>ADDITIONAL REQUIREMENTS FOR INDUCTIVE VOLTAGE TRANSFORMERS</td><td>DIN EN 61869-3
VDE 0414-9-3</td></tr>
<tr><td>IEC 61869-4</td><td>ADDITIONAL REQUIREMENTS FOR COMBINED TRANSFORMERS</td><td>DIN EN 61869-4
VDE 0414-9-4</td></tr>
<tr><td>IEC 61869-5</td><td>ADDITIONAL REQUIREMENTS FOR CAPACITIVE VOLTAGE TRANSFORMERS</td><td>DIN EN 61869-5
VDE 0414-9-5</td></tr>
<tr><td rowspan="9">IEC 61869-6
ADDITIONAL GENERAL REQUIREMENTS FOR LOW-POWER INSTRUMENT TRANSFORMERS

Deutsche Norm:
DIN EN 61869-6
VDE 0414-9-6</td><td>IEC 61869-7</td><td>ADDITIONAL REQUIREMENTS FOR ELECTRONIC VOLTAGE TRANSFORMERS</td><td>DIN EN 61869-7
VDE 0414-9-7</td></tr>
<tr><td>IEC 61869-8</td><td>ADDITIONAL REQUIREMENTS FOR ELECTRONIC CURRENT TRANSFORMERS</td><td>DIN EN 61869-8
VDE 0414-9-8</td></tr>
<tr><td>IEC 61869-9</td><td>DIGITAL INTERFACE FOR INSTRUMENT TRANSFORMERS</td><td>DIN EN 61869-9
VDE 0414-9-9</td></tr>
<tr><td>IEC 61869-10</td><td>ADDITIONAL REQUIREMENTS FOR LOW-POWER PASSIVE CURRENT TRANSFORMERS</td><td>DIN EN 61869-10
VDE 0414-9-10</td></tr>
<tr><td>IEC 61869-11</td><td>ADDITIONAL REQUIREMENTS FOR LOW-POWER PASSIVE VOLTAGE TRANSFORMERS</td><td>DIN EN 61869-11
VDE 0414-9-11</td></tr>
<tr><td>IEC 61869-12</td><td>ADDITIONAL REQUIREMENTS FOR COMBINED ELECTRONIC INSTRUMENT TRANSFORMER OR COMBINED LOW-POWER PASSIVE INSTRUMENT TRANSFORMERS</td><td>DIN EN 61869-12
VDE 0414-9-12</td></tr>
<tr><td>IEC 61869-13</td><td>STAND- ALONE MERGING UNIT</td><td>DIN EN 61869-13
VDE 0414-9-13</td></tr>
<tr><td>IEC 61869-14</td><td>ADDITIONAL REQUIREMENTS FOR CURRENT TRANSFORMERS FOR DC APPLICATIONS</td><td>DIN EN 61869-14
VDE 0414-9-14</td></tr>
<tr><td>IEC 61869-15</td><td>ADDITIONAL REQUIREMENTS FOR VOLTAGE TRANSFORMERS FOR DC APPLICATIONS</td><td>DIN EN 61869-15
VDE 0414-9-15</td></tr>
</table>

Abb. 3.1 Normenreihe IEC 61869 mit den Teilen 1 bis 15

3.2 Konventionelle Stromwandler mit Eisenkern

3.2.1 Das induktive Prinzip des konventionellen Stromwandlers

3.2.1.1 Das Grundprinzip

Ein konventioneller Stromwandler ist ein induktiver Transformator, bei dem die Sekundärwicklung nahezu kurzgeschlossen ist. Der Eisenkern wird dabei mit der Sekundärwicklung bewickelt. Die Primärwicklung wird in den meisten Fällen nur durch einen, den Primärstrom führenden, Leiter durch die Öffnung des Eisenkernes gebildet. Für den Einsatz bei kleinen Primärströmen kann die Primärwicklung aber auch mehrere Windungen enthalten, um die Eigenschaften des Stromwandlers zu verbessern.

Im Idealfall ist der Sekundärstrom i_S proportional zum Primärstrom i_P und dem Verhältnis der Windungszahlen der Primärwicklung N_p und der Sekundärwicklung N_S (siehe Abb. 3.2). Der Sekundärstrom kann berechnet werden zu $i_s = i_p\, N_p/N_s$. Die Genauigkeit des Stromwandlers hängt ab von der Größe und dem Material des Eisenkerns und der an die Sekundärklemmen angeschlossenen Bürde.

3.2.1.2 Kernmaterialien und deren Magnetisierungskurven

Die Magnetisierungskurve in Abb. 3.3 zeigt den Zusammenhang zwischen dem Magnetisierungsstrom und der magnetischen Flussdichte im Eisenkern. So lange der Kern nicht gesättigt ist, bleibt der Magnetisierungsstrom sehr klein und damit bleibt auch der Fehler des Stromwandlers klein. Mit der Sättigung des Stromwandlerkernes steigt der Magnetisierungsstrom und somit auch der Fehler des Stromwandlers stark an.

Je nach Anwendung und den Anforderungen an die Genauigkeit des Wandlers werden Siliziumeisenkerne mit einer Sättigungsinduktion von 1,8 Vs/m^2 oder Nickeleisenkerne mit einer Sättigungsinduktion von 0,8 Vs/m^2 verwendet.

Für Schutzanwendungen und einfache Messanwendungen werden Siliziumeisenkerne verwendet. Dazu sind sie wegen ihrer späteren Sättigung und höherem Sättigungsfluss geeignet. Für einige Messanwendungen, bei denen hohe Genauigkeiten gefordert werden (0,2 oder 0,1 %), werden wegen der kleineren Magnetisierungsströme Nickeleisenkerne

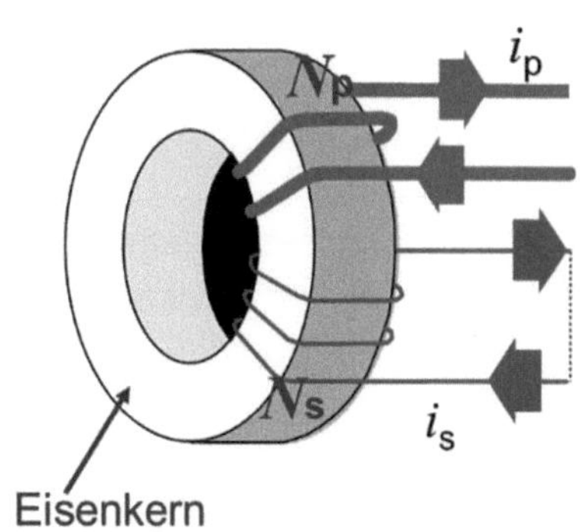

Abb. 3.2 Grundprinzip des induktiven Stromwandlers

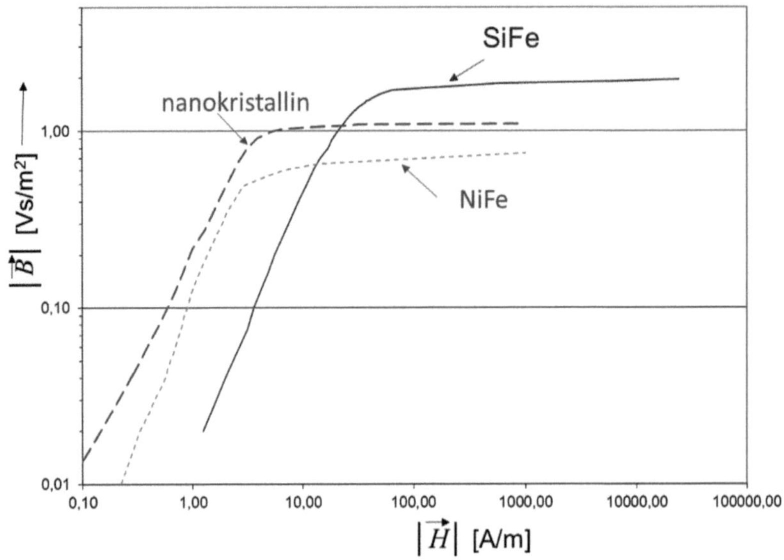

Abb. 3.3 Typische Magnetisierungskurve eines Stromwandlerkernes aus Siliziumeisen (SiFe), Nickeleisen (NiFe) und nanokristallinem Material

verwendet. Diese sind jedoch etwa 10-mal teurer als Siliziumkerne und werden deshalb nur verwendet, wenn es die Genauigkeitsanforderungen nötig machen. Da der Nickeleisenkern bei kleinerer Induktion in Sättigung geht, lässt sich nur damit ein kleiner Sicherheitsfaktor FS (siehe Abschn. 3.2.4) erreichen.

In neuerer Zeit kommen auch nanokristalline Kerne zum Einsatz. Aus Abb. 3.3 ist zu ersehen, dass diese Kerne einen noch kleineren Magnetisierungsstrom benötigen als Nickeleisenkerne. Sie können in vielen Fällen als Ersatz der teuren Nickeleisenkerne für Messzwecke verwendet werden. Wird jedoch ein niedriger Sicherheitsfaktor FS gefordert (siehe Abschn. 3.3.3) kann wegen der höheren Sättigungsflussdichte von 1,2 Vs/m^2 der nanokristalline Kern nicht eingesetzt werden. Sowohl Nickeleisenkerne als auch nanokristalline Kerne benötigen zur mechanischen Stabilität einen Schutztrog.

3.2.2 Fehler des induktiven Stromwandlers und deren Einflussfaktoren

3.2.2.1 Das Ersatzschaltbild des Stromwandlers

Abb. 3.4 zeigt das Ersatzschaltbild eines induktiven Stromwandlers reduziert auf die Sekundärseite. Die Primärwicklung wird dabei durch den ohmschen Widerstand der Primärwicklung R_p und der Streuinduktivität L_p repräsentiert; die Sekundärwicklung

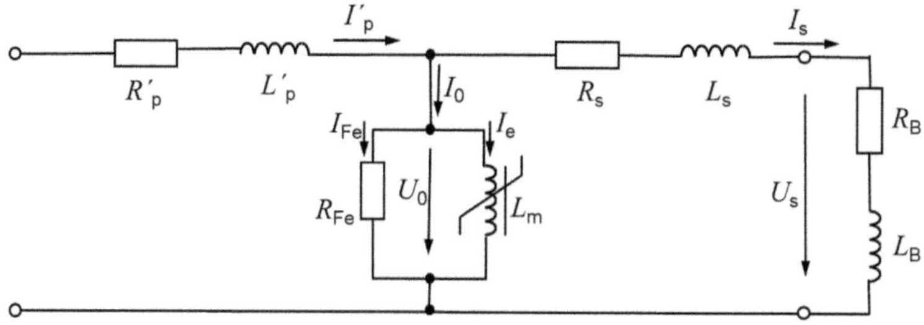

Abb. 3.4 Ersatzschaltbild eines induktiven Stromwandlers reduziert auf die Sekundärseite

durch den ohmschen Widerstand der Sekundärwicklung R_S und der sekundären Streuinduktivität L_s. Das Verhalten des Eisenkerns wird durch die Hauptinduktivität L_m und die ohmschen Verluste des Kernes R_{Fe} dargestellt. Die Impedanz der externen Bürde wird durch den ohmschen Teil R_B und den induktiven Teil L_B dargestellt. Die primären Werte sind dabei umgerechnet auf die Sekundärseite. Dabei gilt:

$$I'_P = I_P{}^{N_P}/_{N_S} = {}^{I_P}/_{\ddot{u}}, \quad R'_P = R_P\left({}^{N_S}/_{N_P}\right)^2 = R_P \cdot \ddot{u}^2, \quad L'_P = L_P\left({}^{N_S}/_{N_P}\right)^2 = L_P \cdot \ddot{u}^2$$

mit dem Übersetzungsverhältnis $\ddot{u} = N_s/N_p$.

Für die Betrachtung der Genauigkeit des Wandlers sind der primäre Wicklungswiderstand R_p und die primäre Streuinduktivität L_p nicht relevant. Wenn der Primärleiter konzentrisch zum Kern liegt und die Sekündärwicklung gleichmäßig auf dem Kern verteilt ist, kann auch die sekundäre Streuinduktivität L_s vernachlässigt werden. Das reduziert die Ersatzschaltung auf die vereinfachte Schaltung von Abb. 3.5.

R_{Fe} repräsentiert dabei die Wirkverluste im Eisenkern, welche durch die Ummagnetisierung und durch Wirbelströme verursacht werden. L_m ist die Hauptinduktivität des Wandlers.

Der Sekundärstrom führt zu einem Spannungsabfall an der Sekundärwicklung (R_s und L_s) sowie an der externen Bürde (R_B und L_B). Diese Spannung U_0 führt zu einem magnetischen Fluss im Eisenkern, der den Magnetisierungsstrom I_0 induziert. Der

Abb. 3.5 Vereinfachtes Ersatzschaltbild eines induktiven Stromwandlers reduziert auf die Sekundärseite

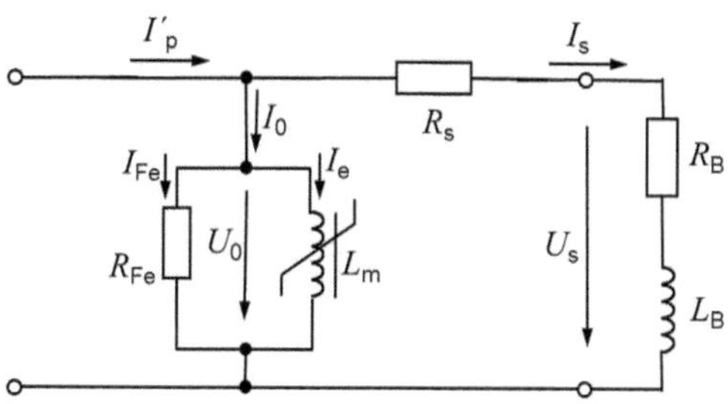

Primärstrom ist die Summe des Sekundärstromes und des Magnetisierungsstromes. Der Magnetisierungsstrom I_0 repräsentiert damit den Fehler des Stromwandlers.

3.2.2.2 Zeigerdiagramm des induktiven Stromwandlers

Der Fehlerstrom I_0 und die Phasenverschiebung zwischen Primär- und Sekundärstrom kann mit dem Zeigerdiagramm in Abb. 3.6 erklärt werden.

Beginnend mit dem Sekundärstrom kann der Spannungsabfall $\underline{U}_s$ an der externen Bürde und an der Sekundärwicklung bestimmt werden. Mit der so erhaltenen Spannung $\underline{U}_0$ und der Charakteristik des Kernmaterials werden die ohmschen Eisenverluste, repräsentiert durch den Strom $\underline{I}_{Fe}$ und dem Magnetisierungsstrom $\underline{I}_e$ bestimmt. Wird der Fehlerstrom $\underline{I}_0$ zu dem Sekundärstrom $\underline{I}_s$ addiert, ergibt sich der Primärstrom $\underline{I}_p'$. Das Diagramm zeigt den Stromfehler ΔI und die Phasenverschiebung δ zwischen $\underline{I}_p'$ und $\underline{I}_s$.

3.2.2.3 Die Fehlerberechnung

Der Amplitudenfehler eines Stromwandlers ist nach IEC 61869-2

$$\varepsilon = \frac{K_r I_s - I_p}{I_p} \cdot 100\,\%$$

Die Nennübersetzung K_r ist das Verhältnis des Nennwertes des Primärstromes I_{pr} zum Nennwert des Sekundärstromes I_{sr}. Im Normalfall ist dies gleich dem Verhältnis der sekundären zur primären Windungszahl.

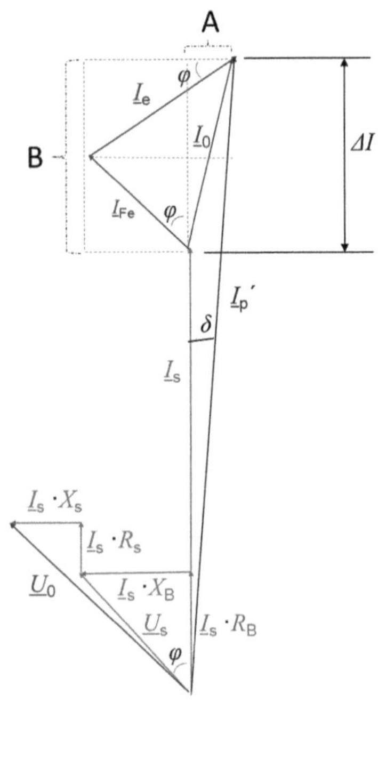

Abb. 3.6 Zeigerdiagramm des Stromwandlers nach Ersatzschaltbild Abb. 3.4 (auf die Sekundärseite bezogen)

$$K_r = \frac{I_{pr}}{I_{sr}} = \frac{N_s}{N_p} = \ddot{u}$$

Berechnung des Amplitudenfehlers eines Stromwandlers:

Ausgehend vom Induktionsgesetz

$$u(t) = N_S \frac{d\Phi}{dt} = N_S \cdot A_{Fe} \frac{dB}{dt} = N_S \cdot A_{Fe} \frac{d\hat{B}\sin\omega t}{dt} = N_S \cdot A_{Fe} \cdot \omega\hat{B}\cos\omega t$$

$$\Rightarrow \hat{u} = \sqrt{2} \cdot U_0 = N_S \cdot A_{Fe} \cdot \omega \cdot \hat{B}$$

berechnet sich der Scheitelwert der Flussdichte im Stromwandlerkernes zu

$$\hat{B} = \frac{\sqrt{2}U_0}{A_{Fe}\omega N_s}$$

Dabei ist:

A_{Fe} der Eisenquerschnitt
ω die Kreisfrequenz $2\pi f$
N_{S} die Windungszahl der Sekundärwicklung

Aus dem Ersatzschaltbild Abb. 3.5 ergibt sich

$$U_0 = I_s\left(\sqrt{R_B^2 + \omega L_B^2} + R_s\right)$$

und mit der Bürde, angegeben als Ausgangsleistung $S_B = \sqrt{R_B^2 + \omega L_B^2} \cdot I_S^2$, des Wandlers in VA:

$$U_0 = {}^{S_B}\!/_{I_s} + R_s I_s$$

Damit wird die magnetische Flussdichte:

$$\hat{B} = \frac{\sqrt{2}}{A_{Fe}\omega N_s}\left({}^{S_B}\!/_{I_s} + R_s I_s\right)$$

Mit dem Magnetisierungsstrom $I_0 = I_S - I_P'$ lässt sich das Magnetfeld im Kern $H = \frac{N_S I_0}{l_{Fe}}$ aus der Magnetisierungskurve $H = f(\hat{B})$ in Abb. 3.5 bestimmen (l_{Fe} ist dabei die mittlere Eisenweglänge). Mit $H = \frac{B}{\mu}$wird der Magnetisierungsstrom zu

$$I_0 = \frac{\hat{B}}{\mu} \cdot \frac{l_{Fe}}{N_S} = \frac{\sqrt{2}l_{Fe}}{A_{Fe}\omega N_s^2 \mu}\left({}^{S_B}\!/_{I_s} + R_s I_s\right)$$

Der Amplitudenfehler $\varepsilon = \frac{I_s - I'_p}{I'_p} \cdot 100\,\% = \frac{-I_0}{I'_p} \cdot 100\,\%$ kann damit berechnetet werden zu:

$$\varepsilon = \frac{-\sqrt{2} l_{Fe} \cdot 100\,\%}{I'_p A_{Fe} \omega N_S^2 \mu} \left({}^{S_B}\!/_{I_s} + R_s I_s \right)$$

Der Fehler ist immer negativ, soweit kein Windungsabgleich gemacht wurde (siehe Abb. 3.10 in Abschn. 3.2.2.5). Der Betrag des Fehlers nimmt mit größer werdendem Kernquerschnitt A_{Fe} ab und mit größer werdender Eisenweglänge l_{Fe}, also Kerndurchmesser, zu. Außerdem ist der Fehler abhängig von der angeschlossenen Bürde. Im linearen Bereich der Magnetisierungskurve (μ ist konstant) besteht demnach ein linearer Zusammenhang zwischen dem Amplitudenfehler ε und der Bürde S_{B}. Bei kurzgeschlossener Sekundärwicklung (Bürde $S_{\mathrm{B}} = 0$) wird der Fehler wegen den Verlusten in der Sekundärwicklung R_{s} nicht zu Null.

Berechnung des Phasenfehlers eines Stromwandlers:

Aus dem Zeigerdiagramm Abb. 3.6 lässt sich der Phasenfehler δ berechnen.

Der Tangens des Phasenfehlers δ ergibt sich aus

$$\tan \delta = \frac{A}{B + I_s} = \frac{I_e \cos \phi - I_{Fe} \sin \phi}{I_e \sin \phi + I_{Fe} \cos \phi + Is}$$

Und der Phasenfehler δ zu

$$\delta = arctg \left(\frac{I_e \cos \phi - I_{Fe} \sin \phi}{I_e \sin \phi + I_{Fe} \cos \phi + Is} \right)$$

Der Winkel φ ist dabei der Phasenwinkel zwischen I_{s} und U_0, was in erster Näherung dem Phasenwinkel der Bürde (zwischen I_{s} und U_{s}) entspricht.

Nach der Norm IEC 61869-2 [34] ist, für Bürde größer oder gleich 5 VA, der Leistungsfaktor $\cos\varphi = 0{,}8$.

Für den Spezialfall einer rein ohmschen Bürde ($\varphi = 0$) ergibt sich mit $\cos\,\varphi = 1$ und $\sin\,\varphi = 0$, ein Phasenfehler von

$$\delta = arctg \left(\frac{I_e}{I_{Fe} + I_2} \right)$$

Das entsprechende vereinfachte Zeigerdiagramm ist in Abb. 3.7 dargestellt.

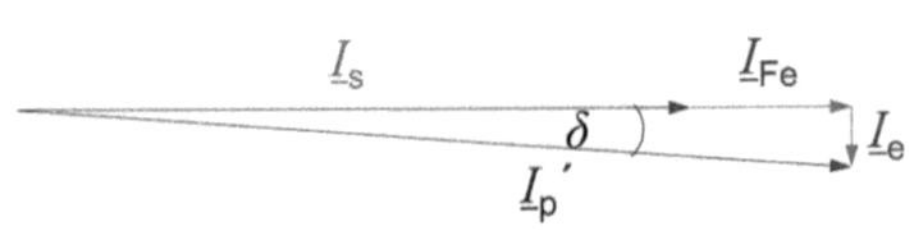

Abb. 3.7 Vereinfachtes Zeigerdiagramm für rein ohmsche Bürde

3.2.2.4 Einfluss der Bürde auf den Stromwandlerfehler

Abb. 3.8 zeigt den Zusammenhang zwischen dem Stromwandlerfehler ε und der Bürde S_B. Bei Sättigung des Wandlers wird die Permeabilität des Kerns μ stark verkleinert (s. Abb. 3.8) und damit nimmt der Betrag des Fehlers deutlich zu.

Für das Beispiel in Abb. 3.9 wurde der Fehler berechnet für einen Kern aus Siliziumeisen mit einem Querschnitt $A_{Fe} = 4\ \text{cm}^2$ und einer Eisenweglänge von 0,628 m (Durchmesser 0,2 m), einem Primärstrom $I_p = 1000\ \text{A}$, einem Sekundärstrom $I_s = 1\ \text{A}$ sowie einer sekundären Windungszahl von 1000.

3.2.2.5 Windungsabgleich des Stromwandlers

Durch einen Abgleich in der sekundären Windungszahl N_s kann der Sekundärstrom bewusst geändert werden und der Amplitudenfehler ins Positive verschoben werden.

Wird z. B. bei einem Wandler mit einer Nennübersetzung von $I_p/I_s = 500/1$ das Windungsverhältnis angepasst zu $N_s/N_p = 499/1$, so erhöht sich der Sekundärstrom um $1/500 = 0{,}2\ \%$, es wird also der Fehler des Wandlers um $+0{,}2\ \%$ verschoben. Nun wird der Fehler bei vernachlässigbarer Bürde bis auf +0,2 % ansteigen (Abb. 3.10).

Diese Anpassung der Windungszahl wird dazu benutzt den Bereich des erlaubten Fehlers nach der Norm besser auszunutzen.

IEC 61869-2 fordert, dass die Fehlergrenzen in einem Bereich von ¼ der Nennbürde bis zur Nennbürde nicht überschritten werden. Liegt der Fehler bei Nennbürde außerhalb der erlaubten Genauigkeitsgrenzen (Abb. 3.10a), so kann durch eine Anpassung der Sekundärwindungszahl das Fehlerbild ins Positive verschoben werden und somit die Bedingung der Norm erfüllt werden (Abb. 3.10b).

Wird durch die Anpassung der Sekundärwindungszahl der Fehler jedoch so weit ins Positive verschoben, dass bei vernachlässigter Bürde der Fehler größer als erlaubt ist, so

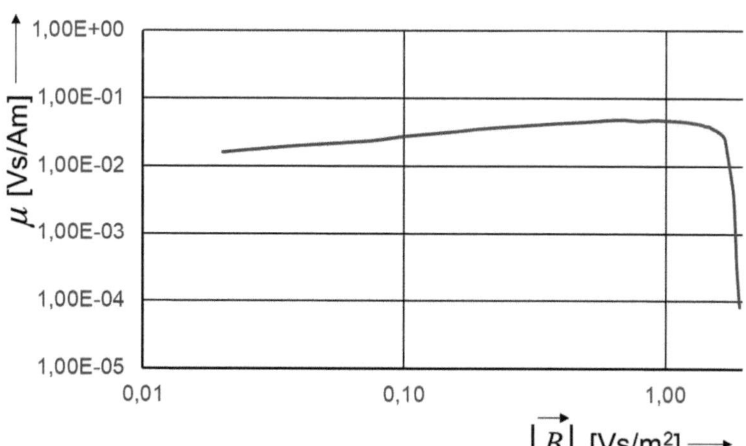

Abb. 3.8 Permeabilität $\mu = B/H$ eines Eisenkerns als Funktion der magnetischen Flussdichte B

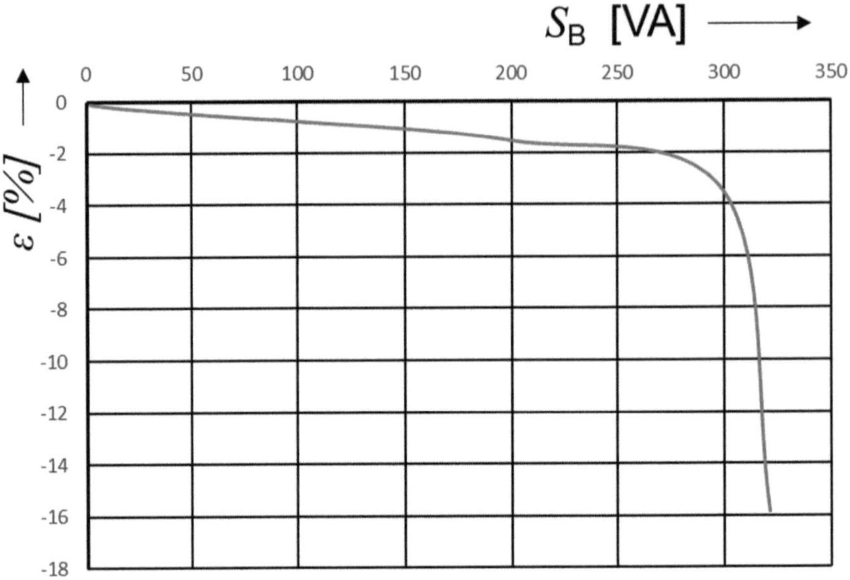

Abb. 3.9 Abhängigkeit des Amplitudenfehlers von der angeschlossenen Bürde

kann zwar die Bedingung erfüllt sein, dass der Fehler im Bürdenbereich zwischen ¼ und der vollen Nennbürde innerhalb der Grenzen liegt, jedoch bei einer Unterbürdung des Wandlers mit weniger als ¼ der Nennbürde, der Fehler aus der Klassengenauigkeit fällt. Bei einem Stromwandlerkern mit Windungsabgleich muss also darauf geachtet werden, dass die angeschlossene Bürde nicht kleiner als ¼ der Nennbürde beträgt. Im Gegensatz zu einem Stromwandlerkern ohne Windungsabgleich, bei dem eine kleinere Bürde zu einem kleineren Fehler führt und eine Unterbürdung in Bezug auf die Genauigkeit kein Problem darstellt. Jedoch muss bei allen Stromwandlern darauf geachtet werden, dass bei kleinerer Bürde der Überstrombegrenzungsfaktor FS größer wird (s. Abschn. 3.2.3).

3.2.2.6 Der Gesamtfehler des Schutzwandlers (composite error)

Stromwandler für Schutzanwendungen müssen den Primärstrom bis zu einem Vielfachen des Nennstromes übertragen. Dabei kommt der Wandler in den nichtlinearen Bereich der Magnetisierungskurve. Das bedeutet, der Sekundärstrom wird verzerrt und kann nicht mehr als sinusförmig angenommen werden. Um dies in der Fehlerbetrachtung zu berücksichtigen, wird in der Norm IEC 61869-2 ein Gesamtfehler (composite error) definiert, der die Momentanwerte des Sekundärstromes berücksichtigt. Er wird nach Norm berechnet zu:

$$\varepsilon_c = \frac{\sqrt{\frac{1}{T}\int\left(K_r i_s(t) - i_p(t)\right)^2 dt}}{I_p} \cdot 100\,\%$$

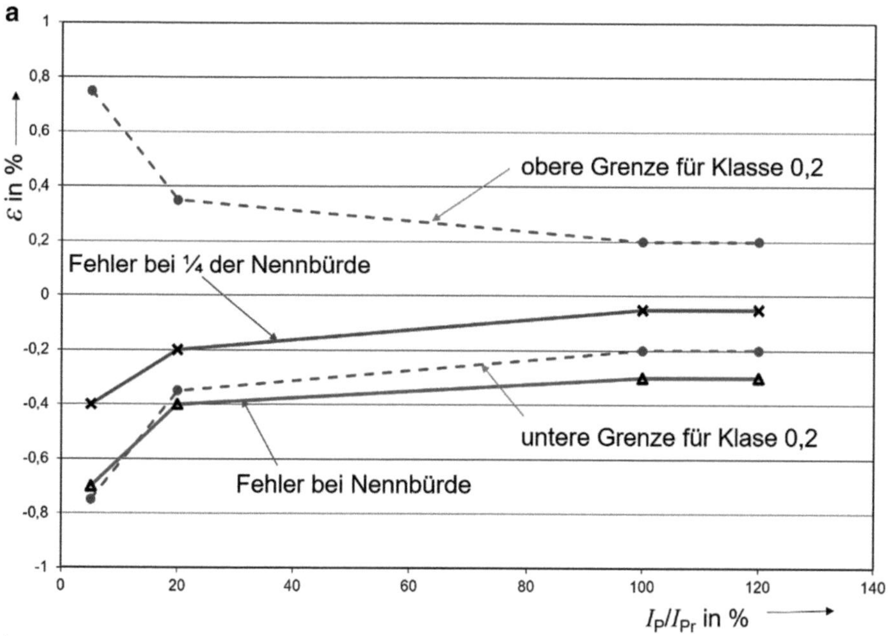

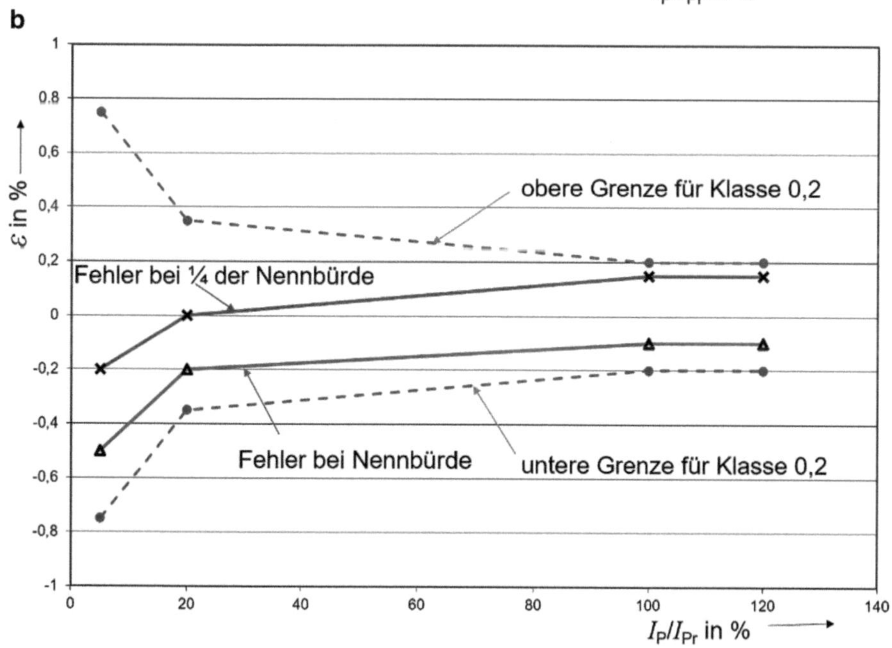

Abb. 3.10 Fehler eines Stromwandlers 500 A zu 1A, **a** ohne Anpassung der Windungszahlen, **b** mit Anpassung der Windungszahlen auf 499:1

Es wird also ein Effektivwert der Momentanwerte des Fehlers $K_r\, i_s(t) - i_p(t)$ berechnet. Dadurch wird die Verzerrung des Sekundärstromes berücksichtigt wie in Abb. 3.11 dargestellt.

Wird in dem Beispiel von Abb. 3.11 der Übersetzungsfehler aus den Effektivwerten des Primär- und Sekundärstromes (I_p und I_s) berechnet nach Abschn. 3.4.3 der IEC 61869-2 so ergibt sich:

$$\varepsilon = \frac{K_r I_s - I_p}{I_p} \times 100\,\% = 1{,}7\,\%$$

Wird der Gesamtfehler nach Abschn. 3.4.203 der IEC 61869-2 berechnet so ergibt sich:

$$\varepsilon_c = \frac{\sqrt{\frac{1}{T}\int \left(K_r i_s(t) - i_p(t)\right)^2 dt}}{I_p} \cdot 100\,\% = 48{,}4\,\%$$

Der Gesamtfehler des Schutzkernes bei verzerrtem Sekundärstrom ist also deutlich größer als der Amplitudenfehler wie er für Messkerne berechnet wird, bei denen noch keine Verzerrung des Sekundärstromes stattfindet.

3.2.3 Sättigung des Stromwandlerkernes

Wird der Stromwandlerkern gesättigt, so steigen der Magnetisierungsstrom und der Fehler mit zunehmendem Primärstrom stark an. Abhängig von der Anwendung des Wandlers werden Anforderungen an die Sättigung des Kernes definiert.

Bei Stromwandler für die Messung wird in der Norm IEC 61869-2 Abschn. 3.4.205 ein Überstrombegrenzungsfaktor FS als Verhältnis von Bemessungs-Grenzstrom zu Nennprimärstrom definiert. Der Bemessungs-Grenzstrom ist der Strom, bei dem

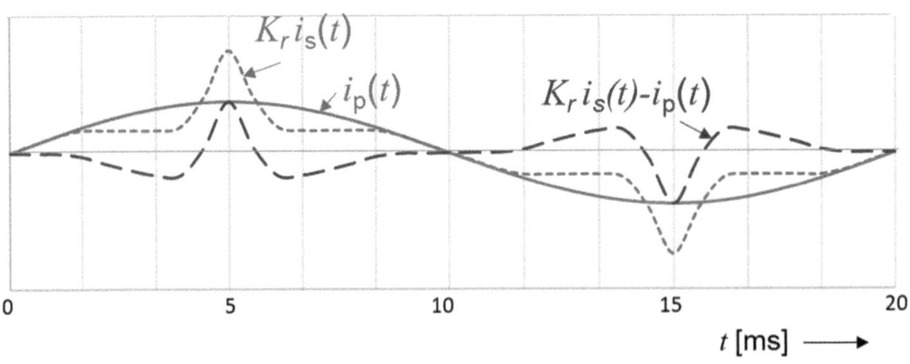

Abb. 3.11 Momentanwerte für Primär- $i_p(t)$ und Sekundärstrom $i_s(t)$, sowie Momentanwerte des Fehlerstroms $K_r i_s(_t) - i_p(t)$

der Gesamtfehler 10 % erreicht (IEC 61869-2 Abschn. 3.4.204). Der Stromwandler soll gesättigt werden, wenn der Primärstrom einen Wert von FS mal dem Nennstrom übersteigt. In diesem Fall wird vermieden, dass bei hohen Primärströmen (z. B. im Kurzschlussfall) der Sekundärstrom zu hoch wird. Diese Begrenzung schützt die angeschossenen Sekundärgeräte vor hohen Eingangsströmen (Abb. 3.13a).

Bei der Anwendung solcher Wandler muss auf die angeschlossene Bürde geachtet werden. Wird eine niedrige Bürde angeschlossen als die Nennbürde (R_B größer Nennwert), so wird der Überstrombegrenzungsfaktor FS (instrument security factor) höher als vorgesehen (Abb. 3.12). Dies bedeutet, dass der Wandler später in Sättigung geht und im Kurzschlussfall höhere Ströme am Eingang der Messgeräte anliegt.

Für Stromwandler für Schutzzwecke soll die Sättigung nicht vor einem definierten Wert des Primärstromes beginnen. IEC 61869-2 Abschn. 3.4.208 definiert einen Genauigkeitsgrenzfaktor ALF (acuracy limit factor) als Verhältnis des Bemessungs-Genauigkeitsgrenzstroms zum Nennprimärstrom. Der Bemessungs-Genauigkeitsgrenzstrom ist dabei der Strom bis zu dem die Anforderung an den Gesamtfehler erfüllt sind (IEC 61869-2, Abschn. 3.4.207).Durch diese Definition wird sichergestellt, dass der hohe Strom im Kurzschlussfall gemessen werden kann und die angeschlossenen Schutzrelais den Kurzschluss sicher erkennen (Abb. 3.13b). Wie der FS hängt der ALF ebenfalls von der angeschlossenen Bürde ab. Für kleinere Bürden wird der ALF erhöht (Abb. 3.12).

Abb. 3.12 zeigt den Einfluss der angeschlossenen Bürde. Bei niedrigerer Bürde geht der Stromwandlerkern bei höheren Primärströmen in Sättigung, was den Überstrombegrenzungsfaktor FS bzw. den Genauigkeitsgrenzfaktor ALF erhöht.

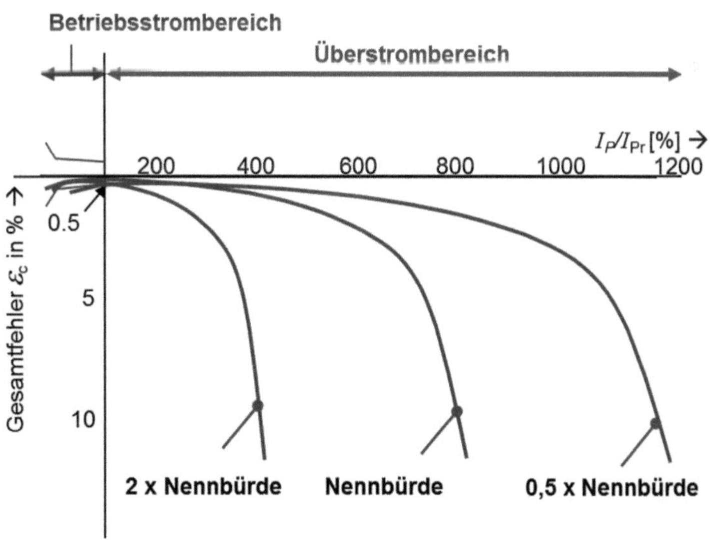

Abb. 3.12 Einfluss der Bürde auf die Sättigung des Stromwandlers

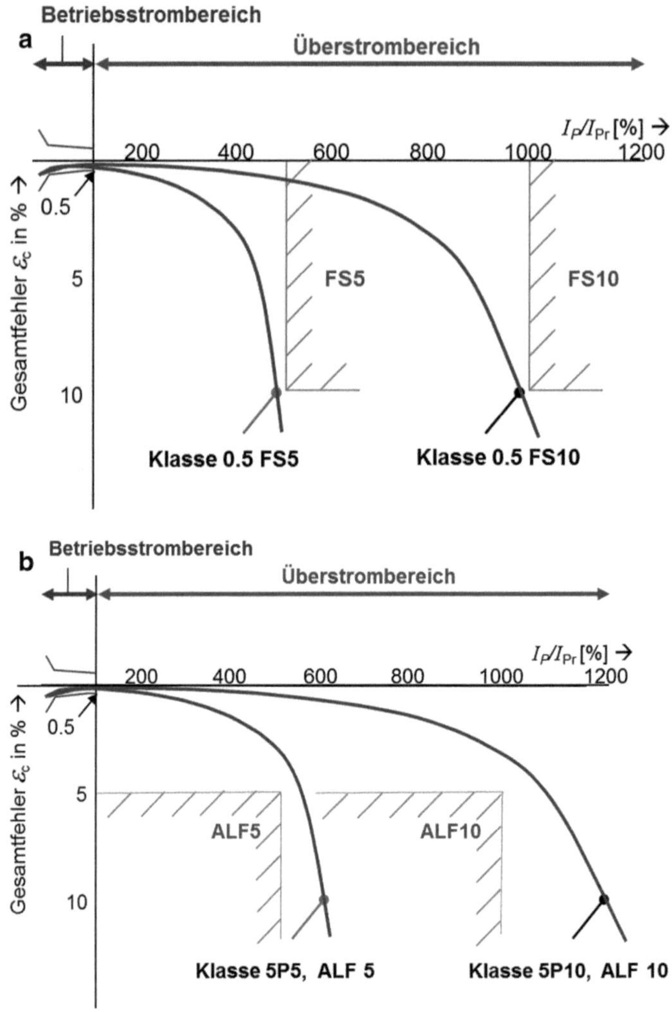

Abb. 3.13 Sättigungsanforderungen für **a** Messkerne (Überstrombegrenzungsfaktor FS) **b** Schutzkerne 5P (Genauigkeitsgrenzfaktor ALF)

Abb. 3.13 zeigt die Fehlerkurven von Mess- und Schutzkernen als Funktion des Primärstromes mit den Grenzen nach IEC 61869-2 für einen FS bzw. ALF von 5 und 10.

3.2.4 Einfluss des Streuflusses im Stromwandlerkern

In einem idealen Stromwandler mit kurzgeschlossener Sekundärwicklung ohne innere Verluste (Wicklungswiderstand $R_S = 0$ und Streuinduktivität $L_S = 0$) und ohne externer Bürde ist die Spannung U_0 und damit der Magnetisierungsstrom I_0 gleich Null

(s. Ersatzschaltbild 3.2.5). Bei einem Primärleiter im Zentrum des Ringkernes und einer gleichmäßig am Umfang verteilten Sekundärwicklung wird der Primärstrom im Kern einen im gesamten Kern gleich großen magnetischen Fluss Φ_p erzeugen, der gleichgroß ist wie der magnetische Fluss Φ_s, erzeugt durch den Sekundärstrom, aber in umgekehrter Richtung (Abb. 3.14a). Der Gesamtfluss als Summe dieser beiden wird also Null sein.

In Wirklichkeit, beim realen Stromwandler, gibt es aber einen Spannungsabfall U_0 (siehe Abb. 3.5) verursacht durch den Widerstand der Sekundärwicklung R_{ct} und der externen Bürde R_B (Abb. 3.14b). Um den Spannungsabfall U_0 zu erzeugen ist ein magnetischer Fluss erforderlich, der vom Magnetisierungsstrom I_0 erzeugt wird. Der Sekundärstrom ist durch diesen Fehlerstrom reduziert und somit ist die Summe aus primärem und sekundärem Fluss nicht mehr Null.

In einigen Anwendungsfällen ist der magnetische Fluss nicht konstant entlang des Umfangs des Kernes, was zu zusätzlichen Fehlern des Stromwandlers führen kann.

a) Primärleiter ist nicht im Ringkern zentriert:
Nur wenn der Primärleiter genau im Zentrum des Ringkernes angeordnet ist, ist auch der primäre magnetische Fluss konstant im gesamten Kern. Wenn dies nicht der Fall

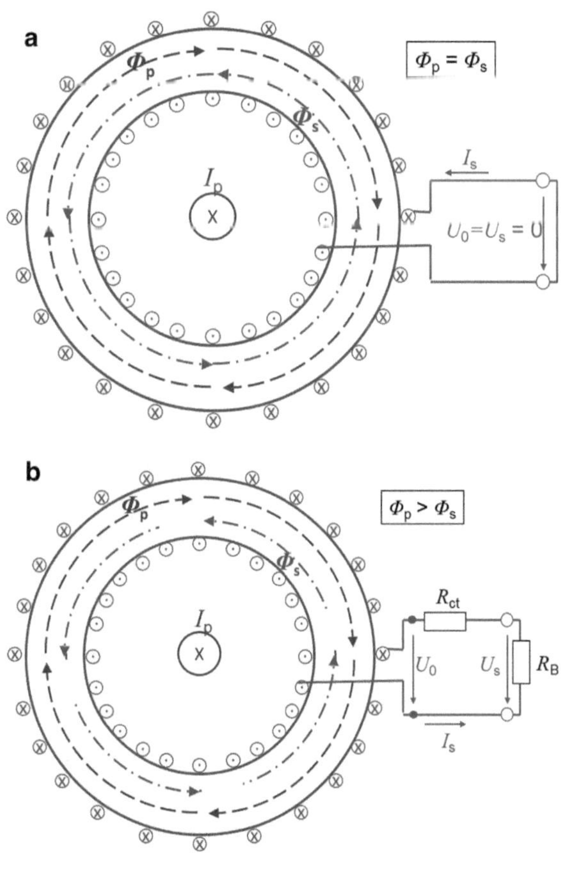

Abb. 3.14 magnetischer Fluss in einem Stromwandlerkern **a** idealer Stromwandler ohne Berücksichtigung des Wicklungswiderstandes **b** realer Stromwandler mit Wicklungswiderstand und Bürde

Abb. 3.15 Beispiel einer 3 phasigen Stromwandlers für GIS

ist, wird die in der Sekundärwicklung induzierte Spannung nicht gleichmäßig um den Kern verteilt sein, was zu zusätzlichen Fehlern führt (s. Abb. 3.16a). Dieser zusätzliche Fehler erzeugt einen zusätzlichen Fluss, den sekundären Streufluss. Dieser wird durch die sekundäre Streuinduktivität L_S in der Ersatzschaltung in Abb. 3.4 repräsentiert und kann in diesem Fall nicht mehr vernachlässigt werden.

b) Der Rückleiter des Primärleiters liegt nah am Kern wie dies in Haarnadelwandlern (dead tank CT) der Fall ist, oder der Primärleiter der benachbarten Phase ist nahe am Kern wie dies in dreiphasig gekapselten GIS Stromwandlern (s. Abb. 3.15) auftritt:

Das magnetische Feld eines Stromes außerhalb des Kernes I_{ex} wird einen magnetischen Fluss Φ_{Iex} im Kern erzeugen. Dies führt im Beispiel des Bildes 3.16b zu einer Verstärkung des magnetischen Flusses im Kernbereich der dem externen Leiter am nächsten

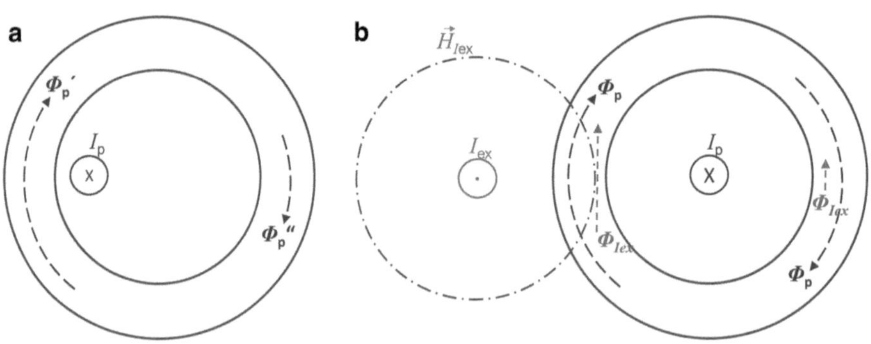

Abb. 3.16 Einfluss eines **a** nicht zentriertem Primärleiter, $\Phi_p' > \Phi_p''$ **b** externen Rückleiter, schwächt den Fluss auf rechter Seite und verstärkt den Fluss auf linker Seite

liegt, und zu einer Abschwächung des magnetischen Flusses im gegenüberliegenden Kernbereich. Der Fluss im Kern ist somit wie im Fall a. des nichtzentrierten Leiters nicht konstant, was wieder zu zusätzlichen Fehlern führt. Der sekundäre Streufluss und die sekundäre Streuinduktivität L_S in der Ersatzschaltung 3.2.4 kann also nicht vernachlässigt werden.

Ist die Sekundärwicklung nicht gleichmäßig um den Kern verteilt, wird derselbe Effekt eintreten. Die in der Sekundärwicklung induzierte Spannung, und damit der sekundäre Fluss, wird nicht gleichmäßig in dem Kern verteilt sein, was zu zusätzlichen Fehlerströmen führt. Diese zusätzlichen Fehlerströme erzeugen einen zusätzlichen Fluss, dem sekundären Streufluss. Dies kann dazu benutzt werden den Einfluss eines nicht zentrierten Primärleiters oder eines externen Rückleiters zu kompensieren. Wenn bekannt ist in welchen Teil des Kernes der primäre magnetische Fluss erhöht ist, kann der dadurch resultierende zusätzliche Fehler kompensiert werden indem mehr Windungen der Sekundärwicklung an dieser Stelle des Kerns aufgebracht werden und entsprechen weniger Windungen an der gegenüberliegenden Stelle.

Um den Einfluss der oben beschriebenen Fälle a. und b. zu kompensieren, ist es möglich spezielle Kompensationswicklungen auf den Kern aufzubringen. Einige gleiche Wicklungen werden um den Kern verteilt angebracht wie in Abb. 3.17 gezeigt. Anfang und Ende dieser Wicklungen werden verbunden. Wenn der Fluss im Umfang des Kerns gleich ist, wird in all den zusätzlichen Wicklungen dieselbe Spannung induziert, und es wird kein Strom durch sie fließen.

Ist der Fluss im Kern nicht konstant, so wird in den einzelnen Kompensationswicklungen eine dem jeweiligen Fluss an dieser Stelle entsprechende Spannung induziert, welche nicht konstant ist. Der Spannungsunterschied wird einen Strom durch die Wicklungen treiben, dessen Fluss im Kern die ursprünglichen Ungleichmäßigkeiten ausgleicht und somit für die Sekundärwicklung wieder ein konstanter Fluss im Kern entsteht und dadurch der oben beschriebene zusätzliche Fehler nicht auftritt.

Diese Schwierigkeiten treten nicht bei Kopfstromwandlern (life tank CT) auf, da hier eine symmetrische Leitungsführung im Aufbau des Stromwandlers möglich ist.

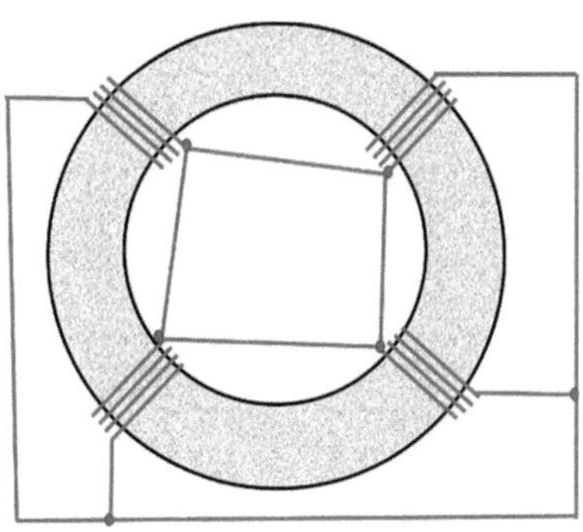

Abb. 3.17 Kompensationswicklungen

3.2.5 Verhalten bei offenen Sekundärklemmen

Induktive Stromwandler sollten niemals mit offenen Sekundärwicklungen betrieben werden. Ist kein Sekundärgerät angeschlossen, müssen die Sekundärklemmen kurzgeschlossen werden.

Im Falle von offenen Sekundärklemmen fließt kein Strom durch die Sekundärwicklung und der volle Primärstrom I'_{p} magnetisiert den Kern. Der Kern gerät dadurch in tiefe Sättigung und als Konsequenz daraus werden an den Sekundärklemmen hohe Spannungen von einigen kV auftreten.

Da bei offenen Sekundärklemmen der Sekundärstrom I_{s} Null ist, kann der Fluss, der durch den Primärstrom erzeugt wird, nicht durch einen Fluss, erzeugt durch den Sekundärstrom, kompensiert werden, wie dies in normalen Betrieb der Fall ist. Dadurch gerät der Kern tief in die Sättigung. Der Fluss induziert in der Sekundärwicklung eine Spannung $u(t)_S = N_S{}^{d\Phi}/_{dt}$ (N_2 ist die Anzahl der Sekundärwindungen), die an den offenen Klemmen der Sekundärwicklung auftritt.

Vereinfacht man die Magnetisierungskurve aus Abb. 3.3 durch zwei lineare Bereiche wie in Abb. 3.18 gezeigt, sieht man, dass während der Sättigung für Ströme oberhalb des Kniepunktes der magnetische Fluss im Kern nahezu konstant ist (Φ_S). Für kleinere Ströme ist der magnetische Fluss proportional zum Magnetisierungsstrom und für jeden Nulldurchgang erreicht die zeitliche Flussänderung einen großen Wert, was zu einem hohen Spitzenwert der Spannung an den Sekundärklemmen führt. Dies kann zu Beschädigungen der Isolation führen.

Abb. 3.19 zeigt den Primärstrom $i'_{\mathrm{p}}(t)$, den dadurch erzeugten magnetischen Fluss im Stromwandlerkern $\Phi(t)$ und die Spannung $u_{\mathrm{s}}(t)$ welche an den offenen Sekundärklemmen auftritt als Funktion der Zeit. Die Spannungsspitzen treten bei den Nulldurchgängen des Stromes auf, wenn $\mathrm{d}\Phi/\mathrm{d}t$ am größten ist.

Die Spannung an den offenen Sekundärklemmen hängt ab vom Primärstrom und der Größe des Magnetkernes. Die Spannung nimmt mit zunehmendem Kernquerschnitt und mit zunehmendem Primärstrom zu. Die Spannung nimmt ab mit zunehmender Kernlänge (zunehmender Durchmesser des Kernes). Für eine Netzfrequenz von 60 Hz wird die Spannung 20 % höher sein als beim gleichen Kern und Primärstrom bei 50 Hz.

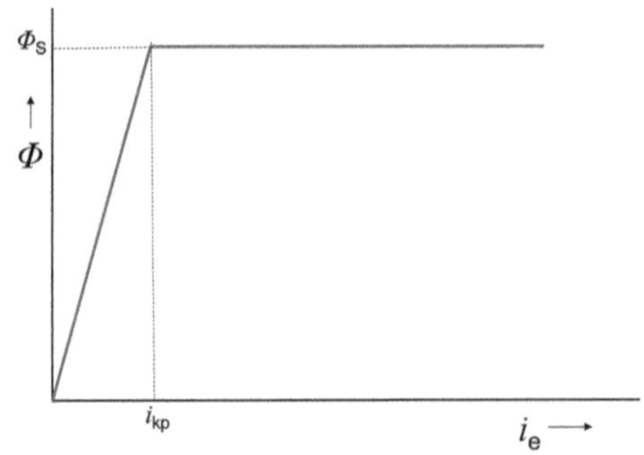

Abb. 3.18 Vereinfachte Magnetisierungskurve eines typischen Stromwandlers

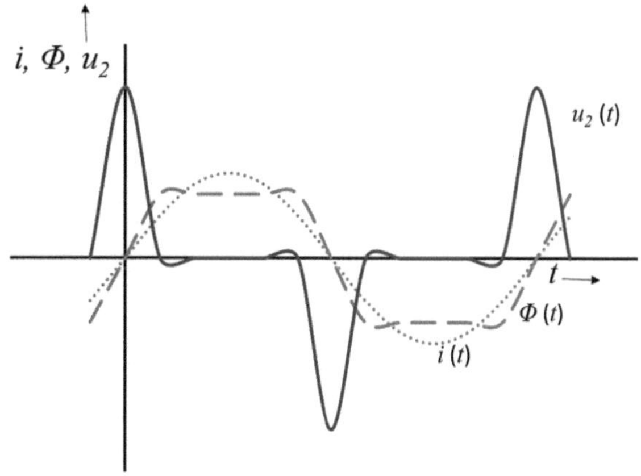

Abb. 3.19 Primärstrom $i'_P(t)$, magnetischer Fluss $\Phi(t)$ und die Spannung an den Sekundärklemmen $u_S(t)$ für einen Stromwandler mit offener Sekundärwicklung

Die Steilheit der Magnetisierungskurve im nichtgesättigten Bereich (das bedeutet die Anfangspermeabilität des Kernes μ_{ra}) ist proportional zu der Spannung an den Sekundärklemmen. Das bedeutet, dass für NiFe Kerne ($\mu_{ra} \approx 50000$), welche für Messzwecke verwendet werden, die Spannung etwa 5-mal höher sein wird als für SiFe Kerne ($\mu_{ra} \approx 10000$) mit derselben Dimension [40].

Neben der hohen Spannung $u_2(t)$ an den Sekundärklemmen, welche die Isolation beschädigen kann, führt der hohe magnetische Fluss $\Phi(t)$ im Stromwandlerkern zu großen Verlusten und eventuell zu einer Überhitzung des Kernes. Ein überhitzter Kern wird seine magnetischen Eigenschaften dauerhaft verändern, und damit wird die Genauigkeit des Kernes dauerhaft verändert werden.

3.2.6 Transiente Eigenschaften des konventionellen Stromwandlers

Der Kurzschlussstrom $i_k(t)$ ist die Summe aus einem sinusförmigen Kurzschlussstrom und einem abnehmenden Gleichstrom. Der Anfangswert des Gleichstromanteils hängt ab vom Phasenwinkel des Kurzschlusseinsatzes und hat sein Maximum beim Einsatz des Kurzschlusses im Maximum des Primärstromes. Der Gleichstromanteil nimmt mit der primären Zeitkonstante T_P ab, welcher von Kurzschlussimpedanz des Systems abhängt ($T_P = L_P/R_P$). Abb. 3.20 zeigt den Kurzschlussstromverlaufs für den maximalen Gleichstromanteil und einer primären Zeitkonstante T_P von 60 ms. Übliche Werte von T_P liegen zwischen 60 und 100 ms.

$$i_k(t) = \sqrt{2} I_{th} \left[e^{-t/T_P} + \sin \omega t \right]$$

Fließt durch die Primärwicklung eines konventionellen Stromwandlers der in Abb. 3.20 gezeigte Kurzschlussstrom, ist der Momentanwert des Fehlers aus einer Wechselstromkomponente und einer Gleichstromkomponente zusammengesetzt, wie in Abb. 3.21 gezeigt.

Nach der Norm IEC 61869-2 ist für die TPX und TPY Klasse der transiente Fehler der Summe der Wechselstrom- und Gleichstromkomponente maßgeblich, für die TPZ Klasse ist nur die Einhaltung der Wechselstromkomponente gefordert.

Zusätzlich zur Einhaltung der Fehlergrenzen von 10 % nach der Norm muss für TPY und TPZ Wandler ein Remanenzfaktor kleiner 10 % eingehalten werden. Der Remanenzfaktor K_R ist das Verhältnis zwischen dem Remanenzfluss Ψ_r und dem Sättigungsfluss Ψ_s in dem Stromwandlerkern ($K_R = \Psi_r/\Psi_s$) wie in Abb. 3.22 gezeigt. TPZ Kerne haben einen großen Luftspalt, deshalb ist der Remanenzfaktor bei TPZ Kernen deutlich kleiner als 10 %.

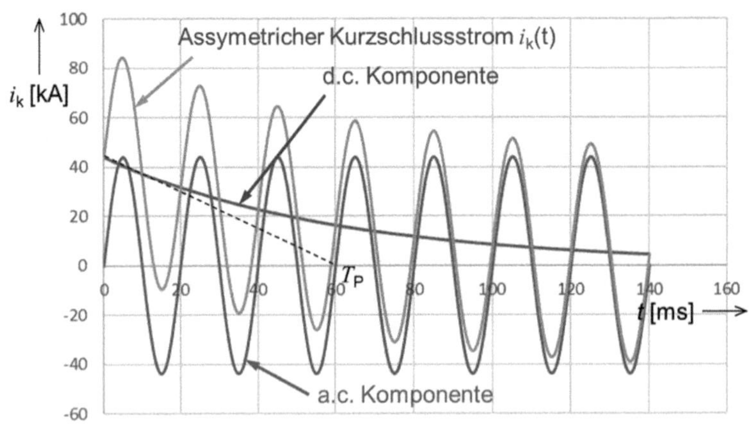

Abb. 3.20 Kurzschlussstrom mit maximalem Gleichstromanteil

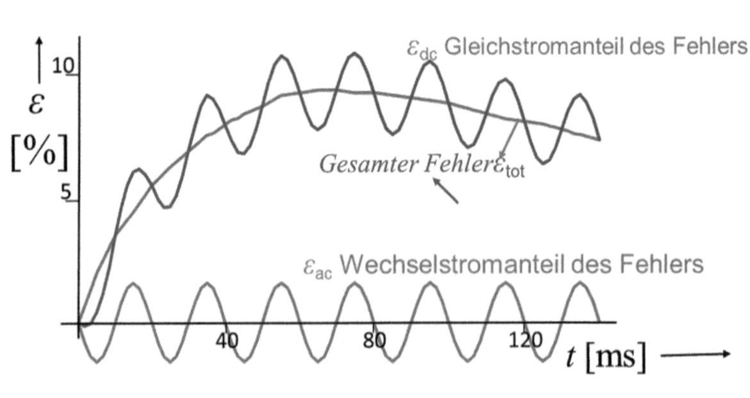

Abb. 3.21 Momentanwert des Fehlers für Stromwandler während des Kurzschlusses

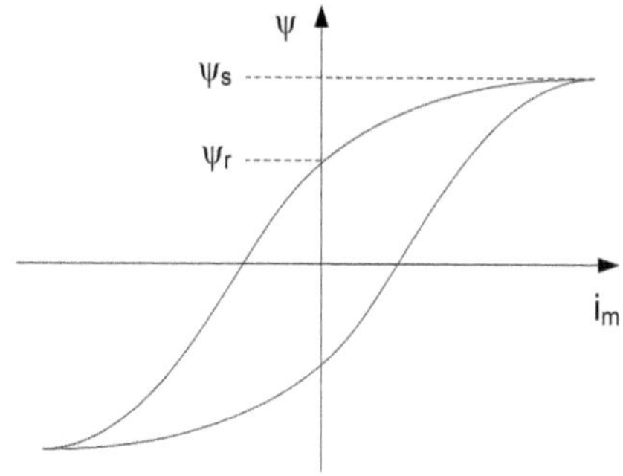

Abb. 3.22 Remanenzfluss Ψ_r und Sättigungsfluss Ψ_s eines Stromwandlerkernes [34]

Um den Remanenzfaktor zu reduzieren, werden Luftspalte in den Kern eingebaut. Mit dem Luftspalt wird die Magnetisierungscharakteristik linearisiert. Abb. 3.23 zeigt den Unterschied in der Hysteresekurve zwischen einem Kern ohne Luftspalt (Klasse P und TPX), mit kleinem Luftspalt (Klasse PR und TPY) und mit großem Luftspalt (TPZ).

Die Einführung eines Luftspaltes linearisiert die Magnetisierungscharakteristik des Kernes. Die Hauptinduktivität L_m wird reduziert mit der Konsequenz, dass der Magnetisierungsstrom I_e erhöht wird. Dies vergrößert den Übersetzungsfehler und den Fehlwinkel des Stromwandlers.

Wird, wie in der Patentschrift EP 1 851 556 B1 [41] beschrieben, an den Sekundärklemmen des Stromwandlers ein Kondensator angeschlossen, so kann der Fehlwinkel, der durch den Luftspalt entsteht, kompensiert werden.

Der Luftspalt des Kernes reduziert die sekundäre Zeitkonstante $T_S = L_S/R_S$ (L_S ist die Summe aus Hauptinduktivität und sekundärer Streuinduktivität, und R_S ist die Summe

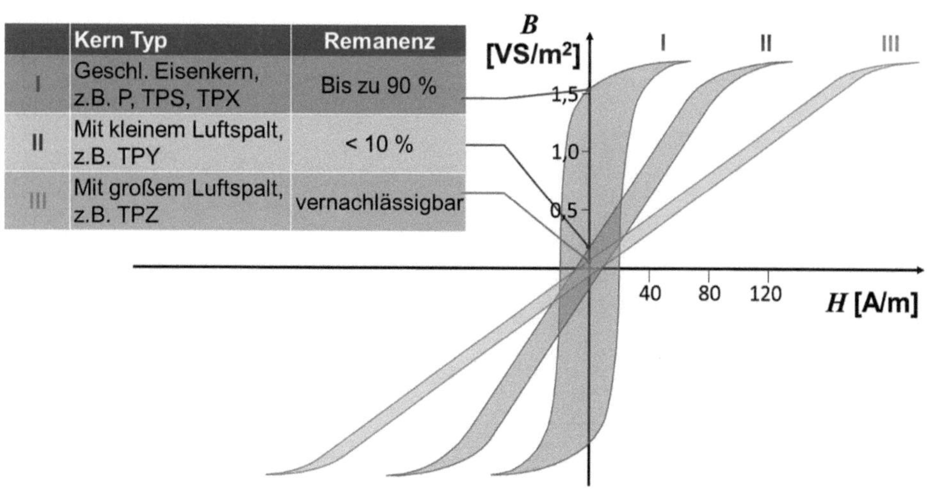

Abb. 3.23 Hysteresekurven von Kernen mit und ohne Luftspalt

aus dem Widerstand der Sekundärwicklung und dem Bürdenwiderstand). Die Reduktion des magnetischen Flusses im Kern nimmt nach der Unterbrechung des Kurzschlusses durch den Leistungsschalter mit der sekundären Zeitkonstanten ab.

Ohne einen Luftspalt ist die Reduzierung des magnetischen Flusses sehr langsam, typische Werte für T_S sind 5 bis 20 s, damit startet der Fluss nach der Wiedereinschaltung auf einem hohen Niveau und wird schnell in die Sättigung gehen. TPX Kerne ohne Luftspalt werden deshalb nur bei Spezifikationen ohne automatischer Wiedereinschaltung (C-O) eingesetzt.

Mit dem kleinen Luftspalt bei TPY Kernen liegt die sekundäre Zeitkonstante typischerweise bei 0,5 bis 1 s, sodass während der Pausenzeit bis zur Wiedereinschaltung der Kern soweit entmagnetisiert wird, damit nach dem Wiedereinschalten der Kern innerhalb der Zeit bis zur Genauigkeitsgrenze t''_{al} nicht gesättigt wird. Die magnetische Flussdichte B als Funktion der Zeit für einen automatischen Wiedereinschaltungszyklus wird in Abb. 3.24 dargestellt. Steigt die Flussdichte über die Sättigungsgrenze, so wird der Fehler stark vergrößert.

Für TPZ Kerne ist der Luftspalt sehr groß, die sekundäre Zeitkonstante ist bei etwa 60 ms. Während der Pausenzeit t_{fr} vor der Wiedereinschaltung ist dadurch die Flussdichte nahezu auf null reduziert, und die Magnetisierung startet beim zweiten Kurzschluss von Anfang an. Die Anforderung für den Fehlwinkel eines TPZ Kernes von 180 min korrespondiert mit einer sekundären Zeitkonstante von 60 ms für eine Systemfrequenz von 50 Hz und 50 ms für eine Systemfrequenz von 60 Hz.

In der Stromwandlernorm IEC 61869-2 wird der Effektivwert des Wechselstromanteils des Kurzschlussstroms als I_{psc} definiert. Bei diesem Strom müssen die Grenzen

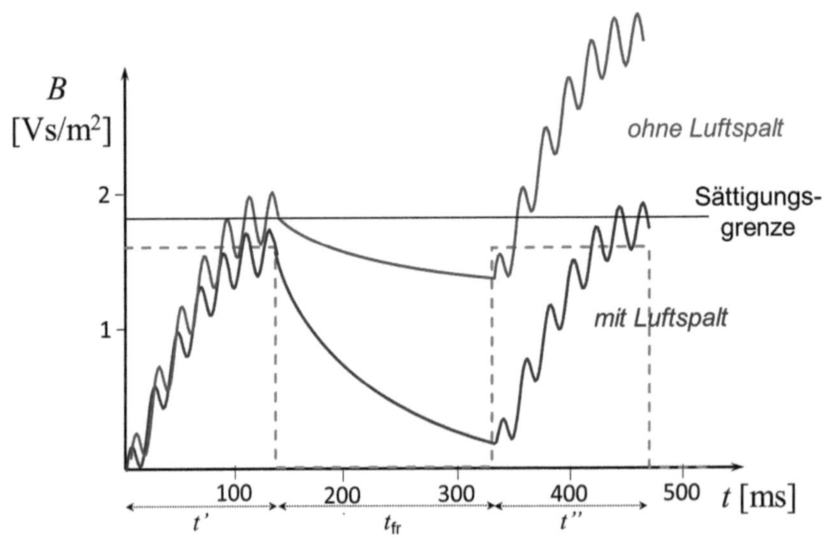

Abb. 3.24 Flussdichte B während eines C-O-C-O Zyklus mit und ohne Luftspalt

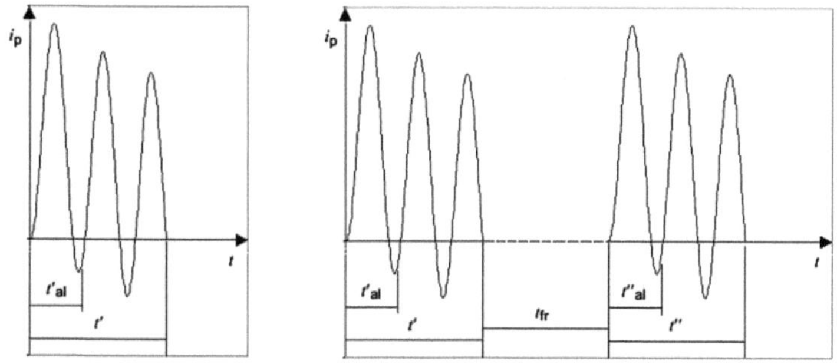

Abb. 3.25 Kurzschlussverläufe ohne (C-O) und mit (C-O-C-O) automatischer Wiedereinschaltung [34]

der Genauigkeiten eingehalten werden. Daneben gibt es die Definition des thermischen Kurzschlussstromes I_{th}, der für eine bestimmte Zeit (typisch1 s oder 3 s) gehalten werden muss. Er beschreibt die thermische Belastung beim Kurzschluss. Der für die Genauigkeit verantwortliche Kurzschlussstrom I_{psc} ist kleiner als der thermische Kurzschlussstrom I_{th} ($I_{psc} \leq I_{th}$).

Der dynamische Strom I_{dyn} ist definiert als der Spitzenwert des Primärstromes, den der Stromwandler halten muss. Dieser hängt mit der mechanischen Belastung des Stromwandlers während des Kurzschlusses zusammen.

Die mechanische Belastung während des dynamischen Kurzschlussstromes I_{dyn} muss insbesondere bei Stromwandlern mit mehreren Primärwindungen und bei umschaltbaren Primärwicklungen berücksichtigt werden.

Für Stromwandler der Kasse TPX, TPY und TPZ sind Grenzen der transienten Fehler gefordert während eines definierten Kurzschlussverlaufes. Einfache Kurzschlussverläufe C-O oder Kurzschlussverläufe mit automatischer Wiedereinschaltung C-O-C-0 werden definiert. Die Zeiten t' und t'' sind die Dauer des ersten bzw. des zweiten Kurzschlusses, die Zeiten t'_{al} und t''_{al} sind die spezifizierten Zeiten, in denen die Genauigkeitsanforderungen eingehalten werden müssen. Die Zeit t_{fr} ist die Pausenzeit zwischen den zwei Kurzschlüssen bei einer automatischen Wiedereinschaltung (siehe Abb. 3.25).

3.2.7 Ausführungsformen konventioneller Stromwandler

3.2.7.1 Kopfstromwandler (life tank design)

Die meisten modernen konventionellen Stromwandler werden als Kopfstromwandler ausgeführt (siehe Abb. 3.26). In diesen sind die Wandlerkerne mit den Sekundärwicklungen in einem auf Hochspannungspotential liegenden metallischen Kopfgehäuse untergebracht (life tank design, siehe Abb. 3.27). In den meisten Fällen ist der Primärleiter als Aluminiumbolzen realisiert, der durch die Kerne geführt ist. Aus-

Abb. 3.26 Beispiel eines Kopfstromwandlers in 420 kV Schaltanlage

führungsformen mit mehreren Primärwindungen oder Konstruktionen mit primärseitig umschaltbarem Übersetzungsverhältnis werden weiter unten beschrieben.

Die Wandlerkerne sind in einem Kerngehäuse eingebaut, welches mit dem Durchführungsrohr verbunden ist. Das metallische Kerngehäuse dient dabei als erdseitige Elektrode der Isolation. Durch das Durchführungsrohr werden die Ausleitungen der Sekundärwicklungen zum Klemmenkasten am Fuß des Wandlers geführt. Das Durchführungsrohr verbindet das Kerngehäuse mit dem Erdpotential.

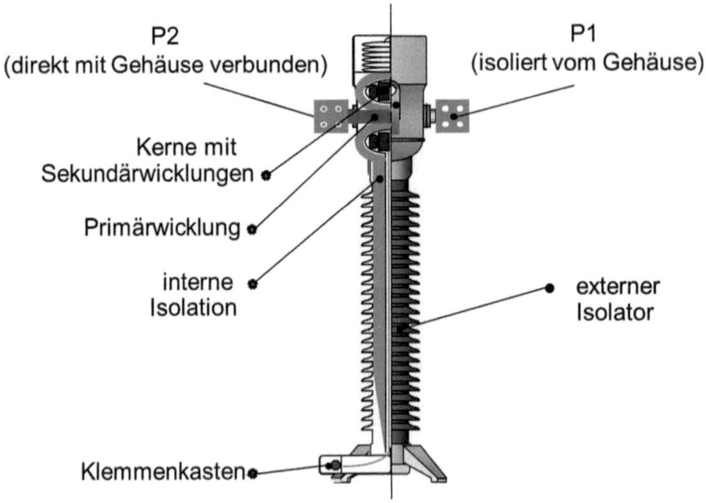

Abb. 3.27 Schnittbild eines Kopfstromwandlers

Das Kerngehäuse muss gegen den auf Hochspannung liegenden Primärleiter und gegen das Kopfgehäuse isoliert werden. Heute übliche Isolationsmaterialien sind Öl-Papier oder SF_6.

Der Primärleiter ist mit den Anschlüssen P1 und P2 verbunden. Dabei ist der Anschluss P2 direkt mit dem Kopfgehäuse verbunden, wobei der Anschluss P1 vom Kopfgehäuse isoliert ist. Diese Isolation muss für den Spannungsabfall bei auftretendem Kurzschlussstrom und anderen Überströmen dimensioniert werden. Bei einem Kopfstromwandler mit einer Primärwindung, also einem geraden kurzen Bolzen zwischen den Anschlussklemmen ist der ohmsche Widerstand sowie die primäre Induktivität, klein und somit ist auch der Spannungsabfall gering (low reactance type) [42].

Wegen des kurzen geraden Primärleiters des Kopfstromwandlers kann der ohmsche Widerstand R_p und die primäre Streuinduktivität L_p vernachlässigt werden. Kräfte auf den Primärleiter durch den Kurzschlussstrom und die Erwärmung des Wandlers durch den Primärstrom sind deshalb im Kopfstromwandler sehr klein.

Sowohl die Spannungsfestigkeit als auch die auftretenden Kräfte müssen bei der Auslegung eines Kopfstromwandlers mit mehreren Primärwindungen berücksichtigt werden.

Durch den symmetrischen Aufbau des Kopfstromwandlers mit dem Primärleiter im Zentrum der Wandlerkerne kann der Streufluss im Wandlerkern vernachlässigt werden, und somit hohe Genauigkeiten erzielt werden (siehe Abschn. 3.2.4).

Um Wandler flexibel einzusetzen oder bei einer späteren Änderung des Primärstromes den gleichen Wandler verwenden zu können, wird für einige Wandler eine Primärumschaltung gefordert. Üblich sind 1:2 oder 1:2:4 Umschaltungen.

1:2 Umschaltung:

Bei der 1:2 Umschaltung, wie sie in Abb. 3.28 und 3.29 gezeigt ist, wird der Primärleiter anstelle eine Bolzens durch ein Leiterrohr (2) realisiert, in dem ein zusätzlicher Leiterbolzen (1) eingesetzt ist. Das Leiterrohr ist an der P2 Seite mit dem Kopfgehause verbunden und an der P1 Seite direkt mit dem Anschluss P1 isoliert vom Kopfgehäuse. Der Anschluss P2 ist mit dem inneren Leiterbolzen verbunden. Dieser Bolzen kann verschoben werden und auf der P1 Seite entweder mit dem Anschluss P1, oder mit dem Kopfgehäuse verbunden werden.

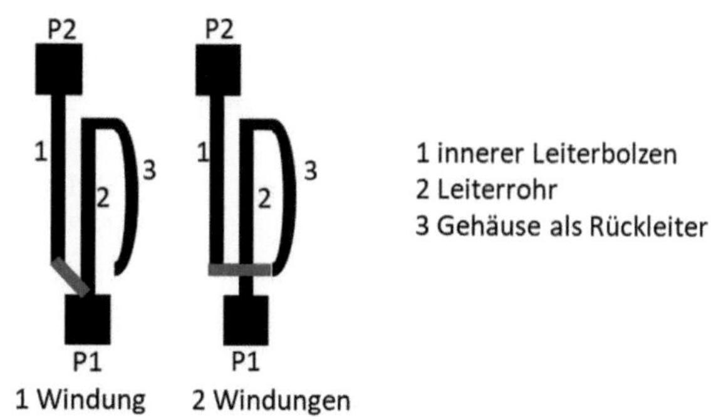

Abb. 3.28 Prinzip der 1:2 Umschaltung

Abb. 3.29 Primärumschaltung 1:2 beim Kopfstromwandler

Für eine Primärwindung wird der Bolzen (1) direkt mit dem Anschluss P1 verbunden. Der Strom fließt damit einmal durch den Kern im inneren Leiterbolzen (1) vom Anschluss P1 zum Anschluss P2.

Für zwei Primärwindungen wird der Bolzen (1) mit dem Gehäuse (3) verbunden. Der Strom fließt damit vom Anschluss P1 im Leiterrohr (2) durch den Kern, fließt dann über das Gehäuse (3) außerhalb des Kernes zurück und durch den inneren Leiterbolzen (1) ein zweites Mal durch den Kern und zum Anschluss P2. Die primäre Windungszahl N_p ist damit zwei und das Übersetzungsverhältnis N_s/N_p wird auf den halben Wert verändert.

1:2:4 Umschaltung:

Für die primärseitige Umschaltmöglichkeit 1:2:4 nach Abb. 3.30 und 3.31 wird wieder ein Leiterrohr (2) durch den Kern geführt. In diesem Leiterrohr sind drei weitere Leiter (1) isoliert voneinander geführt. Als Rückleiter werden wieder das Gehäuse (3) und zwei externe Rückleiter (4) außerhalb des Gehäuses eingesetzt. Die 3 Primärleiter und das Leiterrohr können nun durch Verbindungsstücke so geschaltet werden, dass die primäre Windungszahl 1, 2 oder 4 entspricht.

Mehrere Primärwindungen:

Für spezielle Anwendungen mit kleinen Primärströmen werden Stromwandler mit mehreren Primärwindungen eingesetzt (Abb. 3.32). Die Primärwicklung wird dabei im Kopfgehäuse um die Isolation des Kerngehäuses gewickelt. Aus Platzgründen wird jedoch der Querschnitt der Primärwicklung dabei klein und demnach ist der Einsatz solcher Stromwandler in Bezug auf den im System auftretenden Kurzschlussstrom begrenzt. Bei modernen Kopfstromwandlern werden damit bis zu 50 oder mehr Primärwindungen realisiert.

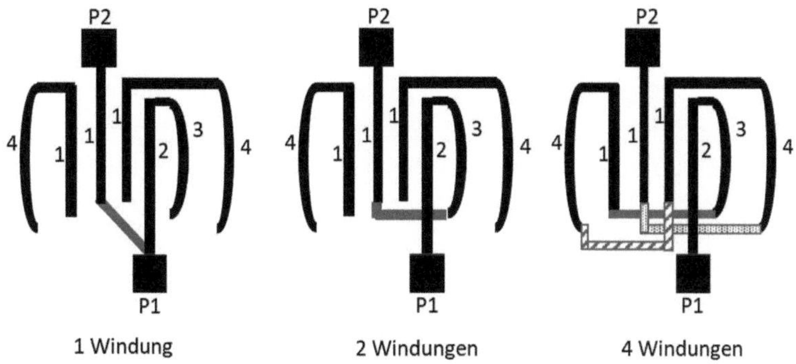

Abb. 3.30 Prinzip der 1:2:4 Umschaltung

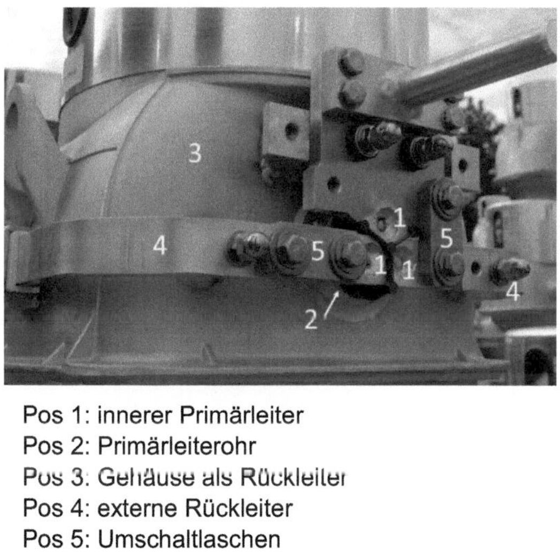

Abb. 3.31 Primärumschaltung 1:2:4 beim Kopfstromwandler. Pos 1: innerer Primärleiter; Pos 2: Primärleiterohr; Pos 3: Gehäuse als Rückleiter; Pos 4: externe Rückleiter; Pos 5: Umschaltlaschen

Abb. 3.32 Kopfstromwandler mit mehreren Primärwindungen

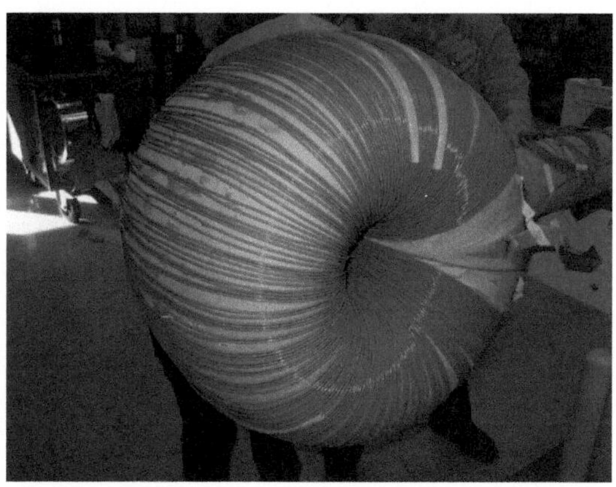

3.2.7.2 Der Haarnadel und der Eye-Bolt Stromwandler (dead tank design)

Im Gegensatz zum Kopfstromwandler liegen beim Haarnadelstromwandler und beim Eye-Bolt Wandler die Kerne mit den Sekundärwicklungen in einem Gehäuse auf Erdpotential. Hierzu muss der Primärleiter durch den Isolator ins Gehäuse und wieder zurückgeführt werde. Deshalb wird der Primärleiter für Hochspannungswandler einige Meter lang. Die Isolation ist bei diesen Konstruktionen auf die Primärleiter aufgebracht. Abb. 3.33 zeigt den prinzipiellen Aufbau dieser Stromwandlerkonstruktionen. Beim Haarnadelwandler ist der Primärleiter in U-Form ausgeführt (s. Abb. 3.33a), beim Eye-Bolt Wandler wird der Hin und Rückleiter des Primärleiters gemeinsam isoliert (s. Abb. 3.33b).

Ein Vorteil dieser Ausführungen ist der tief liegende Schwerpunkt, was sich bei Erdbebenanforderungen günstig auswirkt. Dafür wird aber ein Isolator mit größerem Innendurchmesser benötigt, um die Primärleiter unterzubringen, was zu höherem Gewicht und zu größerem Ölvolumen des Wandlers führt.

Ein weiterer Vorteil wird in einer möglichen maschinellen Isolation des Primärleiters gesehen, die beim Haarnadelwandler wie in einem Kabel aufgebaut ist.

Der lange Primärleiter und der Aufbau dieser Konstruktionen hat jedoch eine Reihe von Nachteilen gegenüber dem Kopfstromwandler:

a) Die Verluste des Primärleiter (R_p) und die primäre Streuinduktivität (L_p) können nicht mehr vernachlässigt werden (high reactance type [42]. Es kommt zu deutlich höherer ohmscher Erwärmung ($I_p^2R_p$) des Wandlers während des Betriebs und im Kurzschlussfall. Besondere Maßnahmen zur Kühlung des Wandlers zum Beispiel durch Kühlrippen im Kopf sind erforderlich (s. Abb. 3.34).

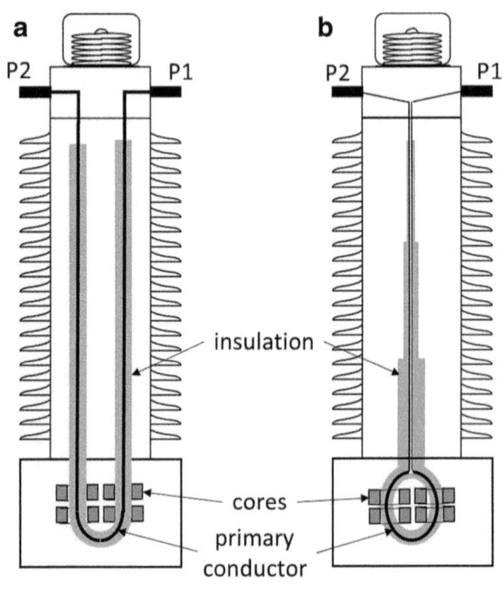

Abb. 3.33 Prinzipieller Aufbau des **a** Haarnadelstromwandlers und **b** des Eye-Bolt Stromwandlers

Abb. 3.34 Kühlung eines Haarnadelwandlers durch Kühlrippen (ABB Stromwandler 362 kV, 3600 A in Malaysia)

Am Beispiel eines Stromwandlers mit einem Primärstrom von 3600 A werden nachfolgend die Verluste in einem Kopfstromwandler und einem Haarnadelwandler berechnet:

i. Verluste im Kopfstromwandler:
   Leiterquerschnitt: $A = 1800\ \text{mm}^2$ (Maximale Stromdichte 2 A/mm^2)
   Länge des Primärleiters: $l = 0{,}5$ m
   spezifischer Widerstand: $\rho = 28{,}6\ 10^{-3}\ \Omega\text{mm}^2/\text{m}$ (Aluminium)
   Widerstand des Primärleiters: $R_P = \frac{\rho \cdot l}{A} = \frac{28{,}6 \cdot 10^{-3} \cdot 0{,}5}{1800} = 7{,}94 \cdot 10^{-6} \Omega$
   Verluste im Primärleiter: $P = I^2 \cdot R_P = 3600^2 \cdot 7{,}94 \cdot 10^{-6} = 102{,}9W$
ii. Verluste im Haarnadelwandler:
   Leiterquerschnitt: $A = 1800\ \text{mm}^2$ (Maximale Stromdichte 2 A/mm^2)
   Länge des Primärleiters: $l = 2 \times 3 = 6$ m
   spezifischer Widerstand: $\rho = 28{,}6$ 10–3 $\Omega\text{mm}^2/\text{m}$ (Aluminium)
   Widerstand des Primärleiters: $R_P = \frac{\rho \cdot l}{A} = \frac{28{,}6 \cdot 10^{-3} \cdot 6}{1800} = 95{,}28 \cdot 10^{-6} \Omega$
   Verluste im Primärleiter: $P = I^2 \cdot R_P = 3600^2 \cdot 95{,}28 \cdot 10^{-6} = 1234{,}8W$

Die Verluste des Haarnadelwandlers sind in dem Beispiel 12-mal größer als die Verluste im Kopfstromwandler

b) Der Spannungsabfall am Primärleiter ist deutlich erhöht, im Besonderen bei Auftreten eines Kurzschlussstromes oder bei Ausgleichsvorgängen zum Beispiel bei

Trennerschaltungen oder Blitzeinschlägen. Die Isolation an der P1 Seite zum Gehäuse sowie zwischen Hin- und Rückleiter des Primärleiters ist dabei stark belastet. Die Spannung zwischen dem Anschluss P1 und dem Gehäuse wird dabei häufig durch spezielle Maßnahmen, wie den Einsatz von Überspannungsableitern oder Funkenstrecken, begrenzt.

c) Im Kurschlussfall treten zwischen dem Hin- und Rückleiter des Primärleiters hohe Kräfte auf, welche durch die Konstruktion aufgefangen werden müssen.
Diese Kraft berechnet sich zu:

$$F = \mu_r \mu_0 \frac{I_{dyn} \cdot I_{dyn}}{2\pi} \cdot \frac{l}{a}$$

Für das Beispiel eines Haarnadelwandlers mit einer Länge von Hin- und Rückleiter von je 3 m und einem Abstand von 0,1 m zwischen den beiden Leitern ergibt sich die Kraft durch die Spitze des voll verlagerten Kurzschlussstroms zu:

$$F = 4\pi 10^{-7} \frac{Vs}{Am} \frac{100^2 \cdot 10^6 A}{2\pi} \cdot \frac{3m}{0,1m} = 60000N$$

Dabei ist:

thermischer Kurzschlussstrom:	$I_{th} = 40$ kA (Effektivwert)
dynamischer Kurschlussstrom:	$I_{dyn} = 2{,}5\ I_{th} = 100$ kA (Spitzenwert)
Permeabilität zwischen den Leitern:	$\mu_r = 1$, $\mu_0 = 4\pi 10^{-7}$ Vs/Am

d) Die Anordnung des Primärleiters bei Haarnadel- und Eye-Bolt- Wandlern hat Einfluss auf die Genauigkeit der Stromwandlerkerne. Der Primärstrom fließt im Primärleiter durch den Wandlerkern und dann dicht neben dem Kern zurück. Dadurch ergeben sich Streuflüsse im Kern wie im Abschn. 3.2.4 beschrieben, welche zu zusätzlichen Fehlern führen. Hohe Genauigkeiten sind deshalb mit diesen Konstruktionen nur sehr schwer oder gar nicht zu erreichen. Durch Kompensationswicklungen oder ungleich gewickelte Sekundärwicklung kann dieser Effekt verkleinert werden (s. Abschn. 3.2.4).

3.2.8 Dielektrische Beanspruchung und Isolation des Stromwandlers

3.2.8.1 Spannungsbeanspruchung von Stromwandlern

a: Belastung mit Wechselspannung
Ein Wandler im Netz ist einer dauernden Wechselspannung mit Netzfrequenz 50 Hz oder 60 Hz ausgesetzt. Bei Störungen im Netz kann diese Spannung auch kurzzeitig erhöht sein. So kann in nicht geerdeten Netzen bei einem einpoligen Kurzschluss die Spannung an den nicht betroffenen Phasen auf das 1,9-fache ansteigen und für einige Stunden anstehen bis der Kurzschluss wieder behoben ist.

Um die Qualität der Isolierung zu prüfen, wird jeder Wandler einer routinemäßigen Wechselspannungsprüfung unterzogen. Dabei wird eine in den Normen definierte Spannung für 1 min an den Wandler angelegt (s. Tab. 3.1). Die Prüfung gilt als bestanden, wenn es dabei zu keinen inneren Durchschlägen oder äußeren Überschlägen kommt.

Teilentladungen in der Isolation können diese empfindlich schädigen und müssen demnach vermieden werden. Nach der Norm IEC 61869-1 sind die erlaubten Grenzwerte bei 1,2-mal nomineller Betriebsspannung bei 5 PC und bei der maximalen Betriebsspannung U_m bei 10 PC. Da Teilentladungen im Betrieb das Öl zersetzen und somit den Wandler mit der Zeit schädigen können, sollten bei guter Isolierung jedoch keine Teilentladungen bis zur angelegten Prüfwechselspannung auftreten.

Die Isolation des Stromwandlers wird so ausgelegt, dass sie die dauernde Wechselspannung im Betrieb für mindestens 40 Jahre unbeschadet übersteht. Die maximale Spannung, welche eine Öl-Papierisolation ausgesetzt werden kann, ohne dass es zu Teilentladungen oder Durchschlägen kommt hängt von der Zeitdauer ab, in der die Belastung ansteht. Die Lebensdauer der Öl-Papier Isolation ist in Abschn. 1.3.6 beschrieben.

b: Belastung mit Stoßspannungen

Blitzeinschläge und Schalthandlungen im Netz können einen Stromwandler mit Stoßspannungen belasten. Die Spannungen, welche ein Wandler unbeschadet überstehen muss, sind nach der IEC Norm in Blitzstoßspannung und Schaltstoßspannung aufgeteilt (siehe Tab. 3.1). Die Blitzstoßspannung mit einer Wellenform 1,2/50 µs prüft dabei hauptsächlich die innere Isolation.

Tab. 3.1 Prüfspannungen nach IEC 61869-1 (jeweils höchste Werte)

Um in kV	1 min Prüf-Wechselspannung in kV eff.	Blitzstoßspannung 1,2/50 µs in kV Scheitel	Schaltstoßspannung 259/2500 µs in kV Scheitel
72,5	140	325	–
123	230	550	–
145	275	650	–
170	325	750	–
245	460	1050	–
300	460	1050	850
362	510	1175	950
420	630	1425	1050
550	680	1550	1175
800	975	2100	1550

Für die äußere Isolation wird bei höheren Betriebsspannungen zunehmend die langsamere Schaltstoßspannung mit einer Wellenform von 250/2500 µs relevant. Die Prüfung mit Schaltstoßspannung ist für Wandler mit maximaler Betriebsspannung von 300 kV (Phase-Phase) oder höher vorgeschrieben. Die Schaltstoßspannung muss unter Regen geprüft werden. Die Prüfspannung wird dabei mit Faktoren zur Berücksichtigung der atmosphärischen Bedingungen Druck, Temperatur und absoluter Luftfeuchtigkeit nach IEC 60060-1 [43] korrigiert.

Es können jedoch auch schnellere transiente Spannungen den Wandler belasten. Durch Trennerschaltungen werden bei Rückzündungen schnelle Impulse mit einer Anstiegszeit unter 1 µs erzeugt, bei Vakuumschaltern sowie bei Schalthandlungen in GIS können Anstiegszeiten von wenigen ns auftreten. Diese schnellen Vorgänge schädigen in der Regel nicht direkt die Isolation, doch es kann bei nicht optimalen inneren elektrischen Verbindungen zu Teilentladungen kommen, welche das Öl zersetzen und zu Gasbildung im Öl führen. Dies führt zu einer allgemeinen Schwächung der Isolation. Um die Beständigkeit unter schnellen transienten Spannungen zu prüfen, wurde in der IEC 61869-1 eine Prüfung mit 600 abgeschnittenen Blitzstoßspannungen eingeführt. Nach dieser Belastung darf die Zunahme die Zersetzungsgase Wasserstoff, Methan und Azetylen in der Norm IEC 61869-1 definierte Grenzwerte nicht überschreiten.

c: Dimensionierung der Isolation in Stromwandlern
Um die verschiedenen Belastungen des Wandlers zu berücksichtigen wird zur Dimensionierung der Isolation eine Dimensionierungsspannung definiert.

Die Dimensionierungsspannung hängt dabei von den Werten der dielektrischen Belastung des Wandlers ab. Es muss sowohl die Prüfwechselspannung als auch die Prüfstoßspannung und die maximale Betriebsspannung berücksichtigt werden.

Eine Beschädigung der Isolation durch Teilentladungen oder Durchschlag tritt beim Anlegen einer Blitzstoßspannung bei deutlich höheren Scheitelwerten auf als bei anliegender Wechselspannung. Dies kommt durch die geringere Energie, welche bei dem schnellen Vorgang des Stoßes in die Isolation eingespeist wird. Aus der Erfahrung und aus Versuchen mit Isolationsanordnungen wurde dafür ein Faktor von 2.4 gegenüber der 1 min Prüfwechselspannung ermittelt.

Bei Anliegen einer Wechselspannung über längere Zeit wird die Isolation auch bei Spannungen kleiner als die Prüfwechselspannung beschädigt. Dies wird in der Lebensdauerkurve der Isolation dargestellt (siehe Abb. 1.15 in Abschn. 1.3.6). Für eine gewünschte Lebensdauer von über 40 Jahren wurde ein Faktor zwischen der maximalen Betriebsspannung und der Prüfwechselspannung von 2.6 ermittelt.

Die Dimensionierungsspannung für den Isolationsaufbau ergibt sich damit zu dem größten Wert der folgenden Spannungen:

- 1 min Prüfwechselspannung
- Blitzstoßspannung/2,4
- Maximale dauernde Phase-Erde Spannung x 2,6 ($2{,}6 \times U_m/\sqrt{3}$)

Aus der Tab. 3.1 ist ersichtlich, dass für Wandler höherer Spannung ($U_m > 500$ kV) die Betriebsspannung der dimensionierende Faktor wird. Für 550 kW Wandler z. B. ergibt sich die Dimensionierung nach der maximalen dauernden Phase-Erde Spannung zu $2{,}6 \times 550/\sqrt{3} = 826$ kV. Dieser Wert liegt höher als der 1 min Prüfwechselspannung von 680 kV und muss deshalb als Dimensionierungsspannung verwendet werden. Wird dies nicht berücksichtigt, so werden zwar die geforderten Prüfungen des Wandlers problemlos bestanden, jedoch kann die Lebensdauer des Wandlers drastisch reduziert werden.

3.2.8.2 Der Isolationsaufbau eines konventionellen Kopfstromwandlers

Dieses Kapitel beschreibt den Isolationsaufbau eines konventionellen Kopfstromwandlers. Er kann in drei Teile aufgeteilt werden (s. Abb. 3.35): Ein Teil ist die Isolation des Stromwandlerkopfes (1), also zwischen dem auf Erdpotential liegenden Kerngehäuse und der auf Hochspannungspotential liegenden Primärleiter und dem Kopfgehäuse. Ein anderer Teil ist die Isolation des Durchführungsrohres (2), durch das die Ausleitungen der Sekundärwicklungen zum Anschlusskasten geführt wurde. In dieser Durchführungsisolation wird auch durch kapazitive Einlagen eine Potentialsteuerung entlang des Isolators realisiert. Ein dritter Teil der Isolation ist der Übergangsbereich (3) zwischen der Kopfisolation und der Durchführungsisolation.

Für eine gute Qualität der Isolation muss auf folgende Randbedingungen geachtet werden:

- Verwendung von qualitativ hochwertigem Isolierpapier (s. Abschn 1.3)
- Sorgfältige Trocknung des Isolierpapiers (s. Abschn. 3.2.8.3)
- Qualität des Isolieröls (s. Abschn. 1.2)
- Verwendung von sorgfältig entgastem und getrocknetem Isolieröl (s. Abschn. 1.2)
- Vermeidung von Ölspalten größer als 3 mal der Papierdicke im Isolationsbereich 1
- Dimensionierung der auftretenden Ölspalte im Bereich 3 nach Abb. 3.45.

a: Die Isolation der Durchführung

Die Isolation der Durchführung sowie die Potentialsteuerung wurden bereits im Abschn. 2.2 beschrieben. Die Durchführungsisolation wird auf einer halb automatischen

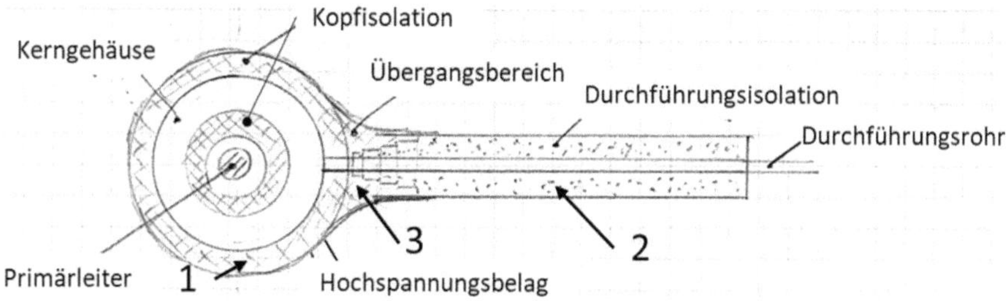

Abb. 3.35 Prinzipieller Aufbau der Isolation konventioneller Hochspannungsstromwandler

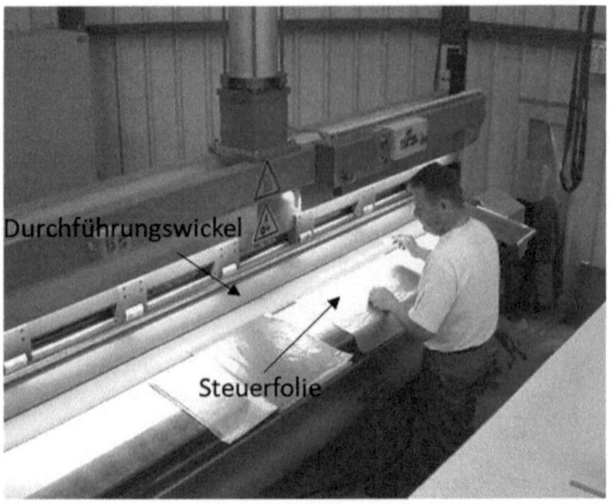

Abb. 3.36 Einlegen der Steuerfolien auf der halb automatischen Wickelmaschine

Wickelmaschine gewickelt (siehe Abb. 3.36). Als Material wird Kraft-Papier in der Breite der Länge der Durchführung verwendet. Die Walzen der Wickelmaschine sind beheizt, sodass bereits während dem Wickeln dem Papier Feuchtigkeit entzogen wird. Am kopfseitigen Ende wird die Isolation in Stufen ausgeführt, um anschließend den Übergang zur Kopfisolation durch manuelle Bandagierung, wie unten beschrieben, realisieren zu können.

In die Durchführungsisolation ist zur Steuerung des Potentials in axialer Richtung eine kapazitive Steuerung eingebracht. Diese wird durch das Einlegen von Aluminiumfolien realisiert (siehe Abschn. 2.2). Die Steuerlänge entspricht etwa 60 % der Schlagweite des äußeren Isolators. Die Position der Steuerung wird, wie in Abb. 3.37 gezeigt, so gelegt, dass die ungesteuerte Länge am oberen, hochspannungsseitigen Ende 25 % und am unteren, erdseitigen Ende 15 % der Schlagweite beträgt.

b: Die Isolation des Kopfbereiches

Die Isolation des Kopfbereiches, also die Isolation des Kerngehäuses wird mit unterschiedlichen Materialien ausgeführt. Um eine gute Isolation zu erhalten wird hauptsächlich Kraft-Papier von einer Dicke von 100 bis 150 µm verwendet, welches in Streifen von ca. 20 mm Breite um das Kerngehäuse gewickelt wird (siehe Abb. 3.38). Um diese Bandagierung faltenfrei aufbringen zu können, muss das verwendete Kraft-Papier die Möglichkeit haben, sich in Längsrichtung zu dehnen. Diese Dehnfähigkeit sollte 5–10 % betragen.

Um eventuelle Unebenheiten des Kerngehäuses auszugleichen, wird zunächst eine Lage halbleitendes Krepppapier aufgebracht bevor mit der Isolierung begonnen wird.

Bei der Bandagierung wird aus der gegebenen Geometrie des Kerngehäuses der Isolationsaufbau im Inneren durch die größere Überlappung des Papiers deutlich größer als im Außenbereich. Um dies auszugleichen, werden speziell vorbereitete Papiereinlagen an der Außenseite angebracht, wie in Abb. 3.39 zu sehen. Diese Einlagen werden

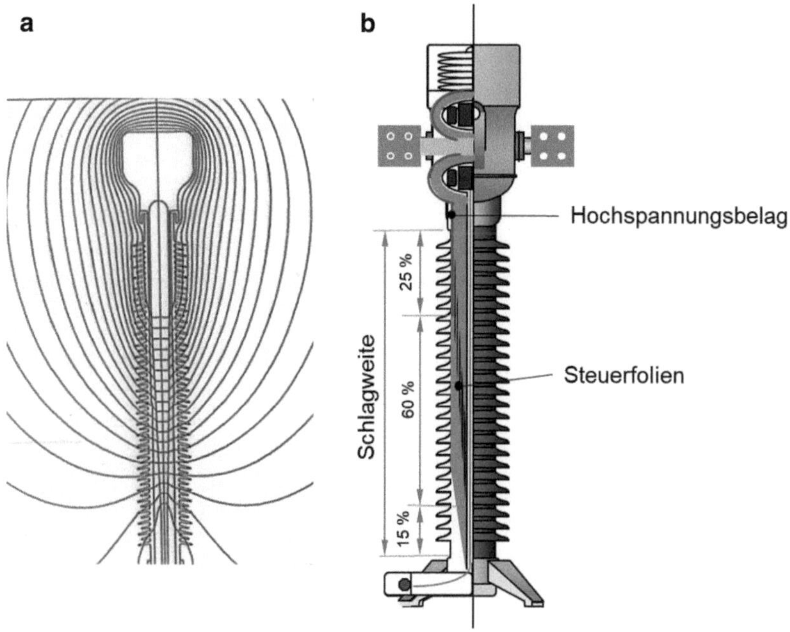

Abb. 3.37 Die kapazitive Potentialsteuerung in der Durchführung des Stromwandlers **a** Potentiallinien, **b** Aufteilung der Schlagweite

Abb. 3.38 Bandagieren des Kopfbereiches mit Kraft-Papier

ebenfalls aus Kraft-Papierstreifen hergestellt. Um diese Einlagen satt an die Isolation anzubinden wird eine Bandage aus Krepppapier verwendet. Da es durch die Herstellung des Krepppapiers zu Fehlstellen kommen kann, trägt der Anteil des Krepppapiers deutlich weniger zur Isolation bei als der Kraft-Papieranteil. Der Anteil des Kraft-Papiers muss demnach so groß wie möglich sein. Krepppapier wird nur zur Anbandagierung von Einlagen verwendet.

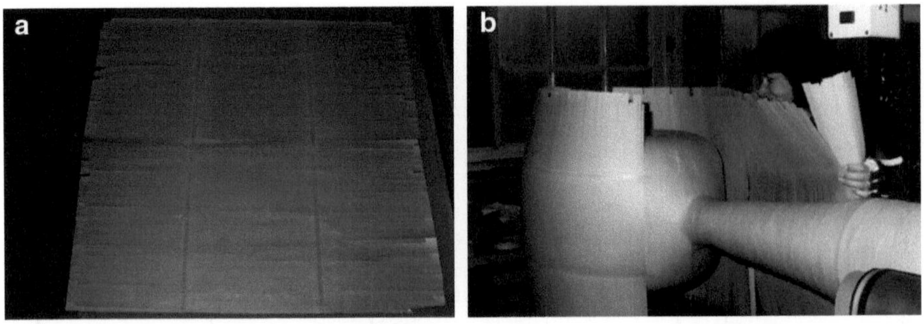

Abb. 3.39 **a** Papiereinlagen für die Kopfisolation, **b** Anbringung der Papiereinlagen

Abb. 3.40 Verschiedene Ausführungen des Hochspannungsbelages **a** perforiertes metallisiertes Papier **b** metallisches Gewebeband **c** Drahtgeflecht

Die Ausführung der Kopfisolation muss gleichmäßig erfolgen, die Isolation muss satt aufgebracht werden, und es muss darauf geachtet werden, dass sich keine größeren Ölspalte ergeben.

Die Isolation wird abgeschlossen durch eine Hochspannungselektrode. Diese wird realisiert durch zunächst eine Lage halbleitendes Krepppapier und einem anschließenden metallischen Belag. Dieser Belag kann aus verschiedenem Material gemacht werden:

- Metallisiertes Papier oder Aluminiumfolie, perforiert damit das Öl besser in das darunterliegende Papier eindringen kann (s. Abb. 3.40a)
- Metallisches Gewebeband, (s. Abb. 3.40b)
- Drahtgeflecht (s. Abb. 3.40c)

Die Hochspannungselektrode wird dann an 4 Stellen mit dem Gehäuse auf Hochspannungspotential verbunden. Um keine Kurzschlusswindung um den Kern zu erzeugen, muss die Hochspannungselektrode an einer Stelle unterbrochen sein.

Aus der Geometrie des Kerngehäuses und der Isolationsdicke ergibt sich die Feldstärke im inneren der Isolation. Abb. 3.41 zeigt ein Beispiel eines Feldbildes der Kopfisolation.

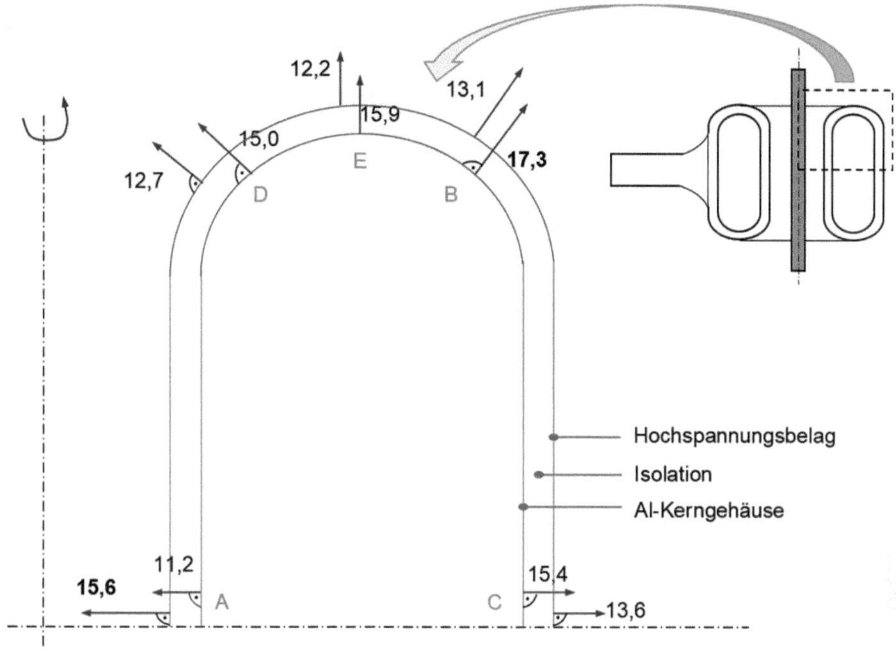

Abb. 3.41 Elektrisches Feld in kV/cm in der Kopfisolation eines Stromwandlers

Die maximalen Feldstärken treten am Kerngehäuse innen gegenüber dem Primärleiter (Punkt A), sowie an den äußeren Radien der Hochspanungselektrode (Punkt B) auf.

Für eine gut ausgeführte Isolation mit kleinen Ölspalten kann die maximale Feldstärke bei Dimensionierungsspannung bis zu 17,5 kV/mm betragen, Die mittlere Feldstärke soll einen Wert von 13,5 kV/mm nicht überschreiten, was bei einem Wandler mit maximaler Betriebsspannung 123 kV und einer Prüfwechselspannung von 230 kV zu einer Isolationsdicke von mindestens 17 mm führt.

c: Die Isolation des Übergangsbereiches

Um die Isolation des Übergangsbereichs zwischen der Durchführung und der Kopfisolation zu realisieren, werden an den Stufen der Durchführung aus Kraft-Papierstreifen gefertigte Einlagen angebracht. Wie in Abb. 3.42 zu sehen, ragen diese Einlagen in den Kopfbereich hinein. Durch abwechselndes Anbringen dieser Einlagen und der Isolationslagen des Kopfbereiches überlappen sich die Papiere und es wird vermieden, dass sich längere Ölspalte in der Isolation bilden (siehe Abb. 3.43).

Durch den Trockenprozess vor der Imprägnierung mit Mineralöl schrumpfen die auf die Stufen angebrachten Papiereinlagen und es bildet sich ein nicht zu vermeidender Ölspalt an jeder Stufe der Durchführung. Für die Auslegung der Stufen in der Durchführung werden die Feldstärken zwischen dem geerdeten Durchführungsrohr und des Hochspannungsbelages an der Außenkontur berechnet. In axialer sowie radialer

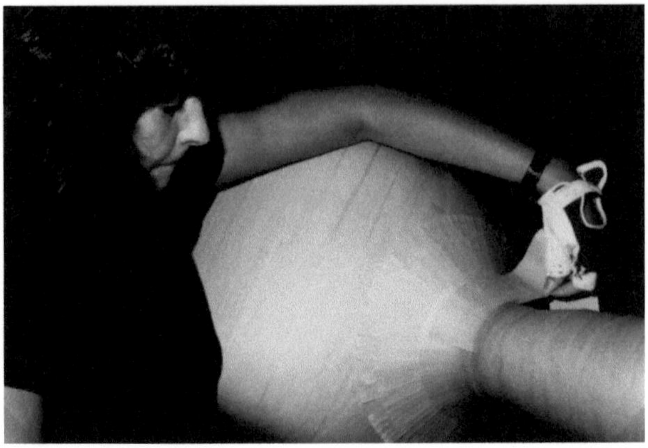

Abb. 3.42 Anbringen der Papiereinlagen im Übergangsbereich

Richtung dürfen diese Feldstärken nicht zu groß werden. Diese Feldstärken werden aus der Geometrie des Übergangsbereiches bestimmt.

Abb. 3.44a zeigt eine Stufe in der Durchführung mit den angebrachten Streifeneinlagen. Die maßgebenden Feldstärken in diesem Bereich sind aufgeteilt in ihre axiale und radiale Komponente in Abb. 3.44b dargestellt.

Die Anzahl der Stufen, deren Länge und Tiefe muss so gewählt werden, dass die Ölspalte und die Gleitstrecken an der Stufenoberfläche nicht überlastet werden und nicht zu Teilendladungen führen können.

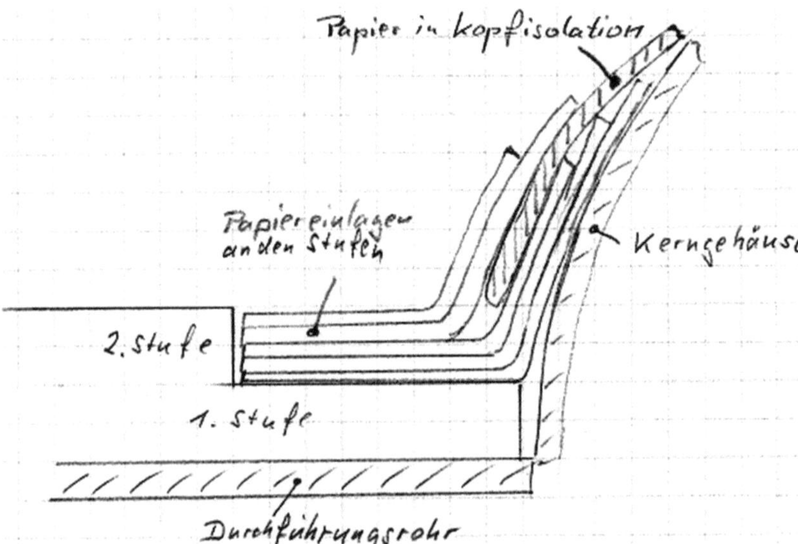

Abb. 3.43 Prinzipielle Anordnung der Einlagen an den Stufen und der Überlappung mit der Kopfisolation

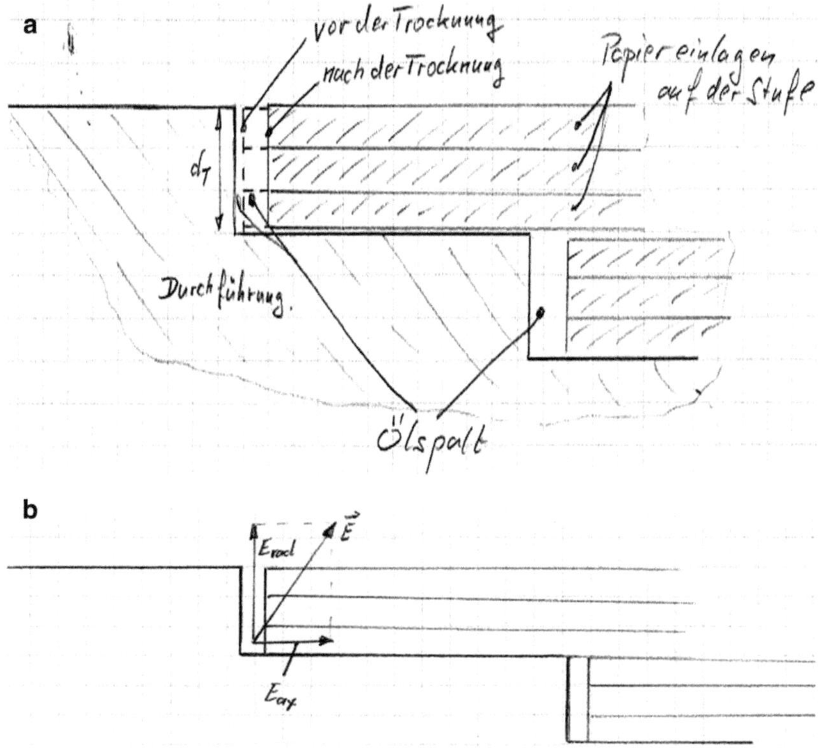

Abb. 3.44 **a** Eine Stufe der Durchführung in der Isolation des Übergangsbereiches **b** mit maßgebenden Feldstärken E_{rad} und E_{ax}

Die radiale Feldstärke E_{rad} an jeder Stufe bestimmt die maximale Höhe der Stufe. Die maximal zulässigen Feldstärken sind in Abb. 3.45 in Abhängigkeit der Stufenhöhe dargestellt.

Bei der Berechnung der radialen Feldstärke E_{rad} ist zu berücksichtigen, dass sich dieser Feldstärkeanteil, der auf eine Grenzfläche senkrecht steht, entsprechend des Verhältnisses der dielektrischen Konstanten ändert. Dabei sind folgende dielektrischen Feldstärken zu berücksichtigen:

- im Öl: $\varepsilon_{\text{rÖl}} = 2{,}2$
- in der Durchführungsisolation: $\varepsilon_{\text{rÖl-Papier}} = 3{,}5$
- in der Handbandage der Kopfisolation: $\varepsilon_{\text{rBandage}} = 2{,}8$

Beim Übergang der Durchführungsisolation wird die Feldstärke im Ölspalt demnach um den Faktor 3,5/2,2 erhöht, beim Übergang zur Handbandagierten Isolation wird die Feldstärke im Ölspalt um den Faktor 2,8/2,2 erhöht.

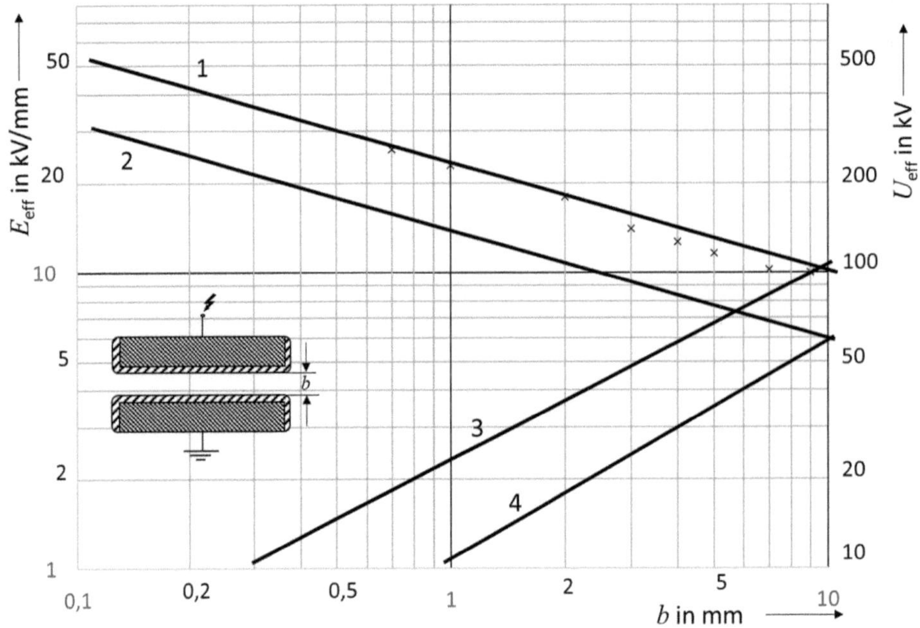

Abb. 3.45 Durchschlagsfestigkeit und maximal zulässige Feldstärke in einem Ölspalt zwischen isolierten Elektroden (x – gemessene Durchschlagsfeldstärken)

Die Kurve 1 in Abb. 3.45 zeigt den Effektivwert der Durchschlagsfeldstärke in einem Ölspalt abhängig der Ölspalttiefe b bei entgastem Öl und isolierten Elektroden ermittelt bei Wechselspannung mit 50 Hz und homogenem Feld. Daraus abgeleitet sind die Dimensionierungsgrenzwerte des Effektivwertes der Feldstärke in Kurve 2 dargestellt.

Die Kurve 3 in Abb. 3.45 zeigt die aus der Durchschlagsfeldstärke berechnete Durchschlagspannung und die Kurve 4 die Grenzwerte der Dimensionierungsspannung einer Isolation mit Ölspalten in Abhängigkeit der Ölspaltlänge

Neben der Teilentladung in den Ölspalten kann es auch zu Gleitentladungen auf der Stufenoberfläche der Durchführung kommen. Die Länge der Stufen muss daher so bemessen sein, dass die maximal erlaubten Feldstärken in axialer Richtung E_{ax} nicht überschritten werden. Abb. 3.46 zeigt die maximale tangentiale Feldstärke auf einer Papieroberfläche in Abhängigkeit der möglichen Länge der Gleitstrecke.

Dabei muss die Länge jeder Stufe *l*, sowie die Gesamtlänge der möglichen Gleitstrecke entlang aller Stufen $a+b$ nach der Kurve in Abb. 3.46 ausgelegt werden.

Der linke Teil der Dimensionierungskurve 3.46a zeigt die maximale mittlere tangentiale Feldstärke entlang einer Durchführungsstufe der Länge *l* (siehe Skizze 3.46b).

Für die maximale mittlere tangentiale Feldstärke entlang der gesamten Stufung gilt der rechte Teil der Dimensionierungskurve Abb. 3.46a. Die maximale mittlere tangentiale Feldstärke entlang der gesamten Stufe (siehe Skizze 3.46c) berechnet sich

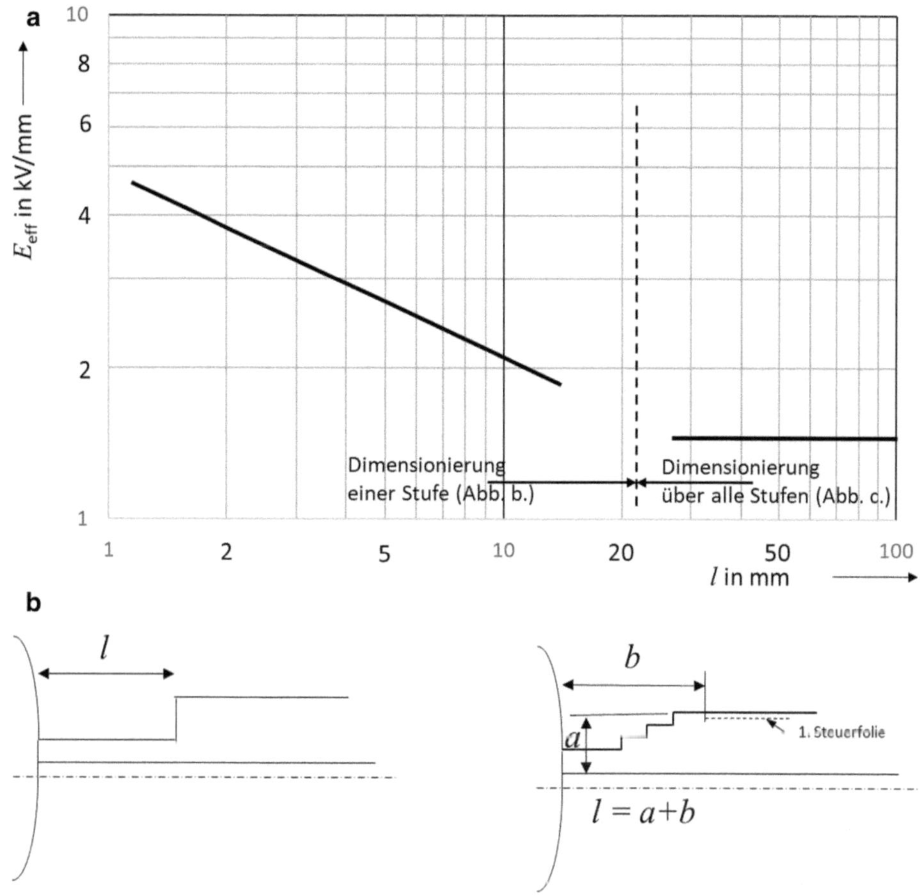

Abb. 3.46 Überschlagsfestigkeit und maximal zulässige tangentiale Feldstärke einer Öl-Papierstrecke **a** Dimensionierungskurve **b** einzelne Durchführungsstufe **c** gesamte Stufung der Durchführung

zu $\left|\vec{E}\right|_{mittel} = {}^{U_{\dim}}/_{(a+b)}$. Diese darf den Wert 1,14 kV/mm (siehe rechte Seite der Dimensionierungskurve 3.46a) nicht überschreiten.

3.2.8.3 Die Trocknung und Imprägnierung der Papier-Isolation

Isolierpapier enthält im Normalfall etwa 7 Gewichtsprozent Wasser. Dieser erhöht in der fertigen Isolation die Verluste, was zu in einem erhöhten Verlustfaktor tan δ führt und die dielektrische Festigkeit der Öl-Papierisolation herabsetzt. Der Verlustfaktor tan δ ist ein Maß der Verluste in der Isolation. Er gibt das Verhältnis von Wirkstrom I_R zum kapazitiven Strom I_c bzw. zwischen den Verlusten P_V zur kapazitiven Blindleistung P_C an, $\tan\delta = I_R/I_C = P_V/P_C$ [10].

Um eine gute Qualität mit kleinem tan δ der Öl-Papierisolation zu erhalten muss das Papier zunächst getrocknet werden. Durch hinzuführen von Wärme verdampft das im Papier enthaltene Wasser und wird dann mittels Vakuum aus der Isolation entfernt. Die trockene Papierisolation wird dann mit Mineralöl imprägniert, was zu der sehr bewährten guten Isolation der Messwandler führt. Der Prozess des Trocknens und Imprägnierens kann auf verschiedene Weise durchgeführt werden. Im Folgenden werden zwei grundsätzlich verschiedene Prozesse erläutert, bei der das Aktivteil während des Trocknungsprozesses entweder bereits im Wandlergehäuse montiert ist (a), oder aber erst im trockenen Zustand montiert wird (b).

a: Trocknung und Imprägnierung des fertig montierten Stromwandlers
Bei diesem Prozess wird das mit Isolierpapier isolierte Aktivteil in das Wandlergehäuse eingebaut. Die so fertiggestellten Wandler werden in einen beheizbaren Vakuumkessel gestellt und jeder einzelne wird an seinem Fuß für das spätere Imprägnieren und Befüllen mit Mineralöl mit einer Ölleitung verbunden. Das Ölausdehnungsgefäß am Kopf des Stromwandlers ist dabei noch nicht verschlossen (Abb. 3.47).

Nach dem Schließen des Vakuumkessels wird dieser unter Unterdruck gesetzt und die Heizung an der Kesselwand eingeschaltet. Nacheinander werden folgende Schritte durchgeführt:

1. Aufheizen des Kessels auf ca. 70 °C unter einem Druck von 800 mbar. Der reduzierte Druck verhindert, dass durch entstehenden Wasserdampf kein Überdruck entsteht, und dass der Deckel dicht auf den Kessel gezogen wird.
2. Druckabsenkung auf 50 mbar innerhalb 1–2 h. Bei dieser Druckabsenkung wird dem Papier Wasser entzogen. Wird der Druck zu schnell reduziert besteht die Gefahr, dass durch der die Verdampfungsenergie erzeugte Temperatursturz zu einer Vereisung der im Inneren noch feuchten Isolation führt. Innerhalb einer weiteren Stunde wird der Druck weiter abgesenkt auf ca. 30 mbar und dieser Druck eine

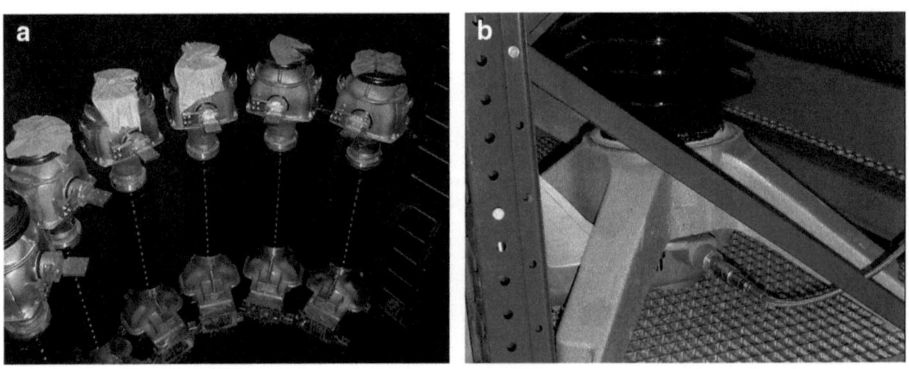

Abb. 3.47 **a** montierte Wandler im Vakuumkessel zur Trocknung und Imprägnierung **b** Anschluss der Ölleitung an den Wandler

weitere Stunde gehalten. Während dieser Zeit wird dem Papier Wasser entzogen. Durch die benötigte Verdampfungsenergie des Wassers kühlt sich die Isolation ab, und der Wasserentzug kommt praktisch zum Stillstand.

3. Belüftung des Kessels, um die Temperatur im inneren der Isolation zu erhöhen: Der Druck wird auf 1 bar gesteigert und 6 h gehalten. Dadurch kann die Temperatur des Isolierpapiers erhöht werden. Die Heizung in der Kesselwand ist unter Vakuum nicht in der Lage das Papier im Wandler genügend zu erwärmen. Aus diesem Grund werden diese Zwischenbelüftungen durchgeführt, um die Temperatur in der Isolation auf die gewünschte Temperatur von 120 °C zu bringen.
4. Wiederholung der Schritte 2 und 3 bis die Temperatur von 120 °C an der Isolation erreicht ist.
5. Weiterer Wasserentzug durch Erniedrigung des Drucks. Der Druck wird durch Einschaltung einer größeren Vakuumpumpe auf ≤0,04 mbar herabgesetzt.
6. Nach Erreichen des Vakuums von ≤0,04 mbar erfolgt die Nachtrocknungsphase. Dabei wird für eine von der Isolationsdicke abhängigen Zeit weiter evakuiert. Am Ende der Nachtrocknungszeit liegt der Druck bei ≤0,01 mbar.
7. Nach dem Ende des Trocknungsprozesses wird der Kessel abgekühlt auf 70 °C um mit der Imprägnierung beginnen zu können.
8. Bei einem maximalen Druck von 0,4 bar werden nun die Wandler über die am Fuß angeschlossenen Ölleitungen mit Mineralöl gefüllt und das Papier imprägniert. Es wird maximal so viel Öl pro Zeiteinheit in den Wandler gefüllt, dass die Steiggeschwindigkeit des Ölspiegels 40 cm/Stunde beträgt (Die Steiggeschwindigkeit wurde durch Versuche ermittelt). Diese Ölfüllrate wird für jeden Wandlertyp berechnet und eingestellt.
9. Ist damit der Wandler mit Öl gefüllt beginnt die Nachimprägnierphase. Durch die Imprägnierung wird weiterhin Öl in das Papier eindringen und damit der Ölspiegel im Wandler absinken. Während 12 h wird eventuell benötigtes Öl nachgefüllt.
10. Am Schluss wird der Kessel geöffnet und bei jedem Wandler das Ausdehnungsgefäß mit Öl gefüllt und hermetisch abgeschlossen.

Der Temperaturverlauf an der Isolation und der Druckverlauf im Kessel während des Trocknungsprozesses (Schritte 1 bis 6) ist in Abb. 3.48 dargestellt.

Sind die Wandler dann aus dem Kessel entladen, werden sie noch einige Tage (abhängig von der Dicke der Isolation) stehen gelassen, bevor sie den dielektrischen Prüfungen und der Teilentladungsmessung unterzogen werden.

b: Trocknung des isolierten Aktivteils und anschließende Montage

Bei diesem Prozess wird das fertig isolierte Aktivteil zum Trocknen in einen Vakuumkessel gehängt und die Papierisolation in einem Prozess entsprechend den Schritten 1–6 des obigen Prozesses getrocknet.

Nach dem Trocknen wird das Aktivteil aus dem Kessel genommen und in das Wandlergehäuse montiert. Der Wandler kommt dann an einen Füllstand, um die

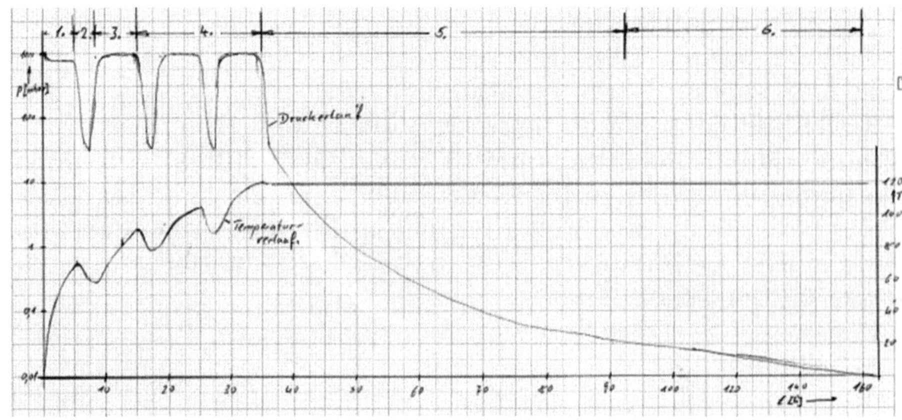

Abb. 3.48 Druck und Temperaturverlauf während des Trocknungsprozesses (Schritte 1 bis 6)

Imprägnierung vorzunehmen (s. Abb. 3.49). Es ist dabei besonders zu beachten, dass die Montage der Aktivteile schnell erfolgt, da die getrockneten Aktivteile sehr schnell wieder Feuchtigkeit aus der Umgebungsluft aufnehmen können. Von dem Zeitpunkt der Entnahme des trockenen Aktivteils bis zur Verschließung des Gehäuses sollten nicht mehr als 4 Stunden vergehen. Eine zu hohe Feuchtigkeitsaufnahme während der Montage kann bei der Prüfung durch einen erhöhten Verlustfaktor tan δ bemerkt werden. Erfahrungen zeigen bei diesem Prozess eine Streuung des tan δ zwischen 2 und 4 10^{-3}.

An der Füllstation wird der fertig montierte Stromwandler am Kopf mit einem Vakuumschlauch und am Fuß mit der Ölleitung verbunden.

Abb. 3.49 Station für die Befüllung mit Öl

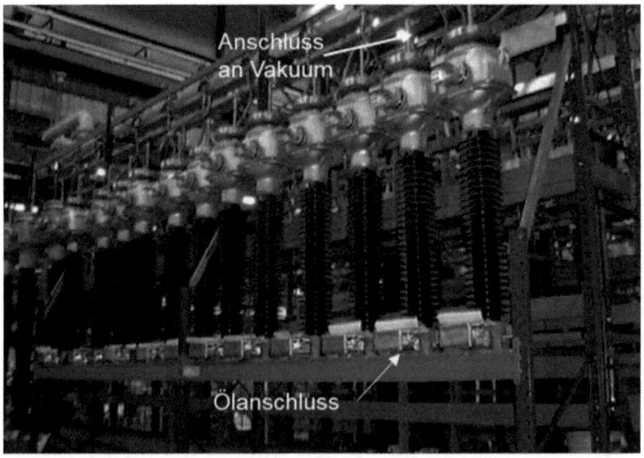

Dann werden die folgenden Schritte für die Imprägnierung vorgenommen:

1. Der Druck im Wandler wird auf 0,1 mbar reduziert und für 48 h gehalten. Dabei wird der Isolation Wasser entzogen, welches während der Montage durch die Luftfeuchtigkeit aufgenommen wurde.
2. Durch den Zufluss des Öls wird der Wandler geflutet und die Isolation imprägniert. Es wird ein von der Größe des Wandlers abhängige Ölfüllrate eingestellt und der Wandler vollständig gefüllt.
3. Ist der Wandler gefüllt, wird er unter Druck von 2,6 bar absolut gesetzt, um das Eindringen des Öls in das Papier und somit die Imprägnation zu unterstützen. Kleine Wandler werden dabei 24 h, große Wandler (U_m>245 kV) für 72 h unter Druck gehalten.
4. Am Schluss wird das Ausdehnungsgefäß mit Öl gefüllt und der Wandler hermetisch abgeschlossen.

Nach der Imprägnierung werden die Wandler ebenfalls einige Tage stehen gelassen bevor die Teilentladungsmessung und die dielektrischen Prüfungen gemacht werden.

Da die Imprägnierung bei diesem Prozess bei Raumtemperatur erfolgt und somit die Viskosität des Öls höher ist als bei Imprägnierung in einem Ofen, wird der Wandler nach der Ölfüllung für einige Zeit unter Druck gesetzt (Schritt 3).

Nachteile dieses Prozesses sind die Möglichkeit der erneuten Feuchtigkeitsaufnahme nach der Trocknung während der Montage des Wandlers und die höhere Viskosität des Öls bei Raumtemperatur. Die Erfahrung hat gezeigt, dass dieser Prozess zu einer höheren Ausfallrate bei der Prüfung (Teilentladungsmessung) führt und deshalb möglichst vermieden werden sollte.

Vorteile dieses Prozesses ist der geringere Platzbedarf und der schnellere Umsatz im Vakuumkessel, da nur die Aktivteile in den Kessel eingebracht werden und für die Zeit der Imprägnierung der Kessel bereits wieder für die nächsten Aktivteile verwendet werden kann.

Der Prozess a. mit der Trocknung und Imprägnierung des montierten Wandlers im Vakuumkessel hat sich als die bessere und zuverlässigere Methode gezeigt. Tab. 3.2 zeigt einen Vergleich der beiden Prozesse.

3.2.9 Erwärmung des Stromwandlers

3.2.9.1 Anforderungen aus der Wandlernorm an maximale Temperaturen und Erwärmung im Wandler

Eine erhöhte Temperatur im Wandler beschleunigt die Alterung der Isolation. Um einen sicheren Betrieb des Wandlers zu gewährleisten dürfen die Temperaturen im Wandler und dessen Anschlüssen nicht zu hoch werden. Die Wandlernorm IEC 61869-1 gibt dazu maximale Temperaturerhöhungen an, welche beim thermischen Dauerbetriebsstrom

Tab. 3.2 Vergleich der beiden Prozesse zur Trocknung und Imprägnierung

Trocknung und Imprägnierung Prozess a	Trocknung und Imprägnierung Prozess b
Aktivteil wird in Gehäuse eingebaut	–
Wandler kommt in Vakuumkessel	Aktivteil kommt in Vakuumkessel
Aufheizen des Kessels (70 °C, 800 mbar)	Aufheizen des Kessels (70 °C, 800 mbar)
Druckabsenkung (30 mbar)	Druckabsenkung (30 mbar)
Zwischenbelüftungen und weitere Druckabsenkung (bis 120 °C erreicht werden)	Zwischenbelüftungen und weitere Druckabsenkung (bis 120 °C erreicht werden)
Vakuum (120 °C, $\leq$0,04 mbar)	Vakuum (120 °C, $\leq$0,04 mbar)
Nachtrocknungsphase, 2–5 Tage je nach Isolationsdicke (120 °C, $\leq$0,01 mbar)	Nachtrocknungsphase, 2–5 Tage je nach Isolationsdicke (120 °C, $\leq$0,01 mbar)
Abkühlung des Kessels auf 70 °C	Getrocknetes Aktivteil wird in Gehäuse eingebaut
–	An Flutstation wird Vakuum und Ölleitung angeschlossen
–	Druckreduzierung auf 0,1 mbar für 48 h
Ölfüllung des Wandlers mit von der Größe abhängigen Menge pro Stunde	Ölfüllung des Wandlers mit von der Größe abhängigen Menge pro Stunde
Nachimprägnierphase (12 h): Bei Absinken des Ölspiegels wird Öl nachgefüllt	Druck 2,6 bar um die Imprägnierung zu unterstützen (bis 245 kV 24 h, >245 kV 72 h
Öffnen des Kessels und Befüllung des Ausdehnungsgefäßes mit Öl	Befüllung des Ausdehnungsgefäßes mit Öl
Ruhezeit vor der Spannungsprüfung (4 bis 8 Tage, je nach Größe der Wandler)	Ruhezeit vor der Spannungsprüfung (4 bis 8 Tage, je nach Größe der Wandler)

nicht überschritten werden dürfen (siehe Tab. 3.3). Falls nicht anders spezifiziert ist der thermische Dauerbetriebsstrom 120 % des Nennstromes.

Die Tabelle ist aufgeteilt in 3 Bereiche:

1. Werte für ölisolierte Messwandler, dazu gehören auch Ringkernstromwandler welche in Öl betrieben werden (z. B. als Durchführungswandler in Transformatoren)
2. Werte für feststoffisolierte und gasisolierte Messwandler. Dabei wird je nach Temperaturklasse des Isolierstoffs entsprechend der Norm IEC 60085 [44] unterschieden.

Tab. 3.3 Maximal zulässige Temperaturen und Temperaturerhöhungen in Wandler bei verschiedenen Isoliermaterialien. (aus IEC 61869-1 [33])

Teil des Messwandlers	Maximaler Wert für	
	Temperatur in °C	Temperaturerhöhung bei einer maximalen Umgebungstemperatur von höchstens 40 °C in K
1. Öl-isolierter Messwandler		
• Öl oben im Wandler	90	50
• Öl oben im Wandler wenn hermetisch abgeschlossen	95	55
• Durchschnitt in der Wicklung	100	60
• Durchschnitt in der Wicklung Wenn hermetisch abgeschlossen	105	65
• Andere metallische Teile in Kontakt mit Öl	Gleich wie Wicklung	Gleich wie Wicklung
2. Feststoffisolierte oder gas-isolierte Messwandler		
• Durchschnitt der Wicklung in Kontakt mit Isolierstoffen der folgenden Klassen (°C)[a]:		
• 90 (Y)	85	45
• 105 (A)	100	60
• 120 (E)	115	75
• 130 (B)	125	85
• 155 (F)	150	110
• 180 (H)	175	135
• Andere metallische Teile in Kontakt mit Isolierstoffen der obigen Klassen	Gleich wie Wicklung	Gleich wie Wicklung
3. Verschraubte oder gleich-wertige Verbindungen (inclusive Anschlüsse)		
Blanke Kupfer- oder Aluminium-legierungen		
• in Luft	90	50
• in SF_6	115	75
• in Öl	100	60
Versilbert oder vernickelt		
• in Luft	115	75
• in SF_6	115	75
• in Öl	100	60
Verzinnt		
• in Luft	105	65
• in SF_6	105	65
• in Öl	100	60

[a]Nach IEC 60085

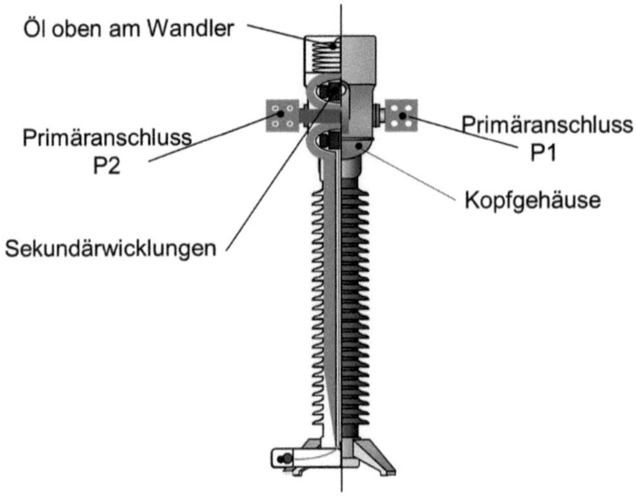

Abb. 3.50 Temperaturmessungen an einem Öl-isolierten Stromwandler

3. Werte für geschraubte oder ähnliche Verbindungen im und am Wandler. Dazu gehören auch die Anschlüsse des Wandlers. Bei diesen Verbindungen wird unterschieden zwischen blankem Kupfer- oder Aluminiumlegierungen und oberflächenbehandelte Verbindungen.

Wird ein Temperaturbereich spezifiziert, der +40 °C übersteigt, so sind die maximal zulässigen Temperaturerhöhungen entsprechend zu reduzieren.

Die in der Tabelle angegeben Orte sind in Abb. 3.50 gezeigt.

Die Temperatur der Wicklungen ist dabei ein Durchschnittswert und wird über die Messung des Widerstandes ermittelt. Die maximalen Werte für die verschiedenen Isolierstoffe wurden gegenüber der Norm IEC 60085 [44] um 5 °C reduziert um zu berücksichtigen, dass durch die Ermittlung des Durchschnittswertes nicht die tatsächliche maximale Temperatur gemessen wird.

3.2.9.2 Berücksichtigung der Aufstellhöhe des Messwandlers

Die in der Tab. 3.3 angegebenen Werte gelten bis zu einer Aufstellhöhe des Wandlers von 1000 m über NN. Wird ein Wandler in größeren Höhen betrieben, so wird die maximal erlaubte Temperaturerhöhung reduziert um 0,4 % für ölisolierte Wandler und 0,5 % für Feststoff und gasisolierte Wandler. Die maximal erlaubte Temperaturerhöhung bei einer Aufstellhöhe h, ΔT_h, wird berechnet zu $\Delta T_h = K_0 \cdot \Delta T_{h0}$, wobei K_0 der Korrekturfaktor und ΔT_{h0} die erlaubte Temperaturerhöhung bei einer Aufstellhöhe bis 1000 m (nach Tab. 3.3) ist.

Der Faktor K_0 ist in Abb. 3.51 dargestellt.

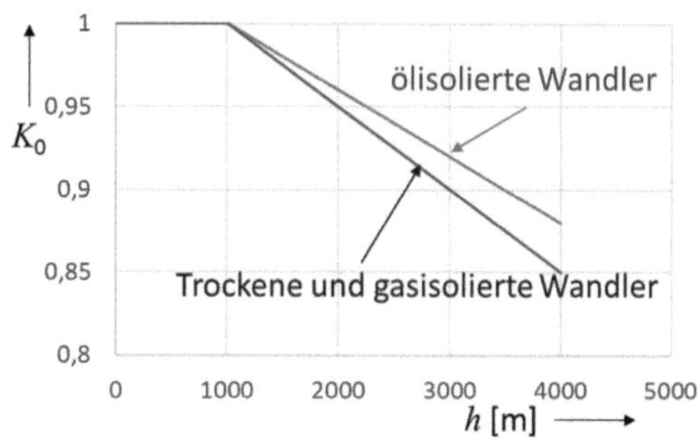

Abb. 3.51 Höhenkorrekturfaktur zur maximalen Temperaturerhöhung

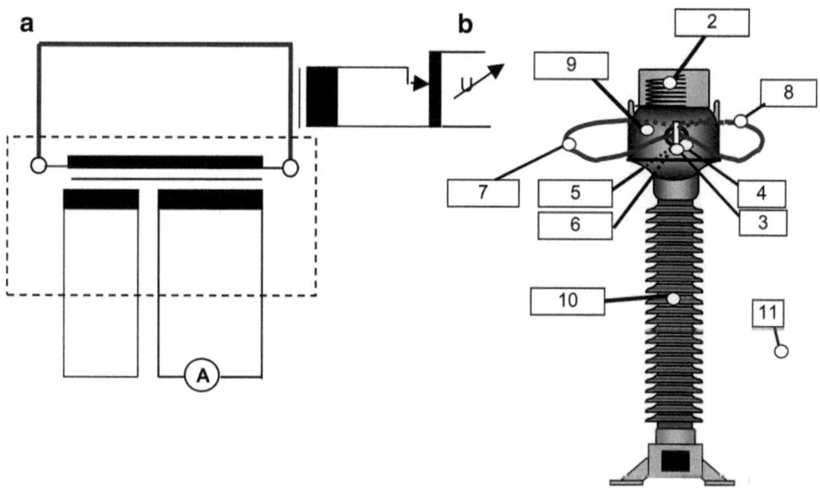

Abb. 3.52 **a** Schema der Prüfung **b** Position der Temperaturmessungen

Wird ein ölisolierter Messwandler zum Beispiel in einer Höhe von 2000 m über NN betrieben, so ist die erlaubte durchschnittliche Temperaturerhöhung der Wicklungen:

$$\Delta T_h = K_0 \cdot \Delta T_{h0} = 0{,}96 \cdot 65K = 62{,}4K$$

(mit ΔT_{h0} = 65 K nach Tab. 3.3 und K_0 = 9,96 nach Abb. 3.52).

3.2.9.3 Erwärmung durch den Betriebsstrom

Im Betrieb des Wandlers tragen folgende Verluste zur Temperaturerhöhung im Wandler bei:

a) Primärstrom im Primärleiter

Im Abschn. 3.2.7.2 wurden die Verluste durch den Betriebsstrom im Primärleiter berechnet zu $P_P = I_P^2 \cdot R_P$. Diese hängen ab vom Querschnitt des Primärleiters und von dessen Länge. Wie in Abschn. 3.2.7.2 gezeigt werden in einem Haarnadelwandler durch seinen längeren Primärleiter deutlich höhere Verluste erzeugt. Im gezeigten Beispiel lagen diese bei 1235 W, im Vergleich zu 103 W bei einem Kopfstromwandler.

Bei mehreren Primärwindungen werden wegen den meist kleineren Leiterquerschnitten die Verluste im Primärleiter erhöht. Besonders bei vielen Primärwindungen wie in Abb. 3.37 gezeigt ist wegen den hohen Verlusten der erlaubte Primärstrom begrenzt.

b) Sekundärstrom im Sekundärleiter
Der Strom in der Sekundärwicklung erwärmt diese und trägt somit zur Temperaturerhöhung des Wandlers bei. Die Verluste berechnen sich zu $P_S = I_S^2 \cdot R_S$.

Bei typischen Wicklungswiderständen von 5 Ω und einem Sekundärstrom von 1 A liegen die Verluste bei 5 W, wird jedoch ein Sekundärstrom von 5 A spezifiziert erhöhen sich die Verluste deutlich auf 125 W pro Wandlerkern.

c) Kernverluste im Wandlerkern
Die Ummagnetisierungen im Wandkerkern erwärmen diesen je nach der Aussteuerung des Kerns. Diese Ummagnetisierungsverluste sind der Fläche der Hysteresekurve des Kernes und der Frequenz proportional. Speziell Schutzkerne mit TPY oder TPZ Eigenschaften haben gegenüber Messkernen deutlich höhere Verluste.

Typische Verluste von Stromwandlerkernen liegen bei 2 W/kg bei 50 Hz und einer Aussteuerung von 1 T für SiFe.

Für Stromwandler mit mehreren Schutzkernen für transiente Bedingungen können Kerne bis zu 500 kg enthalten sein, das bedeutet die Kernverluste in diesem Fall können bis zu 1 kW betragen.

3.2.9.4 Erwärmung durch dielektrische Verluste

Für Höchstspannungs-Stromwandler können die dielektrischen Verluste nicht vernachlässigt werden. Die Norm IEC 61869-2 schreibt deshalb vor bei Stromwandler mit U_m größer oder gleich 550 kV die Erwärmungsprüfung gleichzeitig mit dem thermischen Dauerstrom und der maximalen Betriebsspannung $U_m/\sqrt{3}$ durchzuführen.

Die dielektrischen Verluste eines Wandlers mit $U_m = 550$ kV und einem Verlustfaktor $\tan\delta = 0{,}003$ mit einer typischen Kapazität des Stromwandlers von 1 nF betragen bei 50 Hz: $P_\delta = \left(U_m/\sqrt{3}\right)^2 \cdot \omega \cdot C \cdot \tan\delta = 95W$

3.2.9.5 Erwärmung durch den Kurzschlussstrom

Fliest ein Kurzschlussstrom durch den Wandler so werden sich sowohl der Primärleiter als auch die Sekundärleiter zusätzlich erwärmen. Die Norm IEC 61869-2 schreibt dazu keine Grenzen vor, jedoch dürfen nach der Kurzschlussprüfung bei einer Untersuchung des Dielektrikums keine Karbonisierungen auftreten. Diese Untersuchung wird nicht erforderlich, wenn die Stromdichten in Primär- und Sekundärwicklung maximal 180 A/mm^2 für Kupfer bzw. 120 A/mm^2 für Aluminium beträgt.

Bei einem Kurzschlussstrom von 1 s Dauer kann von einer adiabatischen Erwärmung ausgegangen werden. Allgemein gilt für die adiabatische Erwärmung:

$$\Delta T = \frac{P \cdot t}{c \cdot m}$$

Wobei P die Leistung in W = VA ist, t die Zeit in sec, c die spezifische Wärme des Leitermaterials in Ws/gK und m die Masse in g ist.

Die Leistung P, welche im Leiter umgesetzt wird, beträgt:

$P = I^2 \cdot R = {j^2}/{A^2} \cdot \rho {l}/{A}$, mit j der Stromdichte I/A und R dem Widerstand des Leiters;

wobei l die Länge des Leiters in m, A der Querschnitt des Leiters in mm^2 und ρ der spezifische Widerstand des Leitermaterials in Ωmm/m ist.

Beispiel 1: Für einen Primärleiter aus Aluminium mit einem für 40 kA minimalen Querschnitt (120 A/mm^2)

Kurzschlussstrom	$I = 40\,000$ A
Querschnitt	$A = 333$ mm^2
Leiterlänge	$l = 0{,}5$ m
spezifische Wärme	$c = 0{,}946$ Ws/gK
spezifischer Widerstand	$\rho = 27{,}78\ 10^{-3}$ Ωmm/m
spezifisches Gewicht	$\gamma = 2{,}7$ g/cm^3

Damit berechnet sich die Erwärmung bei einer Kurzschlussdauer von 1 s zu:

$$\Delta T = \frac{I^2 \rho {l}/{A} \cdot t}{c \cdot m} = \frac{40000^2 \cdot 27{,}78 \cdot 10^{-3} \cdot 0{,}5/333 \cdot 1}{0{,}946 \cdot 2{,}7 \cdot 50 \cdot \pi \cdot 3{,}33} = 59{,}96K$$

Beispiel 2: Für einen Primärleiter aus Kupfer mit einem für 40 kA minimalen Querschnitt (180 A/mm^2)

Kurzschlussstrom	$I = 40\,000$ A
Querschnitt	$A = 222$ mm^2
Leiterlänge	$l = 0{,}5$ m
spezifische Wärme	$c = 0{,}386$ Ws/gK
spezifischer Widerstand	$\rho = 17{,}86\ 10^{-3}$ Ωmm/m
spezifisches Gewicht	$\gamma = 8{,}96$ g/cm^3

Damit berechnet sich die Erwärmung bei einer Kurzschlussdauer von 1 s zu:

$$\Delta T = \frac{I^2 \rho {l}/{A} \cdot t}{c \cdot m} = \frac{40000^2 \cdot 17{,}86 \cdot 10^{-3} \cdot 0{,}5/222 \cdot 1}{0{,}386 \cdot 8{,}967 \cdot 50 \cdot \pi \cdot 2{,}22} = 53{,}32K$$

3.2.9.6 Beispiele aus Erwärmungsprüfungen

Im Folgenden sind die Ergebnisse einer Erwärmungsprüfung gezeigt.

Der Stromwandler des Beispiels vom Typ IOSK 245 der Firma Trench hatte folgende Daten:

Höchste Spannung U_m	245 kV
primärer Nennstrom I_{pr}	2000 A
thermischer Dauerstrom I_{th}	3000 A
sekundärer Nennstrom I_{sr}	1 A
Nennfrequenz f_r	50 Hz
Kern 1	Klasse 0,2 S, 15 VA
Kerne 2–5	Klasse 5P, 30 VA

Ein Primärstrom von 3000 A floss durch den Primärleiter bis zur Stabilisierung der Temperaturen im Wandler. In Abb. 3.52 ist das Schema der Messung mit der Einspeisung des Primärstromes gezeigt, sowie die Position der Temperaturmessstellen am Wandler.

Tab. 3.4 zeigt die gemessenen Temperaturen zu Beginn der Prüfung und nach der Prüfung. Als Abbruchkriterium gilt nach IEC 61869-2, eine Temperaturerhöhung in einer Stunde kleiner 1 Grad.

Die Sekundärwicklungen wurden mit der Nennbürde belastet. Die Erwärmung der Sekundärwicklungen wurde durch die Veränderung des Wicklungswiderstandes bestimmt. Tab. 3.5 zeigt die Erwärmungen der Sekundärwicklungen.

Tab. 3.4 Gemessene Temperaturen vor und nach der Erwärmungsprüfung

Messstelle	Position	Temp. vor der Prüfung	Temp. nach der Prüfung		Erwärmung
		Zeit t_0 (°C)	Zeit t_1 (°C)	Zeit $t_1 + 1\text{h}$ (°C)	(K)
2	Balg, oben	25,5	38,5	38,9	13,4
3	Primäranschluss P1	25,5	63,9	64,4	38,9
4	Primärleiter	25,5	57,7	58,3	32,8
5	Primäranschluss P2	25,5	60,4	61,2	35,7
6	Primärleiter	25,5	55,1	55,8	30,3
7	Anschlusskabel 1 m von P1	25,5	69,0	68,8	43,3
8	Anschlusskabel 1 m von P2	25,5	65,0	65,1	39,6
9	Kopfgehäuse	25,5	37,7	38,2	12,7
10	Isolator	25,5	33,9	34,3	8,8
11	Umgebungs-temperatur	25,5	25,6	25,5	0,0

Tab. 3.5 Erwärmung der Sekundärwicklungen

Kern Nr.	R_0 in Ω Vor der Prüfung	R_T in Ω Am Ende der Prüfung	Durchschnittliche Erwärmung (K)
1	4,632	5,572	52,8
2	9,281	11,224	54,4
3	9,512	11,544	55,5
4	9,316	11,299	55,3
5	8,434	10,169	53,5

3.2.10 Mechanische Beanspruchung

3.2.10.1 Auf den Stromwandler wirkende Kräfte

Auf den Stromwandler im Betrieb können folgende Kräfte wirken:

- Seilzug an den Anschlüssen F_S
- Windkräfte F_W
- Kräfte durch Kurzschlussströme in Zuleitungen F_K
- Erdbebenkräfte F_E

Der Seilzug und die Windkräfte sind statische Kräfte und können längere Zeit den Wandler belasten, Kurzschlusskräfte und Erdbebenkräfte dagegen sind dynamische Kräfte und treten nur kurzzeitig auf.

Der kritische Punkt der mechanischen Belastung am Wandler ist die Einkittstelle des Isolators in dem unteren Flansch. Das maximale Umbruchmoment an dieser Stelle ist die Summe der Momente der einzelnen Kräfte. Abb. 3.53 zeigt die Angriffspunkte der Kräfte an einem Stromwandler.

Im Folgenden werden die Kräfte und deren auftretenden Werte einzeln beschrieben:

a) Seilzug an Anschlüssen

Der Seilzug des angeschlossenen Leiterseiles belastet den Wandler dauerhaft. Er wird für den jeweiligen Einbau in der Schaltanlage vom Betreiber bestimmt. Er liegt typischerweise bei 500 bis 2000 N. Die Kraftrichtung ist dabei horizontal in Richtung des Leiterseils, jedoch wird durch das Gewicht des Seils ein Teil des Seilzugs auch vertikal nach unten wirken.

Um das Umbruchmoment M_S auf den Isolator an der Einkittstelle zu berechnen wird der Seilzug F_S mit der Höhe des Primäranschlusses über der Einkittstelle multipliziert.

$$M_S = h_A \cdot F_S,$$

wobei h_A die Höhe des Primärleiters über der Einkittstelle ist.

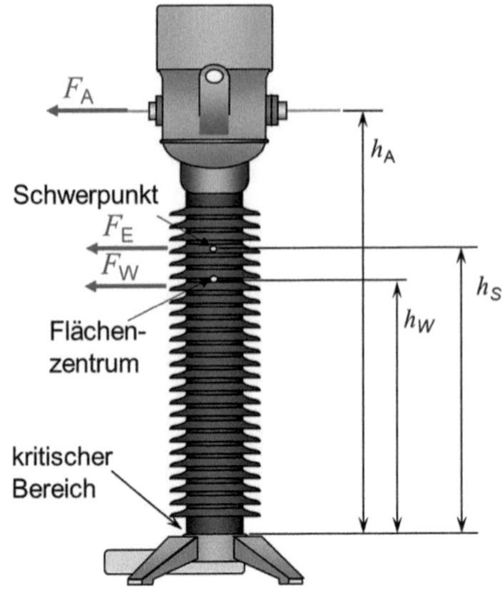

Abb. 3.53 Kräfte am Stromwandler Seilzug und Kurzschlusskraft am Primäranschluss $F_A = F_S + F_K$; Windkraft am Flächenzentrum F_W; Erdbebenkraft am Schwerpunkt F_E

b) Windkraft:
Wind wirkt auf die gesamte Angriffsfläche des Wandlers. Die Kraft F_W auf den Wandler wird berechnet durch:

$$F_W = 0,5 \cdot \rho_L \cdot v_W^2 \cdot A$$

Dabei ist ρ_L die Luftdichte (1,3 kg/m^3), v_W die Windgeschwindigkeit in m/s und A die Angriffsfläche des Wandlers in m^2.

Für ein Beispiel eines 245 kV Stromwandlers ergibt sich für eine Windgeschwindigkeit von 30 m/s (entspricht 108 km/h) und einer Angriffsfläche von 0,72 m^2 eine Windkraft von 421 N.

Zur Berechnung des Umbruchmoments durch die Windkraft an der Einkittstelle wird die gesamte Windkraft am Flächenzentrum angesetzt. Das Umbruchmoment durch den Wind berechnet sich somit zu

$$M_W = h_F \cdot F_W,$$

wobei h_F die Höhe des Flächenschwerpunktes über der Einkittstelle ist.

c) Kräfte durch Kurzschlussstrom in Zuleitungen
Zusätzlich zum Seilzug wirkt im Falle eines Kurzschlusses am Primäranschluss die Kurzschlusskraft, welche durch die hohen Ströme in den Zuleitungen erzeugt wird.

Die Kurzschlusskraft wirkt kurzzeitig als dynamische Kraft und hat ihr Spitze als Kraftstoß beim dynamischen Kurzschlussstrom.

Die Kraft zwischen zwei Stromleitern während des Kurzschlusses lässt sich berechnen zu:

$$F_K = \mu_0 \cdot \frac{I_{dyn}^2}{2\pi} \cdot \frac{l}{a}$$

Dabei ist μ_0 die Permeabilität der Luft zwischen den Leitern ($\mu_0 = 4\pi 10^{-7}$ Vs/Am), I_{dyn} die dynamische Spitze des Kuzschlussstromes, l die Länge des betrachteten Leiterstückes und a der Abstand der Leiter, für den Fall der Kräfte am Stromwandler ist dies der Abstand der Phasen.

Für ein Beispiel eines 245 kV Wandlers mit Kurzschlussstrom 40 kA ($I_{dyn} = 2{,}5 \times 40 = 100$ kA) und einem Phasenabstand von 5 m bei einer wirksamen Leiterlänge von 2 m ergibt sich daraus eine Kraftspitze von 800 N.

d) Erdbebenkräfte
Eine weitere kurzzeitige, dynamische Kraft wird durch Erdbeben auf den Wandler ausgeübt. Die Erdbeschleunigung a während eines Erdbebens verstärkt sich dabei durch den erhöhten Aufbau des Wandlers. Dabei wird üblicherweise mit Verstärkungsfaktoren k_a von 2 bis 4 gerechnet.

Das Umbruchmoment M_E an der Einkittstelle des Isolators durch die Erdbebenbelastung berechnet sich dabei zu:

$$M_E = h_S \cdot a \cdot k_a \cdot m,$$

wobei h_S die Höhe des Schwerpunktes über der Einkittstelle und m die Masse des Wandlers ist.

Dieser statischen Berechnung der Erdbebenkräfte zeigen jedoch nur in erster Näherung die tatsächliche Belastung eines Wandlers während eines Erdbebens.

Genauere Simulationen der dynamischen Verhältnisse lassen sich mithilfe von Computerprogrammen berechnen und somit die Belastung der Wandler vorhersagen. Durch Erdbebenprüfungen, bei denen der Wandler auf einem Rütteltisch einem künstlichen Beben ausgesetzt ist, können die Berechnungen bestätigen. Dabei können auch die notwendigen Verstärkungsfaktoren bestimmt werden. Der Wandler muss bei diesen Versuchen auf seinem Aufstellgestell montiert sein, da dies ebenfalls einen Einfluss auf die Verstärkungsfaktoren hat. Abb. 3.54 zeigt einen Stromwandler während eines Erdbebenversuches.

Da die Erdbebenkräfte in jeder Richtung auftreten können, ist ein symmetrischer Aufstellsockel des Wandlers wichtig. Die besten Ergebnisse werden erzielt, wenn der Aufstellsockel als Rohr ausgeführt wird.

3.2.10.2 Festigkeit der Isolatoren

Wie in Abschn. 1.7.3 und 1.7.4 bereits beschrieben hängt die Festigkeit der Isolatoren vom Material sowie von der Einzementierung ab. Die Isolatorhersteller geben für die verwendeten Isolatoren garantierte Umbruchkräfte an. Das maximale Umbruchmoment an der Einkittstelle ist somit $M_P = F_P \cdot h_P$, mit der garantierten Umbruchkraft F_P und der Höhe des Isolators h_P über der Einkittstelle.

Auf den Ort der Einzementierung wirken die oben beschriebenen Umbruchmomente.

Um einen sicheren Betrieb der Wandler zu gewährleisten sollte der Sicherheitsfaktor $SF = M_P/(M_S + M_W + M_E)$ nicht kleiner als 2 sein.

Abb. 3.54 Versuchsanordnung eines Erdbebenversuches mit einem 145 kV Stromwandler Typ IOSK 145 der Firma Trench im Labor der ISMET in Italien

3.2.10.3 Anforderungen und Prüfungen nach der Wandlernorm

Die Wandlernorm IEC 61869-1 fordert für alle Messwandler eine mechanische Festigkeit. Es wird gefordert eine statische Kraft an die Primäranschlüsse anzulegen welche von der Spannungshöhe und der Lastklasse abhängt. Die Kraft muss an die Anschlüsse in alle drei Raumrichtungen für je 60 s. angelegt werden. Es darf dabei zu keiner Zerstörung oder Undichtigkeit kommen.

3.3 Kleinsignalstromwandler (Eisenkern mit integriertem Messshunt)

3.3.1 Einführung

Durch das Aufkommen von neuen Schutzsystemen, Zählern und Überwachungsgeräten, basierend auf der Microprozessortechnologie, ist der Leistungsbedarf des Stromwandlerausgangs einen Faktor 100 bis 1000 zurückgegangen, sodass die hierfür eingesetzten Stromwandler auf diesen Leistungsbedarf ausgelegt werden können. Die dafür notwendigen Richtlinien sind in der IEC Norm IEC 61869-10 [37] festgehalten.

3.3.2 Das Prinzip des Kleinsignalwandlers mit integriertem Messshunt

In der Patentschrift des Europäischen Patents EP0990160B [45] wird ein Stromwandler mit Spannungsausgang beschrieben, der praktisch immun gegenüber elektrischen und magnetischen Einstreuungen ist.

Die zwei Anschlussschaltungen von Standardstromwandlern in Abb. 3.55 und 3.56 zeigen die Flächen der Anschlusssysteme, bei denen durch externe Felder Störungen induziert werden können.

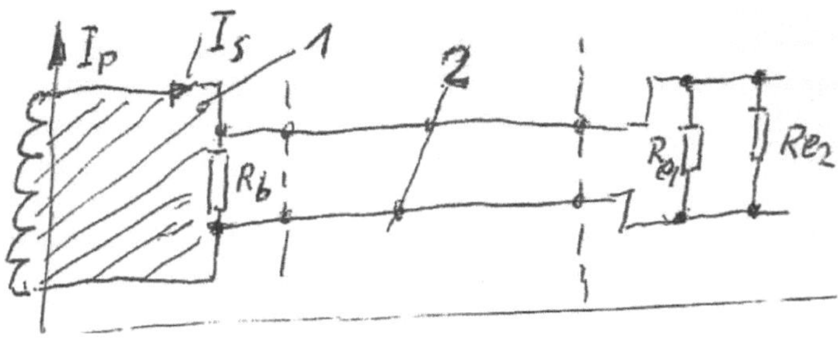

I_p Primärstrom
I_s Sekundärstrom
R_b Bürde im Klemmenkasten des Wandlers
R_{e1}, R_{e2} Eingangswiderstände von angeschlossenen Geräten

Abb. 3.55 Schaltung eines Standardstromwandlers mit Bürde R_b und Übertragungseinrichtung 2. Die schraffierte Fläche 1 stellt den Bereich dar, in dem Störspannungen induziert werden können

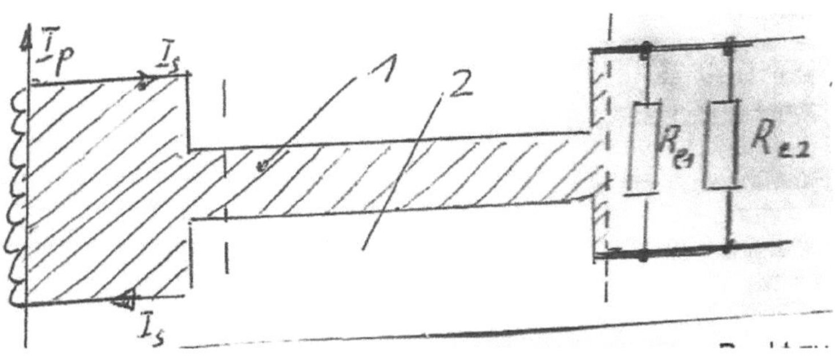

I_p Primärstrom
I_s Sekundärstrom
R_{e1}, R_{e2} Eingangswiderstände von angeschlossenen Geräten

Abb. 3.56 Schaltung des Standardanschlusssystems. Die schraffierte Fläche 1 stellt den Bereich dar, in dem Spannungen induziert werden können. Das Verbindungskabel 2 ist ein Teil der Bürde bei konventionellen Stromwandlern

Abb. 3.55 zeigt die Schaltung eines Standardstromwandlers mit einer Bürde R_b. Die Ausgangsspannung über der Bürde wird über die Übertragungseinrichtung 2 an die angeschlossenen Geräte weitergeleitet.

Abb. 3.56 zeigt das Standardanschlusssystem des Stromwandlers. Die Bürde R_b ist die Summe der parallelgeschalteten Eingangswiderstände R_e der Schutz- und Messgeräte.

Bei der Schaltung mit integriertem Shunt wie in der oben genannten Patentschrift beschrieben wird die Messung des Stromes durch die Ausbildung eines Teils der Windungen als Shunt mit Strom- und Spannungspfad erreicht. Abb. 3.57 zeigt die Shuntkonstruktion, die in sich verdrillt ein Teil der Wicklung des Ringkern-Stromwandlers ist.

Eine zweite Möglichkeit ist die Verwendung eines Koaxialkabels als Messshunt in einem kurzgeschlossenen Stromwandler wie in Abb. 3.58 gezeigt. Der Strompfad ist dabei das Geflecht des Koaxialkabels. Der Spannungspfad ist der Leiter des Koaxialkabels. Die Stabilität wird vom Temperaturkoeffizienten des Drahtgeflechtes bestimmt.

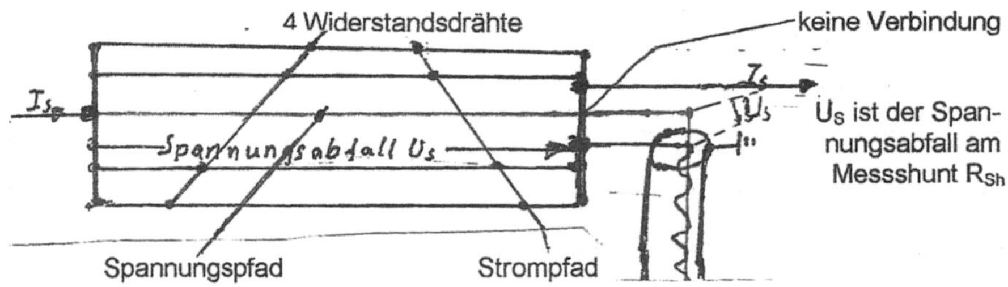

Abb. 3.57 Drahtshunt vor dem Verdrillen der Widerstandsdrähte

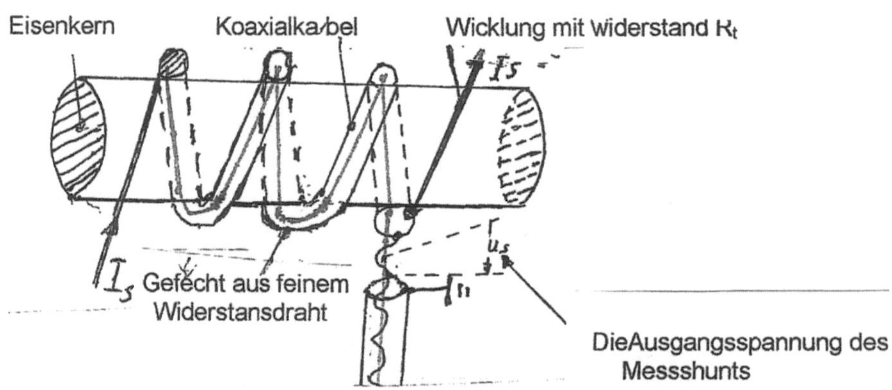

Abb. 3.58 Koaxialer Shunt, der gleichzeitig Teil der Wicklung eines Ringkern-Stromwandler ist. Am Anfang des Messhunts sind Wicklungsgeflecht und Leiter (rot) miteinander verbunden

3.3.3 Bestimmung des Shunt-Widerstandes R_{Sh}

Die heute üblichen Systeme in der Energietechnik verarbeiten Signale von $\leq \pm 10$ V.

Der Shuntwiderstand ist bestimmt durch

$$R_{Sh} \leq \frac{U_S}{2 \cdot \sqrt{2} \cdot I_{th} \cdot \ddot{u}}$$

Dabei ist

R_{Sh}	Widerstand des Shunts
U_{S}	Ausgangsspannung des Shunts
I_{th}	thermischer Kurzschlussstrom des Wandlers
$\ddot{u}$	Übersetzungsverhältnis des Wandlers

Beispiel für eine 10 V Ausgangssignal bei einem Strom von 10 kA und einer Übersetzungsverhältnis des Stromwandlers von 1/3000:

$$R_{\mathrm{Sh}} \leq \frac{10\,\mathrm{V}}{2 \cdot \sqrt{2} \cdot 10000\,\mathrm{A} \cdot \frac{1}{3000}} = 1{,}1\,\Omega$$

3.3.4 Die Theorie des Kleinsignalstromwandlers mit integriertem Messshunt

3.3.4.1 Vergleich der Technologien für Stromwandler

In der Tab. 3.6 sind die drei Basistechnologien für Stromwandler mit ihren Eigenschaften gegenübergestellt [46].

Die Technologie T1 ist der konventionelle Standard-Stromwandler und im Abschn. 3.2 beschrieben und analysiert. In diesem Abschn. 3.3 wird die Technologie T3, der Kleinsignalwandler mit integriertem Shunt behandelt und in Abschn. 3.4 wird die Technologie T2, die Luftspule, behandelt.

3.3.4.2 Fehler des Kleinsignalwandlers

a. Der Amplitudenfehler

Die Abb. 3.59 zeigt das Ersatzschaltbild des geschlossenen Ringkern-Stromwandlers mit integriertem Shunt und Spanungsausgang.

Das Ersatzschaltbild ist auf die Primärseite bezogen. Der Stromwandler kann auch potentialfrei betrieben werden.

P1 und P2 sind die Primäranschlüsse und S1 und S2 die Sekundäranschlüsse des Stromwandlers mit Spannungsausgang.

Der Strom/Spannungskonverter ist der Shunt ($R_{\mathrm{Sh}} \cdot \ddot{u}^2$), der das Stromsignal ($I_2/\ddot{u}$) in das Spannungssignal ($U_{\mathrm{s}} \cdot \ddot{u}$) umwandelt.

Tab. 3.6 Technologien der Stromwandler

Nr.	Technologie:	T1 Eisenkern, Ausgang 1 A oder 5 A Stand der Technik	T2 Luftspule mit Spannungsausgang (Rogowski Spule)	T3 Universell einsetzbarer Ringkern-Stromwandler mit Spannungsausgang
	Norm:	IEC 61869-2	IEC 61869-10	IEC 61869-10
	Eigenschaften:			
1	Offener Stromwandlerausgang	(−) Gefährlich, der Wandler darf nicht mit offenen Sekundärwicklungen betrieben werden	(++) Sekundärseite kann offen sein	(++) Sekundärseite kann offen sein
2	Universalwandler für Messung, Schutz und gute transiente Eigenschaften	(−) Erfordert getrennte Kerne für Messung und Schutz	(+) Ausreichend für bestimmte Bereiche der Messung und gut geeignet für Schutzzwecke	(++) Einsetzbar für Strombereiche von 50 A bis 25 kA/63 kA Messung und Schutz
3	Bürdenbereich	(+) Innerhalb des spezifizierten Bürdenbereichs	(−) Kalibrierung für jede Bürde notwendig	(++) Für alle Bürden > 20 kΩ ohne Kalibrierung
4	Phasenverschiebung	(++) $\Delta\varphi < 5'$ bis $60'$	(++) Physikalisch bedingte Phasenverschiebung von − 90°	(++) $\Delta\varphi < 5'$ bis $60'$
5	Verluste für eine Verbindung von 300 m Länge und einem Leiterquerschnitt von 6 mm²	(−) 1 A Ausgang: 5 VA (−) 5 A Ausgang: 25 VA	(++) Vernachlässigbar, da Spannungsausgang	(++) Vernachlässigbar, da Spannungsausgang
6	Transientes Verhalten bei Schutzanwendung	(−) Durch kostspielige Lösungen sind Anforderungen lösbar (durch Einsatz von linearisierten Kernen)	(++) linearisiertes Übertragungsverhalten der Luftspule (−) Hohe Stromänderungen rufen durch $U = L\mathrm{d}i/\mathrm{d}t$ hohe Spannungsspitzen hervor	(++) Durch kleine Bürde R_b und hohe Windungszahl tritt Kernsättigung erst bei hohem Kurzschlussstrom auf

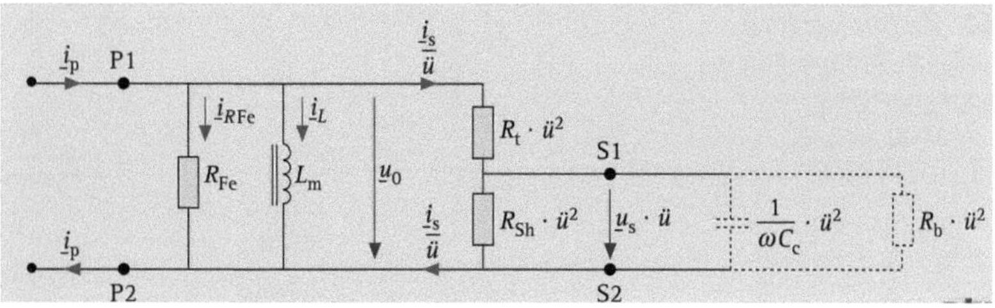

I_P	Primärstrom
I_{Rfe}	Strom durch den Eisenverlustwiderstand
R_{Fe}	äquivalenter Eisenverlustwiderstand
L_m	Hauptinduktivität
$I_S/ü$	Sekundärstrom auf die Primärseite bezogen ($ü = N_P/N_S$)
U_0	Ersatzspannung
$R_t \cdot ü$	Wicklungswiderstand auf die Primärseite bezogen

Abb. 3.59 Ersatzschaltbild des Kleinsignal-Stromwandlers mit integriertem Shunt [46]

Aus Abb. 3.59 folgt der Amplitudenfehler ε bei Vernachlässigung von I_L:

$$\varepsilon = \frac{\left|\frac{I_S}{ü}\right| - |I_P|}{|I_P|} = \frac{\frac{U_0}{(R_t+R_{Sh})ü^2}}{\frac{U_0}{(R_t+R_{Sh})ü^2} + \frac{U_0}{R_{Fe}}} - 1$$

$$\varepsilon = \frac{1}{1 + \frac{(R_t+R_{Sh})ü^2}{R_{Fe}}} - 1$$

Durch eine Reihenentwicklung abgebrochen nach dem ersten Glied ergibt sich:

$$\varepsilon = 1 - \frac{(R_t + R_{Sh})ü^2}{R_{Fe}} - 1 \approx -\frac{(R_t + R_{Sh})ü^2}{R_{Fe}}$$

Damit ist der Amplitudenfehler:

$$\varepsilon \approx -\frac{(R_t + R_{Sh})ü^2}{R_{Fe}}$$

Der Amplitudenfehler wird durch die Widerstände der Sekundärwicklung R_t und des Shunts R_{Sh}, der in die Wicklung integriert ist, bei gegebenem R_{Fe} bestimmt. Die angeschlossene Bürde R_b für $R_b > 20\ \text{k}\Omega$ hat keinen messbaren Einfluss auf die Genauigkeit.

b. *Der Phasenwinkelfehler $\Delta\varphi$*

Aus der Abb. 3.59 folgt das Zeigerdiagramm 3.60

Abb. 3.60 Zeigerdiagramm des Kleinsignal-Stromwandlers mit Spannungsausgang; Beispiel: I_P 1000 A => U_S 0,450 V; I_P 10 kA 0> U_S 4,50 V

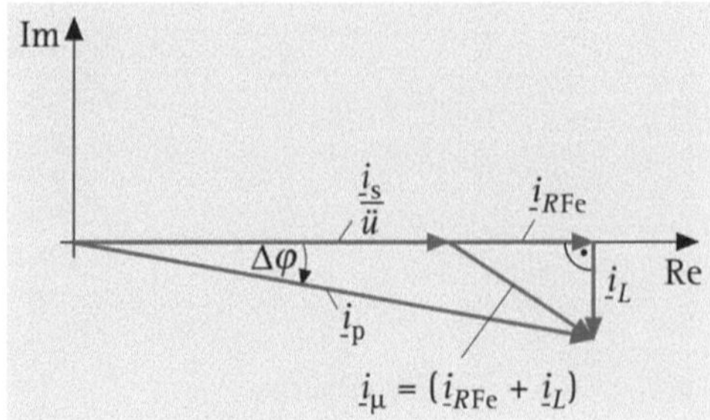

I_P	Primärstrom
$I_S/ü$	Sekundärstrom
I_{Rfe}	Eisenverluststrom
I_L	Strom durch die Induktivität L_m

Damit ergibt sich für die Phasenverschiebung $\Delta\varphi$ zwischen Primärstrom I_P und Sekundärstrom I_S bzw. Sekundärspannung U_S:

$$tan\Delta\varphi = \frac{|I_L|}{\left|{}^{I_S}/_{ü}\right| + |I_{Rfe}|}$$

Mit der Ersatzspannung U_0 folgt:

$$tan\Delta\varphi = \frac{U_0/\omega L_m}{\frac{U_0}{(R_t+R'_{Sh})ü^2} + \frac{U_0}{R_{Fe}}} = \frac{(R_t + R'_{Sh})ü^2}{\omega L_m\left(1 + \frac{R_t+R'_{Sh}}{R_{Fe}}ü^2\right)}$$

Dabei ist R'_{Sh} die Parallelschaltung aus dem Shuntwiderstand R_{SH} und der angeschlossenen Bürde R_b:

$$R'_{Sh} = \frac{R_{Sh} \cdot R_b}{R_{Sh} + R_b} = \frac{R_{Sh}}{1 + R_{Sh}/R_b}$$

Mit $R_{Sh} \approx 1\Omega$ und $R_b \geq 20\ \text{k}\Omega$ wird $R'_{Sh} \approx R_{Sh}$ und mit $\frac{R_t+R'_{Sh}}{R_{Fe}}ü^2 \ll 1$ folgt:

$$tan\Delta\varphi \approx \frac{R_t + R_{Sh}}{\omega L_m}ü^2, \text{oder } \Delta\varphi \approx \frac{R_t + R_{Sh}}{\omega L_m}ü^2$$

Der positive Phasenwinkel $\Delta\varphi$ zwischen Sekundärstrom I_S bzw. Sekundärspannung U_S und Primärstrom I_P wächst mit der Summe von Sekundärwicklungswiderstand R_t und Messshunt R_{Sh} und wird durch eine größere Induktivität L_m verkleinert.

3.3.4.3 Einfluss der Temperatur auf den Strom/Spanungskonverter R_{Sh}

Der Widerstand des Messshunts ändert sich mit der Temperatur zu:

$$R_{Sh} = R_{Sh20^\circ C}(1 + \alpha\Delta\vartheta)$$

Für den Amplitudenfehler des Kleinsignalwandlers $\varepsilon \approx -\frac{(R_t+R_{Sh})\ddot{u}^2}{R_{Fe}}$ hat eine steigende Temperatur $\Delta\vartheta$ einen größeren negativen Stromfehler zur Folge, solange der Temperaturkoeffizient α positiv ist [47].

Die Genauigkeit des Kleinsignalwandlers wird durch den Temperaturkoeffizienten des Shunts R_{Sh} bestimmt, der als Konverter den Strom in eine Spannung umwandelt. Der Temperaturkoeffizient α ist durch die Tangente an die Widerstandskurve für eine bestimmte Temperatur T des Leiterwerkstoffes eindeutig als Funktion der Temperatur definiert und lautet:

$$\alpha_x = \frac{\left(\frac{\partial R}{\partial T}\right)_{T=T_x}}{R_{T=T_x}} \text{ in } 1/\mathrm{K}$$

Je nach Temperaturbereich kann der Temperaturkoeffizient positiv oder negativ sein. Der Wechsel kann stetig oder unstetig sein, und bei einer Temperatur $T_{\mathrm{x}} = T_0$ kann $\alpha = f(T) = f(T_0) = 0$ sein.

Der Wert T_0 ändert sich bei der Herstellung der Widerstandslegierung von Charge zu Charge und kann bei der Auslegung des Shunts berücksichtigt werden. Nur durch praktische Kenntnisse der Widerstandstechnologie lassen sich die Shunts mit einem $\alpha \leq \pm 5 \cdot 10^{-6}$ 1/K bauen und in den Stromwandler integrieren.

Durch die Auswahl des Verlaufs von $R_{Sh} = R_{Sh20°C}(1 + \alpha\Delta\vartheta)$ lässt sich ein sehr kleiner Temperatureinfluss des Fehlers erreichen.

3.3.4.4 Die Ersatzspannungsquelle U_{E} des Kleinsignalwandlers mit integriertem Shunt

Die Spannung am Ausgang des Kleinsignal-Stromwandlers mit integriertem Shunt berechnet sich aus dem Schema der Abb. 3.61.

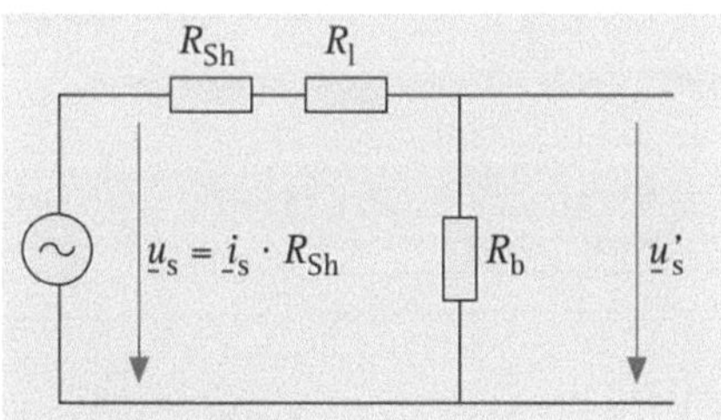

I_{S}	Sekundärstrom
R_{Sh}	Shunt in die Wicklung integriert
U_{E}	Ersatzspannungsquelle
U'_{S}	Spannung an der Bürde Rb
R_{l}	Widerstand der Verbindungsleitung Stromwandler -Sekundärtechnik
R_{b}	Summe der parallelgeschalteten Eingangswiderstände der Sekundärtechnik

Abb. 3.61 Ersatzspannungsquelle des Kleinsignalwandlers

Eine Beurteilung des Einflusses der Leitungswiderstandes R_l und des Bürdenwiderstandes R_b auf die Genauigkeit einer genormten Spannungsschnittstelle zwischen Messwandler und Sekundärtechnik liefert die Ersatzspannungsquelle des Kleinsignal-Stromwandlers in Abb. 3.61.

Der Fehler für die Messung folgt aus der Abbildung zu:
$\varepsilon = \frac{U'_S - U_E}{U_E}$ mit $U'_S = \frac{R_b}{R_{SH}+R_l+R_b} \cdot I_S \cdot R_{Sh}$ und $U_E = I_S \cdot R_{Sh}$ ergibt sich:

$$\varepsilon = \frac{\frac{R_b}{R_{Sh}+R_l+R_b} \cdot I_S \cdot R_{Sh} - I_S \cdot R_{Sh}}{I_S \cdot R_{Sh}} = -\frac{R_{Sh}+R_l}{R_{Sh}+R_l+R_b} = -\frac{R_{Sh}+R_l}{R_b\left(1+\frac{R_{Sh}+R_l}{R_b}\right)}$$

Mit $\frac{R_{Sh}+R_l}{R_b} \ll 1$ ergibt sich der Fehler zu

$$\varepsilon = -\frac{R_{Sh}+R_l}{R_b}$$

Der Wert für R_b ist in der Norm IEC 61869-10 genormt auf 2 MΩ. In der früheren Norm IEC 60044-8 wurden zudem kleinere Werte von 20 kΩ und 2 kΩ genormt.

Für die Betrachtung des Fehlers sind, je nach Leitungslänge zwischen Wandler und Sekundärtechnik, 2 Fälle zu unterscheiden:

a) Bei Mittelspannungs- und GIS-Anlagen (Leitungslänge ca. 6 m) ist $R_{Sh} \approx 1\ \Omega > R_{l,}$ für $R_b \geq 2$ kΩ folgt: $\varepsilon \approx -\frac{1}{2000} = -0{,}5 \cdot 10^{-3} = -0{,}05\%$
b) In Freiluftanlagen (Leitungslänge 300 m) mit $R_l = 2\ \Omega$ ist für $R_b \geq 2$ kΩ $\varepsilon \approx -\frac{1+2}{2000} = -1{,}5 \cdot 10^{-3} = -0{,}15\%$

3.3.4.5 Das transiente Verhalten des Kleinsignalwandlers

Der Zusammenhang zwischen dem zeitlichen Verlauf des Kurzschlussstroms, dem Stromwandlerparameter und der Sättigungsflussdichte B_{max} im Eisenkern des Ringstromwandlers [48], die noch eine von der Sekundärtechnik verarbeitbare Abbildung des Primärstroms $i_P(t)$ zulässt, folgt aus der Ersatzschaltung in Abb. 3.59:

$$U_0(t) = N \cdot \frac{d\Phi}{dt} = N \cdot A \cdot \frac{dB}{dt} = (R_t + R_S)\ddot{u}^2 \cdot \frac{i(t)}{\ddot{u}}$$

Für die Flussdichte gilt:

$$B(t) = \frac{(R_t + R_{Sh})\ddot{u}}{N \cdot A} \cdot \int_{t=0}^{t=tx} i_s(t)dt \left[\frac{V \cdot s}{m^2}\right]$$

Wobei $B(t) \leq B_{max}$ ist.

Der zulässige Wert von B_{max} wird durch die Magnetisierungskurve des Eisenkerns bestimmt. Für B_{max} gilt angenähert (bei Siliziumeisenkernen):

$$B\text{max} < 1{,}8 \ldots 2\ \text{Vs/m}^2$$

In der Gleichung ist $B(t)$ und $i_S(t)$ durch den Primärstrom gegeben. Die Zeit t_x bestimmt den Zeitpunkt, zu dem der Wandler die Sättigungsflussdichte erreicht.

Der Ausdruck $\frac{(R_t+R_{Sh})ü}{N \cdot A}$ (Summe aus dem Wicklungswiderstand der Sekundärwicklung R_t und dem Widerstands des Shunts R_{Sh}, geteilt durch das Produkt der Windungszahl N des Wandlers multipliziert mit der Fläche A des Eisenkerns), muss zusammen mit dem Stromintegral die Anforderungen an das transiente Verhalten des Stromwandlers nach der Norm IEC 61869-2 erfüllen. Je kleiner der Ausdruck, desto besser das transiente Verhalten.

3.3.5 Praktische Ausführungen des Kleinsignalstromwandlers

Die beiden Abb. 3.62 und 3.63 zeigen praktische Beispiele des universellen Kleinsignalstromwandlers mit Spannungsausgang. Abb. 3.62 zeigt dabei einen Kleinsignalwandler zum Einbau in GIS Anlagen. Er ist für Primärströme bis 5000 A geeignet und hat ein Gewicht von 5,5 kg. Der Durchmesser wird dabei an die GIS Anlage angepasst.

Abb. 3.63 zeigt einen Kleinsignalwandler mit Spannungsausgang für den Einbau in einem Kabelabgang, um die Ströme im Kabel zu messen.

Wie in den vorangegangenen Kapiteln dargestellt hat der Kleinsignalwandler mit Spannungsausgang einen großen linearen Messbereich. Die oben gezeigten Ausführungsformen sind in einem Strombereich von 50 A bis 5000 A zu Messzwecken einsatzbar und gleichzeitig für Schutzzwecke bis zu einem Kurzschlussstrom von 63 kA.

Die technischen Daten der obigen Wandler [49]:

Nenn-Primärbereich	50 A bis 5000 A
Sekundärspannung	22,5 mV bis 2,25 V
Nennfrequenz	16,7 Hz, 50 Hz und 60 Hz
Kurzschlussstrom	63 kA/3 s
Genauigkeit Messung	Klasse 0,2, 0,5 oder 1
Genauigkeit Schutz	5P bis zu 63 kA
Bürde	$\geq$ 20 kΩ

Abb. 3.64 zeigt den Zusammenhang von Sekundärspannung U_S zu Primärstrom I_P in einem weiten Strombereich von 50 A bis 63 kA.

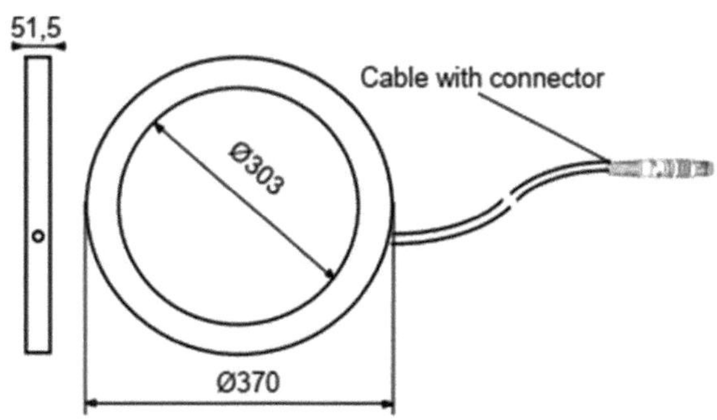

Abb. 3.62 Kleinsignalwandler mit Spannungsausgang für GIS Anwendung (Typ LPCT25 C [49])

Abb. 3.63 Kleinsignalwandler mit Spannungsausgang für den Einbau am Kabelabgang (Typ LPCT 25 A [49])

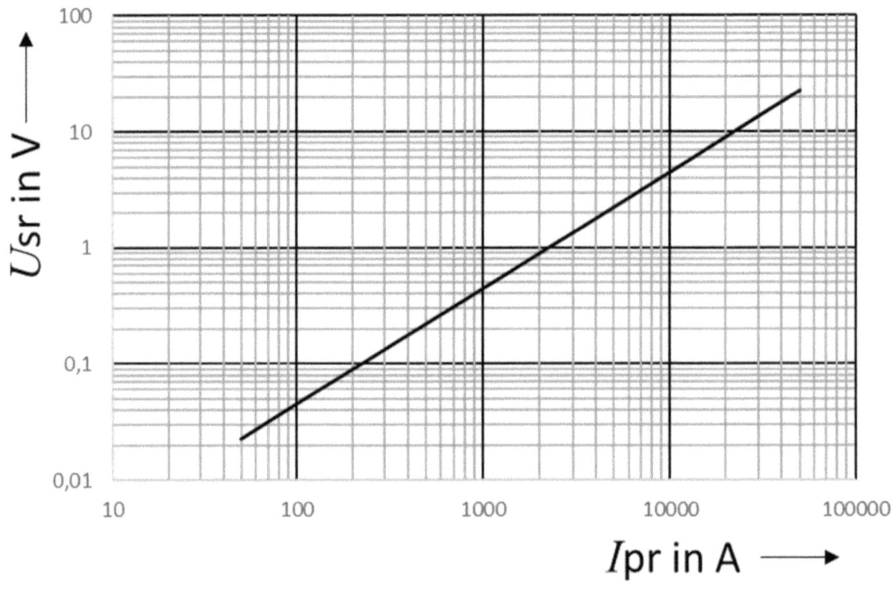

Abb. 3.64 Sekundärspannung des Kleinsignalwandlers als Funktion des Primärstromes (blauer Bereich Messung, roter Bereich Schutz). Beispiel: I_P 1000 A => U_S 0,450 V, I_P 10 kA 0> U_S 4,50 V

3.4 Luftspule/Rogowskispule

3.4.1 Die Theorie der Luftspule

Für die Berechnung der induzierten Spannung wird folgende Leiterspulen-Konfiguration zugrunde gelegt.

Aus dem Prinzip der Abb. 3.65 folgt folgendes Ersatzschaltbild 3.66.

3.4.1.1 Ableitung der induzierten Spannung $U_0(t)$

Für die induzierte Spannung $U_0(t)$ gilt:

$$U_0(t) = M \cdot \frac{\partial i_p(t)}{\partial t}$$

M ist die Kopplungsinduktivität (mutual inductance).

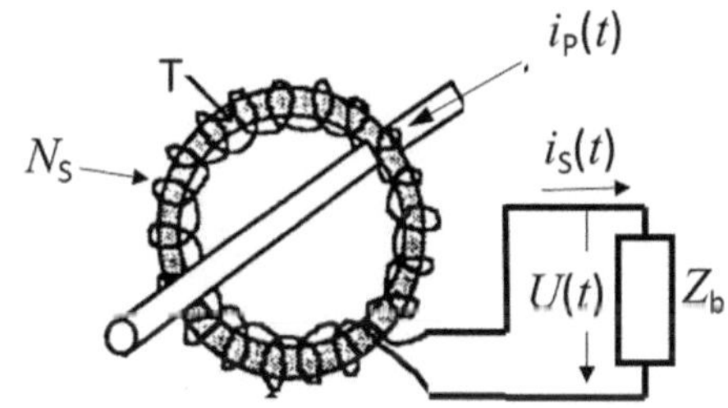

$i_P(t)$	Primärstrom	N_s	Wicklung auf nicht.magnetischem Trägerkörper
$U(t)$	Spannung an der Bürde $\underline{Z}_b$	T	Nicht-magnetischer Trägerkörper (air-core)
Z_b	Bürde der Luftspule	$i_S(t)$	Sekundärstrom

Abb. 3.65 Das Prinzip der Luftspule

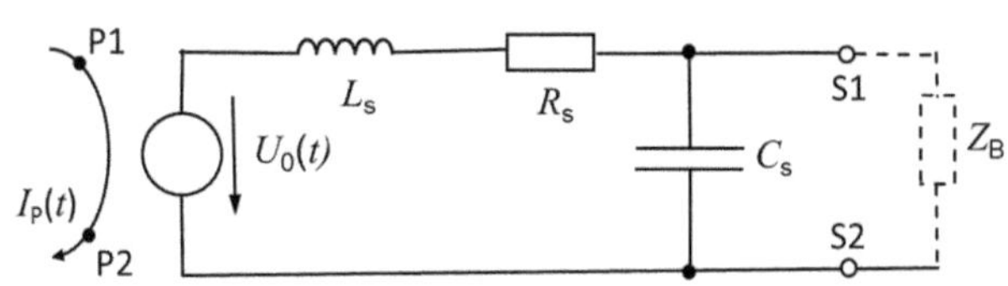

$I_P(t)$	Primärstrom
$U_0(t)$	induzierte Spannung
L_s	Streuinduktivität der Luftspule
R_s	Widerstand der Sekundärwicklung
C_s	Eigenkapazität der Wicklung (wird vernachlässigt)

Abb. 3.66 Ersatzschaltbild der Luftspule

Für die durch den Primärstrom $i_p(t)$ induzierte Spannung gelten für eine Ringspule mit einem beliebigen Querschnitt die Maxwellschen Gleichungen.

Das 1. Maxwellsche Gesetz in Integralform besagt:

$$\oint \vec{H}\,\mathrm{d}\vec{s} = \int_{x_0}^{x_1}\int_{y_0}^{y_1} \vec{j} \cdot \mathrm{d}\overrightarrow{A_{F1}} \tag{3.1}$$

Dabei isti:

$\vec{H}$ magnetische Feldstärke um den Stromleiter in $[A/m]$
$d\vec{s}$ Wegelement in m
$\vec{j}$ Stromdichte des Leiters in $\left[A/m^2\right]$
$\vec{A}_{F1}$ Fläche des gesamten Stromleiters $\left[m^2\right]$

Für das Umlaufintegral in Gl. (3.1) gilt:

$$\oint \vec{H}\,\mathrm{d}\vec{s} = \left|\vec{H}\right| \cdot 2\pi \mathrm{r} \tag{3.2}$$

Mir r als den Radius des Kreises um den Leiter im m auf dem die Feldstärke H berechnet wird.

Für das Flächenintegral in Gl. (3.1) gilt:

$$\int_{x_0}^{x_1}\int_{y_0}^{y_1} \vec{j} \cdot d\overrightarrow{A_{F1}} = N_P I_P(t) \tag{3.3}$$

Mit N_p als der Anzahl Leiter die durch die Ringspule hindurchgehen.

Aus den Gl. (3.2) und (3.3) eingesetzt in Gl. (3.1) ergibt sich:

$$\left|\vec{H}(t)\right| = \frac{N_P}{2\pi r} I_P(t) \tag{3.4}$$

Das 2. Maxwellsche Gesetz in Integralform lautet:

$$\oint \vec{E}\,\mathrm{d}\vec{s} = \mu_0 \cdot \mu_\mathrm{r} \cdot \int_{x_0}^{x_1}\int_{y_0}^{y_1} \frac{\mathrm{d}\vec{H}(\mathrm{t})}{\mathrm{dt}} \cdot \mathrm{d}\overrightarrow{A_{F2}} \tag{3.5}$$

Dabei ist:

$\vec{E}$ elektrische Feldstärke in V/m
μ_0 Permeabilität des Vakuums in Vs/Am
μ_r relative Permeabilität des Kernmaterials
aA_{F2} Querschnittsfläche des Kerns

Hat die Ringspule N_S Windungen so gilt:

$$N_S \cdot \oint \vec{E}\,\mathrm{d}\vec{s} = \mathrm{U_0(t)} = \mathrm{N_S} \cdot \mu_0 \cdot \mu_\mathrm{r} \cdot \int_{x_0}^{x_1}\int_{y_0}^{y_1} \frac{\mathrm{d}\vec{H}(\mathrm{t})}{\mathrm{dt}} \cdot \mathrm{d}\overrightarrow{A_{F2}} \tag{3.6}$$

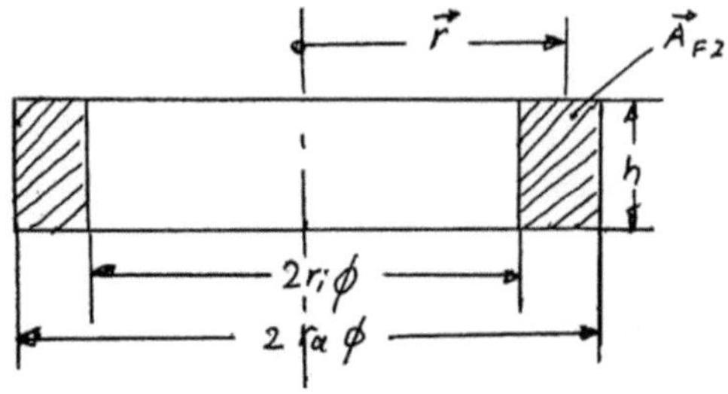

Abb. 3.67 Abmessungen einer Luftspule mit rechteckigem Kernquerschnitt

Wird die Gl. (3.4) in Gl. (3.6) eingesetzt, so ergibt sich:

$$U_0(t) = \frac{N_S \cdot N_P \cdot \mu_0 \cdot \mu_r}{2\pi} \cdot \int_{x_0}^{x_1}\int_{y_0}^{y_1} \frac{\vec{1}}{r} \cdot \frac{\partial I_P}{\partial t} \cdot d\overrightarrow{A_{F2}} \tag{3.7}$$

Wird ein rechteckiger Kern nach Abb. 3.67 für die Spule festgelegt, so gilt für das Flächenintegral:

$$U_0(t) = \frac{N_S \cdot N_P \cdot \mu_0 \cdot \mu_r}{2\pi} \cdot \frac{\partial I_P}{\partial t} \cdot \int_{r_i}^{r}\int_{y=0}^{y=h} \frac{\vec{1}}{r} \cdot d\overrightarrow{A_{F2}}$$

$$U_0(t) = \frac{N_S \cdot N_P \cdot \mu_0 \cdot \mu_r}{2\pi} \cdot \frac{\partial I_P}{\partial t} \cdot [lnr]_{r_i}^{r_a} \cdot h$$

$$U_0(t) = \frac{N_S \cdot N_P \cdot \mu_0 \cdot \mu_r}{2\pi} \cdot ln\frac{r_a}{r_i} \cdot \frac{\partial I_P}{\partial t} \tag{3.8}$$

Der Ausdruck $\frac{N_S \cdot N_P \cdot \mu_0 \cdot \mu_r}{2\pi} \cdot ln\frac{r_a}{r_i}$ wird als Gegeninduktivität oder „mutual inductance" M bezeichnet.

Für eine Luftspule mit einem rechteckigen Kernquerschnitt (siehe Abb. 3.67) und einem Primärleiter, gilt für die Gegeninduktivität:

$$M = \frac{N_S \cdot \mu_0 \cdot h}{2\pi} \cdot ln\frac{r_a}{r_i} \tag{3.9}$$

Dabei ist $N_p = 1$, $\mu_r = 1$, mit $\mu_0 = 4\pi 10^{-7}$ Vs/Am folgt aus Gl. (3.9):

$$M = 2 \cdot N_S \cdot h \cdot ln\frac{r_a}{r_i} \cdot 10^{-7}\frac{Vs}{A} \tag{3.10}$$

Die induzierte Spannung wird damit zu:

$$U_0(t) = 2 \cdot N_S \cdot h \cdot ln\frac{r_a}{r_i} \cdot 10^{-7}\frac{Vs}{A} \cdot \frac{\partial I_P}{\partial t} \tag{3.11}$$

Mit dem Primärstrom $i_P(t) = \widehat{I} \cdot \sin \omega t$ folgt aus der Gl. (3.11):

$$U_0(t) = 2 \cdot N_S \cdot h \cdot ln\frac{r_a}{r_i} \cdot 10^{-7}\frac{Vs}{A} \cdot \omega \cdot \widehat{I} \cdot \cos \omega t \tag{3.12}$$

Und mit der Abkürzung Gl. (3.10):

$$U_0(t) = M \cdot \omega \cdot \widehat{I} \cdot \cos \omega t \tag{3.13}$$

Beispielrechnung:

Mit:

Innendurchmesser des Kerns	$2r_i = 250$ mm
Außendurchmesser des Kerns	$2\ r_a = 355$ mm
Höhe des Kerns	$h = 40$ mm
Windungszahl	$N_S = 1374$
Frequenz	$f = 50$ Hz $\omega = 2\pi f = 100\pi$ 1/s
Primärstrom	$I_{Peff} = 2500$ A

$$i_P(t) = \sqrt{2} \cdot I_P \cdot \sin \omega t = \sqrt{2} \cdot 2500 \sin \omega t[A]$$

folgt aus Gl. (3.11):

$$U_0(t) = 2 \cdot 1374 \cdot 0{,}04 \cdot ln \frac{\frac{355}{2}}{\frac{250}{2}} \cdot 10^{-7} \frac{Vs}{A} \cdot \frac{\partial}{\partial t}\left(\sqrt{2} \cdot 2500 \cdot \sin \omega t\right) A \tag{3.14}$$

$$U_0(t) = 2 \cdot 1374 \cdot 0{,}04 \cdot ln \frac{\frac{355}{2}}{\frac{250}{2}} \cdot 10^{-7} Vs \cdot \omega\left(\sqrt{2} \cdot 2500 \cdot \sin \omega t\right) \tag{3.15}$$

und mit $\omega = 314$ 1/s:

$$U_0(t) = 4{,}28 \cdot \cos \omega t\ [V] \tag{3.16}$$

3.4.2 Die Spannung U_S an der Bürde Z_b der Luftspule

Bei der Luftspule sind die Sekundärwicklungen auf einen nichtmagnetischen Kern aufgebracht. Die Wandler haben keine Sättigungsflussdichte B_{max} und besitzen keine Hysterese. Die Ausgangsgröße ist unter quasistationären Bedingungen eine lineare Funktion des Primärstromes.

Aus dem Ersatzschaltbild in Abb. 3.66 werden Gleichungen abgeleitet, die den Einfluss der Kreisgrößen und der angeschlossenen Bürde Z_b auf die Ausgangsgröße und die Sekundärspannung U_S(t) aufzeigen. Bei den Ableitungen der Gleichungen wird die Kabelkapazität C_c, um die Rechnung zu vereinfachen, nicht berücksichtigt.

Der Primärstrom induziert in der Spule die Spannung $U_0(t) = M \cdot \frac{\partial I_P(t)}{\partial t}$. Für den quasistationären Zustand und dem sinusförmigen Primärstrom ergibt sich für die induzierte Spannung in der Luftspule: $U_0 = M \cdot j\omega \cdot I_P$.

Aus dem Schema in Abb. 3.66 berechnet sich die Sekundärspannung und der angeschlossenen Bürde Z_b zu:

$$U_s = \frac{Z_b}{R_S + Z_b + j\omega L_S} \cdot U_0 = \frac{Z_b}{R_S + Z_b + j\omega L_S} \cdot M \cdot j\omega I_P$$

Für einen großen Bürdenwiderstand $R_b = |Z_b| \to \infty$ ist

$$U_S = U_0 = j\omega M \cdot I_P \quad \text{oder} \quad I_P = -j\frac{U_S}{\omega M}$$

Der positive Phasenwinkel zwischen der Sekundärspannung U_S und dem Primärstrom I_P beträgt +90°.

3.4.3 Das Zeigerdiagramm der Luftspule

Aus der Gleichung für die Sekundärspannung U_S folgt durch Umformung die Gleichung: $I_P = \frac{U_S}{\omega M} + \frac{R_S}{Z_b} \cdot \frac{U_S}{\omega M} + j\frac{\omega L}{Z_b} \cdot \frac{U_S}{\omega M}$ für das Zeigerdiagramm in Abb. 3.68.

Aus dem Zeigerdiagramm in Abb. 3.68 folgt der Amplitudenfehler ε für die Luftspule:

$$\varepsilon = \frac{\frac{U_S}{\omega M} - I_P}{I_P} = \frac{U_S/_{\omega M}}{\sqrt{\left\{\frac{U_S}{\omega M} + \frac{R_S}{Z_b} \cdot \frac{U_S}{\omega M}\right\}^2 + \left(\frac{U_S}{\omega M}\right)^2 \cdot \left(\frac{\omega L}{Z_b}\right)^2}} - 1$$

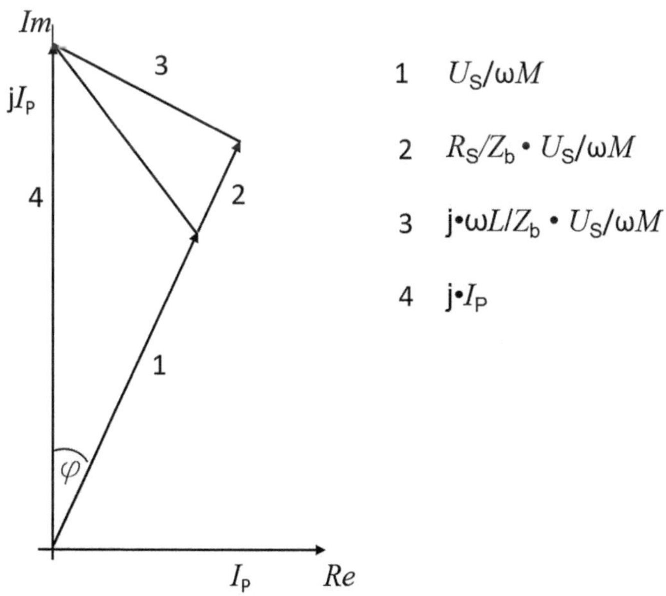

Abb. 3.68 Das Zeigerdiagramm der Luftspule

$$= \frac{1}{\sqrt{\left(1+\frac{R_S}{Z_b}\right)^2+\left(\frac{\omega L}{Z_b}\right)^2}} - 1 \approx \frac{1}{\sqrt{1+\frac{2R_s}{Z_b}}} - 1 \approx -\frac{R_S}{Z_b}$$

mit $Z_b \gg \omega L$ und $Z_b \gg R_S$.

Ein wachsender Bürdenwiderstand verkleinert den Amplitudenfehler.

Der Phasenfehler $\Delta\varphi$ bezogen auf die Phasenverschiebung von +90° zwischen der Ausgangsgröße U_s und der Eingangsgröße I_P ergibt sich aus

$$\tan\Delta\varphi = \frac{\omega L_S/Z_b \cdot U_S/\omega M}{\frac{U_S}{\omega M}+\frac{R_S}{Z_b}\cdot\frac{U_S}{\omega M}} = -\frac{\omega L}{Z_b+R_S} => \Delta\varphi = -\frac{\omega L}{Z_b+R_S}$$

Der negative Phasenfehler der Sekundärspannung U_s und den um +90° voreilenden Primärstrom I_P wächst mit der Induktivität und wird bei wachsenden Werten von $Z_b + R_S$ verkleinert.

3.5 Optische Stromwandler (Faraday Effekt)

Als Alternative zum induktiven Stromwandlerprinzip, welches in den vorgehenden Kapiteln beschrieben wurde, kann der Strom auch unter Anwendung des Faraday-Effekts auf optischem Weg gemessen werden.

3.5.1 Das Prinzip der optischen Strommessung – der Faraday-Effekt

Michael Faraday hat bereits 1845 entdeckt, dass sich die Polarisationsrichtung einer linear polarisierten Lichtwelle beim Durchgang durch ein isotropes Medium, unter dem Einfluss eines Magnetfeldes in Richtung des Lichtstrahls, dreht (Abb. 3.69). Der Drehwinkel α ist proportional zum Magnetfeld H und zur Weglänge l innerhalb des Materials.

$$\beta = V \cdot H \cdot l$$

Die Proportionalitätskonstante V, die Verdet-Konstante, hängt dabei vom Material und von der Wellenlänge des Lichts ab.

Dieser magneto-optische Effekt wird ausgenutzt, um den Strom in einem Leiter zu bestimmen indem das optische Medium (Glasfaser oder Glasring aus Prismen) um den stromführenden Leiter gelegt wird. Durch die Anwendung des Amperschen Gesetzes $I = \oint Hdl$ kann aus der Drehung der Polarisationsrichtung direkt der Strom bestimmt werden (Abb. 3.70).

Physikalisch betrachtet, kann der Faraday Effekt folgendermaßen erklärt werden: Der Brechungsindex in dem optischen Medium wird durch ein anliegendes Magnetfeld geändert, und zwar abhängig vom Polarisationszustand des Lichts. Der Brechungs-

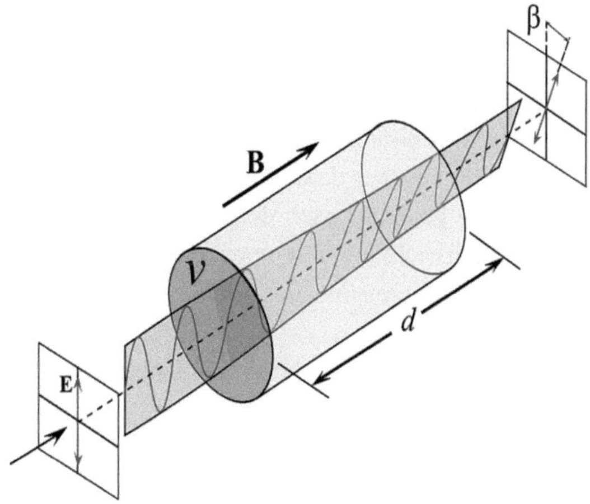

Abb. 3.69 Drehung der Polarisationsrichtung durch den Faraday-Effekt

index für rechtszirkular polarisierts Licht und für linkszirkular polarisiertes Licht werden unterschiedlich. Dies wird als zirkulare Doppelbrechung bezeichnet.

Linear polarisiertes Licht kann als eine Überlagerung aus rechtszirkular polarisiertem und linkszirkular polarisiertem Licht betrachtet werden. Läuft das Licht in einem optischen Medium unter Einfluss eines Magnetfeldes, so haben die rechtszirkular und die linkszirkular polarisierten Wellen wegen der unterschiedlichen Geschwindigkeiten eine Phasendifferenz. Diese Phasendifferenz bewirkt bei Überlagerung eine lineare Polarisation mit verdrehter Polarisationsrichtung.

Bei einem polarimetrischen Stromsensor wird die Drehung der linearen Polarisation mithilfe von Polarisator und Analysator gemessen.

Beim interferrometrischen Stromsensor wird dagegen die Phasenverschiebung von rechts- und linkszirkular polarisiertem Licht gemessen.

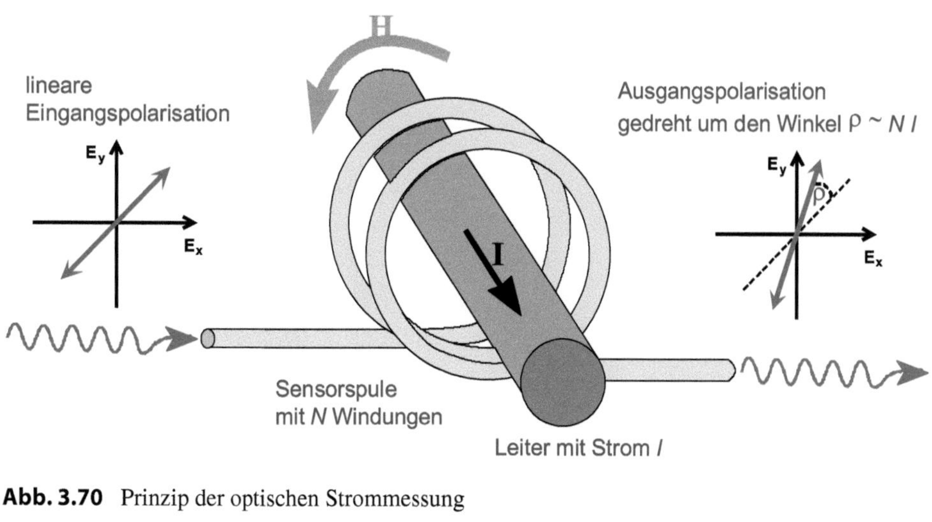

Abb. 3.70 Prinzip der optischen Strommessung

3.5.2 Polarimetrischer Stromsensor

Beim polarimetrischen Stromsensor wird die Drehung der Polarisationsrichtung mithilfe von zwei Polarisatoren bestimmt. Der erste Polarisator erzeugt einen linear polarisierten Lichtstrahl, welcher dann durch das Sensorelement geleitet wird. Ein zweiter Polarisator, Analysator genannt, nach dem Sensorelement lässt dann entsprechend der Drehung der Polarisationsrichtung nur noch einen Teil des Lichts durch, und somit kann über die Messung der Intensität des Lichtes die Winkeldrehung und damit der Strom bestimmt werden (Abb. 3.71).

Die Intensität des Lichtes nach Durchgang durch Polarisator und Analysator ist

$$I_2 = I_1 \cdot cos^2\beta$$

Da die Winkeldrehungen der Stromsensoren klein sind und die Empfindlichkeit der $\cos^2$ Funktion um den Nullpunkt klein sind, wird der Analysator gegenüber dem Polarisator um 45° verdreht, sodass der Arbeitspunkt, wie in Abb. 3.72 gezeigt, in den empfindlichen Bereich der $\cos^2$ Funktion verschoben wird.

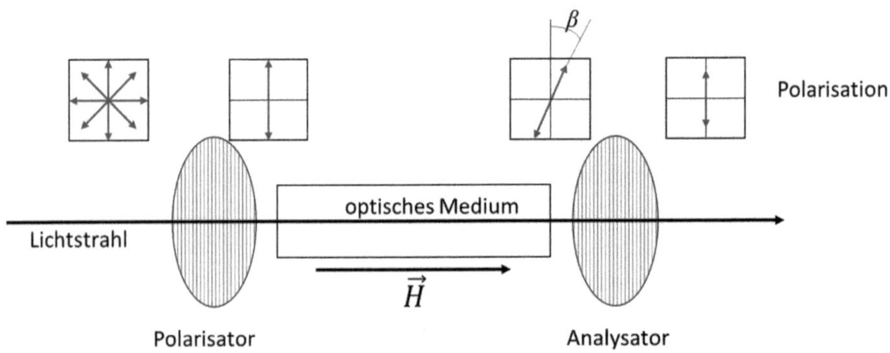

Abb. 3.71 Prinzip des polarimetrischen Stromsensors

Abb. 3.72 Empfindlichkeit der Strommessung durch Verdrehung des Analysators um 45°

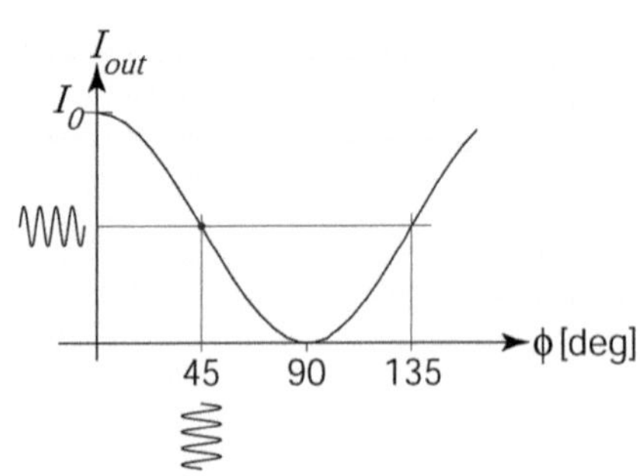

Um Intensitätsschwankungen des Lichtes zu vermeiden, wird die Intensität I_2 am Ausgang des Sensors auf die Intensität I_1 am Eingang des Sensors normiert. Dadurch ergibt sich dann für den Strom im Leiter:

$$I = V \cdot \beta = \arccos\left(\frac{I_2 - I_1}{I_1}\right)$$

3.5.3 Interferometrischer Stromsensor (Sagnac-Sensor)

Beim Interferrometrischen Stromsensor werden zwei zirkular polarisierte Lichtwellen durch den Sensor geleitet und am Ende die Phasenverschiebung der beiden Wellen gemessen und ausgewertet. Dafür werden Interferrometer nach dem Sagnac Prinzip verwendet, wie in Gyroskopen zur Messung von Drehwinkeln in Flugkörpern verwendet werden. Der Aufbau (siehe Abb. 3.73) ist gegenüber dem polarimetrischen Prinzip etwas komplexer [50].

Das Laserlicht wird in einem Strahlteiler in zwei Strahlen aufgeteilt. Jeder Strahl wird linear polarisiert und anschliessend durch zwei λ/4 Elemente zirkular polarisiert. Am Eingang der Sensorschleife hat man demnach zwei zirkular polarisierte Lichtwellen, welche sich in entgegengesetzter Richtung durch die Schleife ausbreiten. Ohne einen elektrischen Strom „sehen" beide Wellen denselben Brechungsindex. Sie benötigen demnach die gleiche Zeit zum Durchlaufen der Schlaufe und interferieren konstruktiv am Strahlteiler. Wenn ein Strom durch den Leiter fliesst, zeigt das von ihm verursachte Magnetfeld in die Ausbreitungsrichtung der einen Lichtwelle und entgegengesetzt der Ausbreitungsrichtung der anderen. Die beiden Wellen benötigen nicht mehr die gleiche Zeit, um die Schlaufe zu durchlaufen. Deshalb sind sie an der Interferenzstelle phasenverschoben um einen Winkel $\Delta\varphi$. Durch eine Messung dieses Phasenunterschiedes kann der Strom bestimmt werden.

So wie der interferometrische Sensor oben beschrieben wurde, hat er den Nachteil gegenüber kleinen Phasenunterschieden unempfindlich zu sein. Das Signal des Detektors ist abhängig von $\cos(\Delta\varphi)$. Dieser Nachteil lässt sich durch das Einfügen eines optischen Phasenmodulators zwischen Strahlteiler und Sensorschlaufe korrigieren (Abb. 3.74).

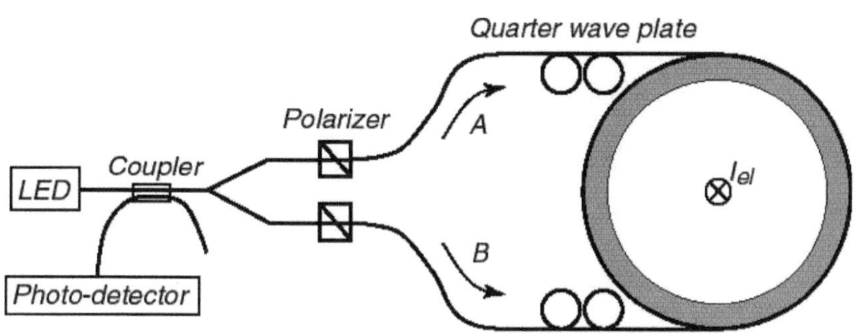

Abb. 3.73 Prinzipieller Aufbau eines interferrometrischen Stromsensors

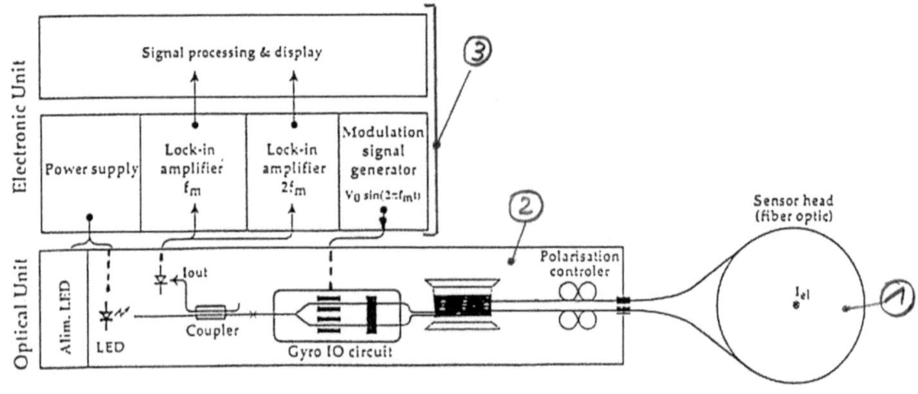

Abb. 3.74 Blockschaltbild eines optischen Stromsensors mit Sagnac Interferometer [50]

In der Praxis wird dazu ein kommerziell erhältlicher integrierter optischer Schaltkreis verwendet, der ursprünglich für die Anwendung in optischen Gyrometern entwickelt wurde. Dieser Baustein nützt die elektro-optischen Eigenschaften des Lithium-Niobats zur Phasenmodulation des Lichtes. Die Aufgaben des Strahlteilers und der Polarisatoren sind ausserdem in dem Baustein enthalten. Das Funktionsprinzip beruht darauf, dass jeder Lichtstrahl die Modulatoren zu unterschiedlichen Zeiten durchlaufen, je nachdem in welcher Richtung sie durch die Sensorschlaufe gehen. Die Modulation des Lichtes geschieht mit einem Sinussignal der Frequenz f_m. Beträgt die Laufzeit des Lichtes durch die Schlaufe die halbe Periodendauer des Modulationssignals, so bekommt man am Ausgang des Sensors ein Signal, welches von $\sin(\Delta\varphi)$ abhängt und somit für kleine Phasenunterschiede eine hohe Empfindlichkeit hat. Für eine Sensorschlaufe von 100 m Länge wird dabei eine Modulationsfrequenz von 900 kHz verwendet. Eine Analyse der Signale bei f_m und $2\,f_m$ erlaubt dabei ein Signal des Stromes zu erhalten, das unabhängig von eventuellen Fluktuationen der Lichtintensität der Quelle ist [50].

3.5.4 Eigenschaften des optischen Stromsensors

Temperatur und Vibration sind zwei Parameter, welche das Ausgangssignal des optischen Stromsensors beeinflussen können. Nicht zuletzt aus diesem Grund wurde in der IEC Normung Prüfungen zur Vibrationsempfindlichkeit von Strommessungen und zum Temperatureinfluss auf das Messsignal eingeführt [35].

Die Verdet Konstante V und somit die Winkeldrehung der Polarisation im Magnetfeld ist von der Temperatur abhängig. Dieser störende Effekt muss in der Auswertung des Signals kompensiert werden. Dazu gibt es verschiedene Möglichkeiten. Eine häufige Lösung ist, die Temperatur am Sensorkopf zu messen und damit das Signal in der Auswerteelektronik zu korrigieren. Abb. 3.75 zeigt Messwerte eines optischen Stromwandlers mit und ohne Temperaturkompensation.

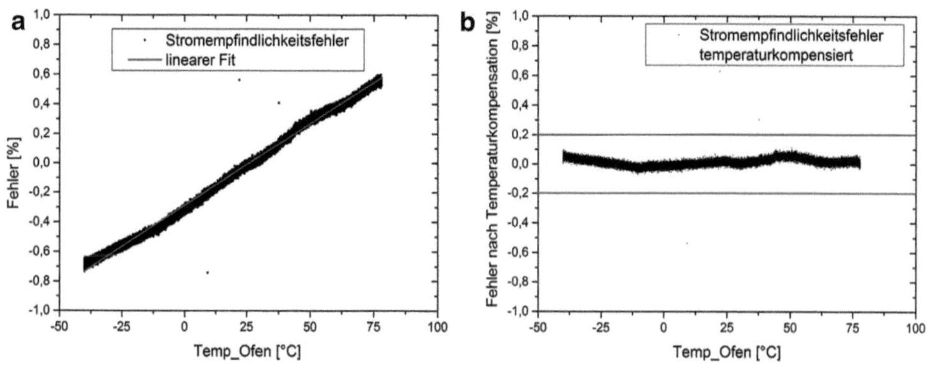

Abb. 3.75 Beeinflussung der Temperatur auf den optischen Stromwandler **a** Messungen ohne Temperaturkompensation **b** Messungen mit Temperaturkompensation

Mechanische Belastungen der Sensorelemente durch Vibration oder durch Biegung der Glasfaser (speziell bei Sensoren aus Glasfaserwicklungen) führen zu störenden Doppelbrechungen im Stromsensor. Diese muss so gering als möglich gehalten werden, um die für Stromwandler geforderten Genauigkeiten bei der Strommessung zu erreichen.

3.5.5 Aufbau optischer Stromwandler

Ein optischer Stromwandler besteht aus 3 Hauptbaugruppen.

a) Optischer Sensorkopf
b) Elektronische Auswerteeinheit
c) Schnittstelle des Stromwandlers (analog oder digital)

Der optische Sensorkopf
Als Sensorelement des optischen Stromwandlers werden entweder Glasfaserspulen oder aus Glasprismen hergestellte Glasringe verwendet (siehe Abb. 3.76).

Die elektronische Auswerteeinheit
Jeder optische Stromwandler benötigt eine elektronische Auswerteeinheit. Diese enthält die Lichtquelle für den Sensor inclusive der dazugehörigen Ansteuerelektronik, Fotozellen, zur Messung des Lichts, das vom Sensor zurückkommt und die Auswertung der Signale zur Bestimmung des gemessenen Stroms.

Die Schnittstelle des optischen Stromwandlers
Da analoge Schnittstellen konventioneller Messwandler hohe Ausgangsleistungen haben, kommen sie für optische Stromwandler kaum in Betracht. Analoge Schnittstellen mit kleinen Ausgangsleistungen, wie sie auch von Kleinsignalwandlern wie in Abschn. 3.3

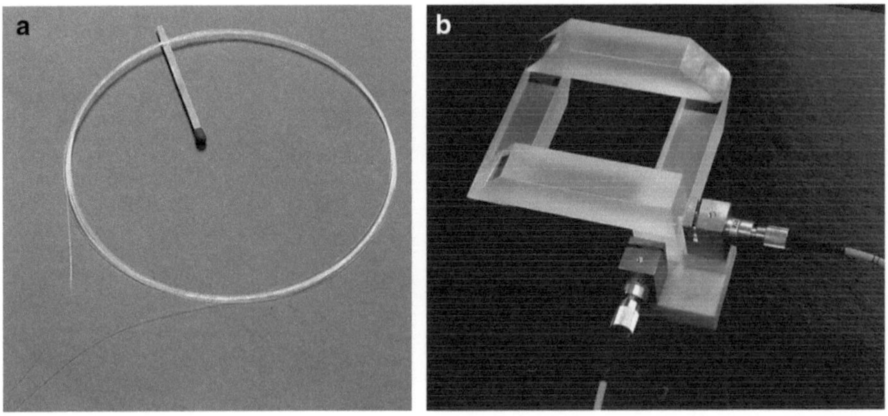

Abb. 3.76 Beispiele von optischen Sensorelementen. **a** Glasfaserspule, **b** Glasring

und von Rogowskispulen wie in Abschn. 3.4 beschrieben, verwendet werden, sind dagegen auch für optische Stromwandler realisierbar.

Da die elektronische Auswertung der Signale im optischen Stromwandler fast immer digital gemacht wird, eignet sich die neue digitale Schnittstelle für Messwandler nach den Normen IEC 61850 und IEC 61896-9 am besten für die optischen Stromwandler.

3.5.6 Anwendung optischer Stromwandler

Eine häufige Anwendung optischer Strommessung ist für die Anwendung zur Messung hoher Gleichströme, wie sie z. B. in der Aluminiumherstellung vorkommen (Abb. 3.77).

Abb. 3.77 Beispiel eines optischen Sensors zur Messung hoher Gleichströme (ABB) [51]

Dabei werden Gleichströme mit Stromstärken bis einige hundert Ampere gemessen. Frühere Messsysteme unter Verwendung von Hall-Effekt Sensoren können dabei durch optische Strommessung ersetzt werden.

Für die Anwendung optischer Stromwandler in der Energieverteilung gibt es seit mehreren Jahren einige Produkte auf dem Markt. Neben frei stehenden optischen Wandlern wie in Abb. 3.78 gezeigt, können diese Stromwandler auch direkt an andere Bauelemente, wie Leistungsschalter, montiert werden. (siehe Abb. 3.79).

Abb. 3.78 Beispiel eines frei stehenden optischen Stromwandlers (Trench Germany) [52]

Abb. 3.79 optischer Stromwandler direkt an einen Leistungsschalter angeschlossen (ENEL Terna Schaltanlage Candia/Italien)

Spannungsmessung

4

4.1 Einführung und Normung

Bis vor wenigen Jahren wurden zur Spannungsmessung ausschließlich konventionelle Spanungswandler eingesetzt. Induktive Spannungswandler arbeiten nach dem Prinzip des Transformators. Ihre Eigenschaften, Anforderungen und Ausführungen werden im Abschn. 4.2 beschrieben.

Ein weiterer konventioneller Spannungswandler ist der kapazitive Spannungswandler. Dieser besteht aus einem kapazitiven Teiler, welcher die zu messende Hochspannung auf einen Spannungswert von 10 bis 20 kV herabsetzt, und einem induktiven Zwischenwandler, der die Ausgangsspannung zur Verfügung stellt. Der kapazitive Spannungswandler ist in Abschn. 4.3 beschrieben.

Mit der Entwicklung der Mess- und Schutzgeräte zu digitalen elektronischen Systemen werden die hohen Ausgangsleistungen der Spannungswandler nicht länger benötigt. Dazu wurden in den letzten 20 Jahren neue nicht-konventionelle Spannungswandler entwickelt, welche die Primärspannungen mit hoher Genauigkeit abbilden, jedoch keine Leistung mehr übertragen. Dabei wird die Technologie der Spannungsteiler verwendet. Für den Einsatz in der Mittelspannung kommen ohmschen Teiler, wie sie in Abschn. 4.7 beschrieben sind und für den Einsatz in der Hochspannung sind es hauptsächlich RC-Teiler, wie in Abschn. 4.8 beschrieben. Die dazu notwendige Technologie der Widerstände und Kondensatoren sind in den Abschn. 4.4 bzw. 4.5 beschrieben.

Daneben gibt es auch optische Spannungswandler, welche nach dem Pockels-Effekt die Spannung messen. Dies ist in Abschn. 4.9 beschreiben.

Konventionelle Spannungswandler sind nur für einen begrenzten Frequenzgang geeignet, RC-Teiler sind dagegen für einen weiten Bereich von 0 Hz bis zu einigen kHZ geeignet, um die Primärsignale genau zu übertragen (siehe Abschn. 4.6).

R. Minkner und J. Schmid, *Technologie der Messwandler*,
https://doi.org/10.1007/978-3-658-30207-8_4

Die Anforderungen an Spannungswandler sind in der IEC Normenreihe IEC 61869 enthalten. Der Teil IEC 61869-3 [53] enthält die Anforderungen an induktive Spannungswandler, IEC 61869-5 [54] enthält die Anforderungen an kapazitive Spannungswandler. Die Spannungsteiler gehören zu den Wandlern mit kleiner Ausgangsleistung, deren allgemeine Anforderungen in der IEC 61869-6 [35] beschrieben sind. Die speziellen Anforderungen für R-Teiler und RC-Teiler ohne Elektronik sind in der IEC 61869-11 [55] enthalten und die Anforderungen für elektronische Spannungswandler in der IEC 61869-7 [56]. Zu letzteren gehören neben den optischen Spannungswandler auch RC-Teiler mit dazugehörigen Verstärkern.

Ein weiterer Teil der Normenreihe, die IEC 61869-15 [57] beschreibt die Anforderungen der Spannungswandler für den Einsatz in Gleichspannungssystemen.

4.2 Induktive Spannungswandler

4.2.1 Prinzip des induktiven Spannungswandlers

Ein konventioneller induktiver Spannungswandler ist im Prinzip ein Transformator mit offener Sekundärwicklung wie in Abb. 4.1 gezeigt.

Die Sekundärspannung U_S ist proportional zur Primärspannung U_P und dem Verhältnis der Windungszahlen der Sekundärwicklung N_S und der Primärwicklung N_P. Die Sekundärspannung kann berechnet werden zu $U_S = U_P N_S / N_P$. Die Genauigkeit des Spannungswandlers hängt ab von der Größe des Eisenkernes, dem Widerstand der Primärwicklung, der Streuinduktivität und der angeschlossenen Bürde.

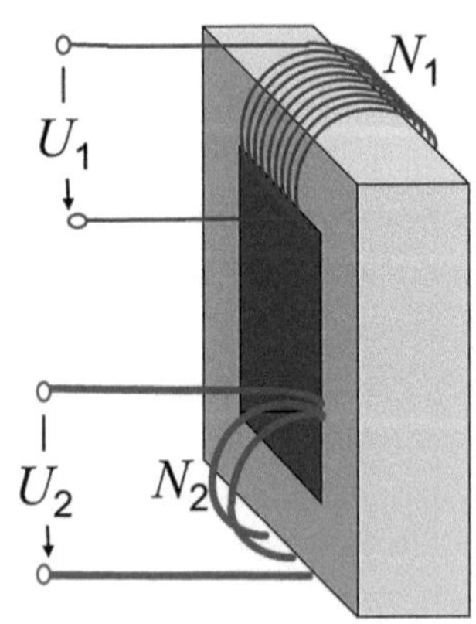

Abb. 4.1 Prinzip des induktiven Spannungswandlers

4.2.2 Fehler des induktiven Spannungswandlers und deren Einflussfaktoren

4.2.2.1 Das Ersatzschaltbild des Spannungswandlers

Abb. 4.2 zeigt das Ersatzschaltbild des induktiven Spannungswandlers, reduziert auf die Sekundärseite. Die Primärwicklung wird dabei durch den ohmschen Widerstand R_p der Primärwicklung und der Streuinduktivität L_p repräsentiert, die Sekundärwicklung durch den ohmschen Widerstand R_S der Sekundärwicklung und der sekundären Streuinduktivität L_s. Das Verhalten des Eisenkerns wird durch die Hauptinduktivität L_m und die ohmschen Verluste des Kernes R_Fe dargestellt. Die Impedanz der externen Bürde wird durch den ohmschen Teil R_B und den induktiven Teil L_B dargestellt. Die primären Werte sind dabei umgerechnet auf die Sekundärseite. Dabei gilt:

$$U'_P = U_P{}^{N_S}/_{N_P} = U_P \cdot ü, \qquad I'_P = I_P{}^{N_P}/_{N_S} = {}^{I_P}/_{ü}$$

$$R'_P = R_P\left({}^{N_S}/_{N_P}\right)^2 = R_P \cdot ü^2, \qquad L'_P = L_P\left({}^{N_S}/_{N_P}\right)^2 = L_P \cdot ü^2$$

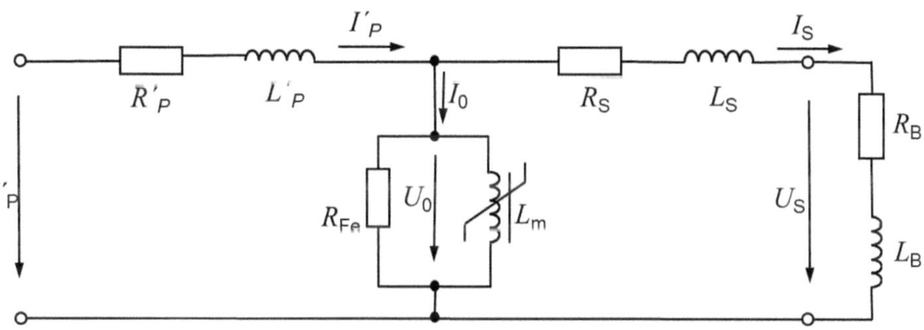

Legende:

U'_P	auf die Sekundärseite umgerechnete Primärspannung
U_S	Sekundärspannung
R'_P	Widerstand der Primärwicklung (auf Sekundärseite umgerechnet)
L'_P	Streuinduktivität der Primärwicklung (auf Sekundärseite umgerechnet)
I'_P	Strom durch Primärwicklung (auf Sekundärseite umgerechnet)
R_S	Widerstand der Sekundärwicklung
L_S	Streuinduktivität der Sekundärwicklung
I_S	Strom durch die Sekundärwicklung
R_{Fe}	ohmsche Verluste des Kerns
L_m	Hauptinduktivität
U_0	
I_0	Magnetisierungsstrom
R_B	ohmscher Anteil der Bürde
L_B	induktiver Anteil der Bürde

Abb. 4.2 Ersatzschaltbild eines induktiven Spannungswandlers reduziert auf die Sekundärseite

Mit dem Übersetzungsverhältnis $ü = N_S/N_P$.

Sind mehr als eine Sekundärwicklung im Spannungswandler vorhanden, so muss für die Genauigkeitsbetrachtung das Ersatzschaltbild erweitert werden, wie in Abb. 4.3 gezeigt. Jede Sekundärwicklung wird mit ihrer Wicklung und ihrer Bürde dargestellt.

Solange keine Bürde an den Sekundärklemmen angeschlossen ist, fließt in der Primärwicklung der Magnetisierungsstrom I_0. Dieser führt zu einem Spannungsabfall an der Primärwicklung. Dieser Spannungsabfall ist der Leerlauffehler des Spannungswandlers, denn die Spannung an den Sekundärklemmen ist um diesen Spannungsabfall kleiner als die Primärspannung. Ist an den Sekundärklemmen eine Bürde angeschlossen, so fließt ein Sekundärstrom I_S, welcher zu zusätzlichem Spannungsabfall in Primär- und Sekundärwicklung führt und somit den Fehler des Spannungswandlers vergrößert. Bei zwei oder mehr Sekundärwicklungen bedeutet dies, dass eine Bebürdung einer Wicklung den Leerlauffehler auch in den anderen Wicklungen erhöht.

4.2.2.2 Das Zeigerdiagramm des induktiven Spannungswandlers

Der Fehler des Spannungswandlers kann über das Zeigerdiagramm in Abb. 4.4 erklärt werden.

Die Sekundärspannung U_S, welche an der Bürde anliegt, lässt den Sekundärstrom I_S fließen. Derselbe Strom fließt durch die Sekundärwicklung und erzeugt einen Spannungsabfall. Dieser Spannungsabfall addiert sich zur Sekundärspannung zur Spannung U_0. Diese erzeugt den Magnetisierungsstrom I_0, welcher zum Sekundärstrom addiert, den Primärstrom I_P ergibt. Dadurch wird ein weiterer Spannungsabfall an der Primärwicklung erzeugt. Der Fehler des Spanungswandlers stellt sich aus dem Spannungsabfall an Primär- und Sekundärwicklung zusammen, welcher in dem Zeigerdiagramm als Betragsfehler ΔU und Phasenverschiebung $\Delta\varphi$ dargestellt ist.

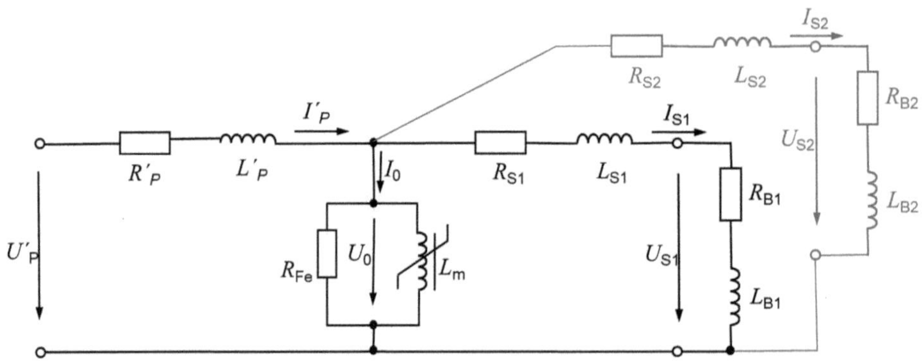

Abb. 4.3 Ersatzschaltbild eines Spannungswandlers mit 2 Sekundärwicklungen

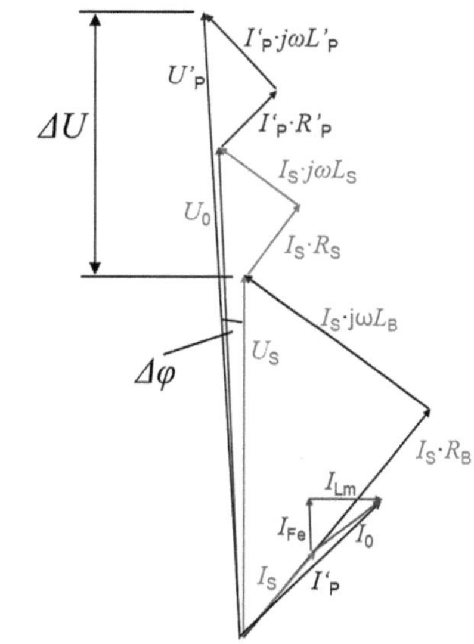

Abb. 4.4 Das Zeigerdiagramm des induktiven Spannungswandlers nach dem Ersatzschaltbild Abb. 4.2 (auf die Sekundärseite bezogen)

4.2.2.3 Die Fehlerberechnung

Der Betragsfehler eines Spannungswandlers ist nach der IEC 61869-3 [53].

$$\varepsilon = \frac{K_r U_s - U_p}{U_p} \cdot 100\,\%$$

Die Nennübersetzung K_r ist das Verhältnis des Nennwertes der Primärspannung U_{pr} zum Nennwert der Sekundärspannung U_{sr}. Im Normalfall ist dies gleich dem Verhältnis der primären zur sekundären Windungszahl.

$$K_r = \frac{U_{pr}}{U_{sr}} = \frac{N_P}{N_S} = \ddot{u}$$

Berechnung des Amplitudenfehlers eines Spannungswandlers:

A: Leerlauffehler des Spannungswandlers

Solange keine Bürde an den Sekundärklemmen angeschlossen ist, fließt in der Primärwicklung der Magnetisierungsstrom I_0. Dieser führt zu einem Spannungsabfall an der Primärwicklung. Dieser Spannungsabfall repräsentiert den Leerlauffehler des Spannungswandlers, denn die Spannung an den Sekundärklemmen ist um diesen Spannungsabfall kleiner als die Primärspannung. Für diesen Fall gilt $U_S = U_0$ und $I_1 = I_0$ (Abb. 4.5).

B: Fehler bei angeschlossener Bürde

Ist an den Sekundärklemmen eine Bürde angeschlossen, so fließt ein Sekundärstrom I_S, welcher zu zusätzlichem Spannungsabfall in Primär- und Sekundärwicklung führt und somit den Fehler des Spannungswandlers vergrößert. Abb. 4.6 zeigt das Zeigerdiagramm des Spannungswandlers mit ohmscher Bürde ($\cos\beta = 1$). Für komplexe Bürden mit

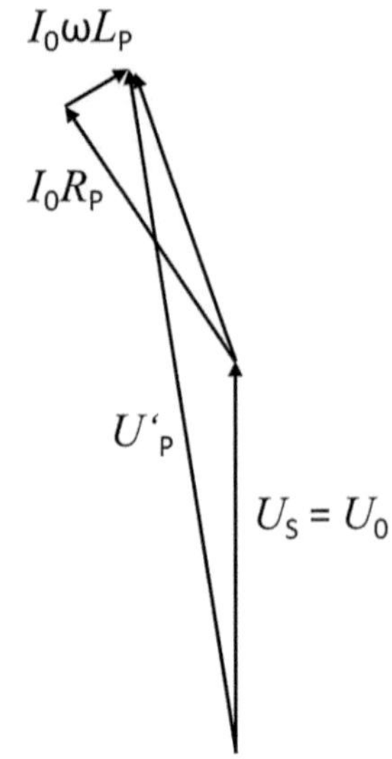

Abb. 4.5 Das Zeigerdiagramm für den Leerlauf des induktiven Spannungswandlers

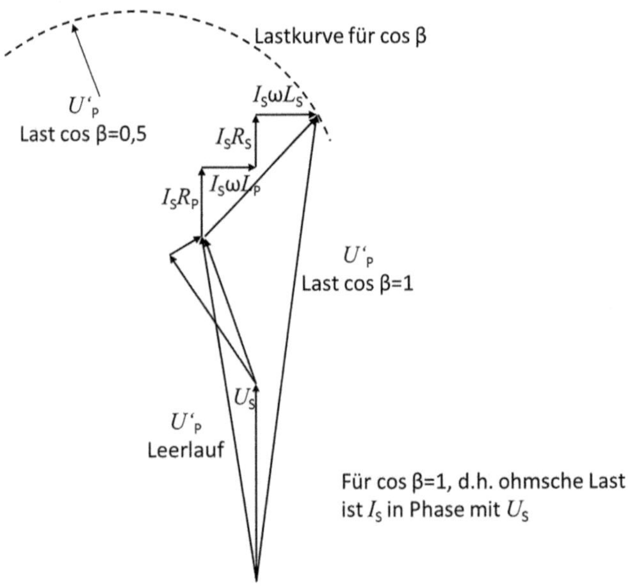

Abb. 4.6 Das Zeigerdiagramm des belasteten Spannungswandlers für den Fall einer ohmschen Last ($\cos\beta = 1$)

(cosβ < 1) verändert sich die Primärspannung entlang der Lastkurve, welche zusätzlich in Abb. 4.6 angegeben ist. Dabei ist die gesamte Last $|Z_B| = \sqrt{R_B^2 + \left(\omega L_B^2\right)}$ konstant.

Für die verschiedenen Belastungen eines induktiven Spannungswandlers lässt sich aus den obigen Zeigerdiagrammen das Fehlerdiagramm nach Abb. 4.7 erstellen. Dabei ist der Verlauf des Amplitudenfehlers ε und der Phasenverschiebung Δφ ohne Bürde (0 VA) und für eine Bürde von 300 VA bei cosβ = 0,8 gezeigt für die Spannungen zwischen 10 % der Nennspannung und des 1,73-fachen der Nennspannung. Zusätzlich sind für die Spannungen 80 % und 120 % der Nennspannung die Werte für cosβ = 0,5 und cosβ = 1 angegeben.

Falls notwendig, kann der Amplitudenfehler durch einen Abgleich der Primärwindungszahl nach oben oder unten verschoben werden.

C: Fehler bei mehreren belasteten Sekundärwicklungen

Sind mehr als eine Sekundärwicklung im Spannungswandler vorhanden, so muss für die Genauigkeitsbetrachtung einer Wicklung die zusätzliche Belastung berücksichtigt werden. Nach dem erweiterten Ersatzschaltbild in Abb. 4.4 muss ein zusätzlicher Spannungsabfall in der Primärwicklung, verursacht durch den Sekundärstrom der weiteren Sekundärwicklungen, berücksichtigt werden. Der Fehler der einen Wicklung nimmt also mit der Belastung der anderen Wicklung zu.

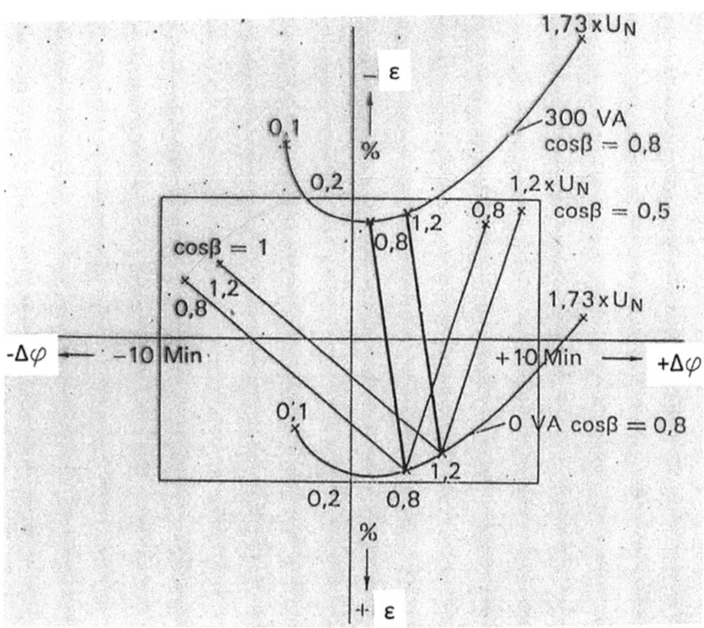

Abb. 4.7 Das Fehlerdiagramm eines induktiven Spannungswandlers für die Genauigkeitsklasse 0,2

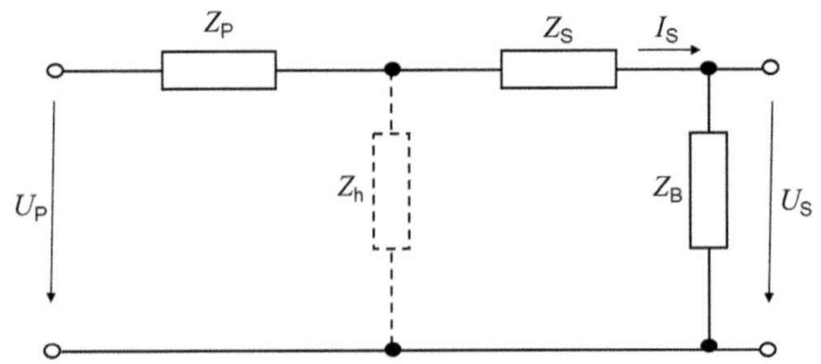

Abb. 4.8 Vereinfachtes Impedanz-Ersatzschaltbild des Spannungswandlers

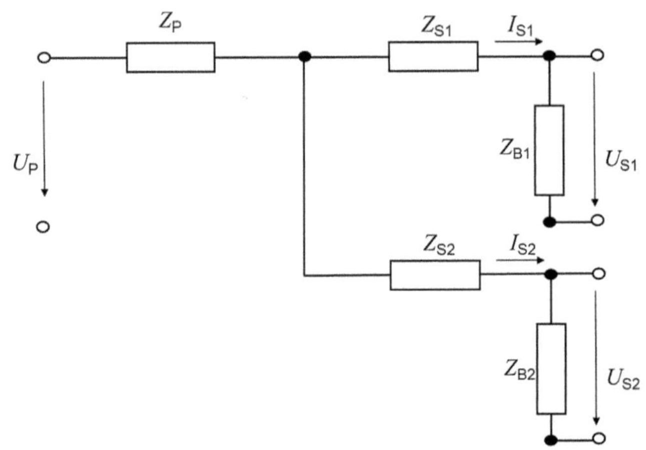

Abb. 4.9 Vereinfachtes Impedanz-Ersatzschaltbild für einen Spannungswandler mit zwei Sekundärwicklungen

Ausgehend von dem vereinfachten Impedanz-Ersatzschaltbild des induktiven Spannungswandlers (siehe Abb. 4.8), kann für die folgenden Überlegungen die hohe Hauptimpedanz Z_h vernachlässigt werden.

Der Spannungsfehler ΔU_S wird durch den Spannungsabfall des Laststroms I_S an der primären (Z_P) und sekundären Impedanz (Z_S) bestimmt. Es gilt also

$$\Delta U_S = I_S \cdot Z_P + I_S \cdot Z_S$$

Für einen Wandler mit zwei Sekundärwicklungen nach der Abb. 4.9 ergibt sich für die Spannungsfehler der beiden Wicklungen:

$$\Delta U_{S1} = I_{S1} \cdot Z_P + \boldsymbol{I_{S2}} \cdot \boldsymbol{Z_P} + I_{S1} \cdot Z_{S1}$$

$$\Delta U_{S2} = I_{S2} \cdot Z_P + \boldsymbol{I_{S1}} \cdot \boldsymbol{Z_P} + I_{S2} \cdot Z_{S2}$$

Dabei sind $\boldsymbol{I}_{S2} \cdot \boldsymbol{Z}_P$ und $\boldsymbol{I}_{S1} \cdot \boldsymbol{Z}_P$ die Beeinflussungsanteile der Belastung der jeweils anderen Wicklung.

Um diese Beeinflussung zu vermeiden, müssen diese Anteile durch eine geeignete Schaltung kompensiert werden. Eine einfache Entkopplungsmöglichkeit für einen Wandler mit zwei identischen Sekundärwicklungen zeigt die Schaltung in Abb. 4.10.

Es ergeben sich nun für die Spannungsfehler:

$$\Delta U_{S1} = I_{S1} \cdot Z_P + I_{S2} \cdot Z_P + I_{S1} \cdot Z_{S1} + \boldsymbol{I}_{S1} \cdot \boldsymbol{Z}_E - \boldsymbol{I}_{S2} \cdot \boldsymbol{Z}_E$$

$$\Delta U_{S2} = I_{S2} \cdot Z_P + I_{S1} \cdot Z_P + I_{S2} \cdot Z_{S2} + \boldsymbol{I}_{S2} \cdot \boldsymbol{Z}_E - \boldsymbol{I}_{S1} \cdot \boldsymbol{Z}_E$$

Für eine vollständige Entkopplung muss also Z_E gleich Z_P sein, Damit ergibt sich:

$$\Delta U_{S1} = I_{S1} \cdot Z_P + I_{S1} \cdot Z_S + I_{S1} \cdot Z_P$$

$$\Delta U_{S2} = I_{S2} \cdot Z_P + I_{S2} \cdot Z_{S2} + I_{S2} \cdot Z_P$$

Man erkannt daraus, dass die Spannungsfehler nun unabhängig von der Belastung der jeweils anderen Wicklung sind. Der Fehleranteil über der Primärimpedanz Z_P vergrößert sich allerdings, im gezeigten symmetrischen Fall wird er verdoppelt.

Die Entkopplungsimpedanz Z_E kann auch über einen zusätzlichen Zwischenwandler galvanisch getrennt angekoppelt werden. Damit kann auch bei unterschiedlichen Wicklungen durch geeignete Wahl der Windungszahlen des Zwischenwandlers eine Entkopplung erzielt werden, welche z. B. je nach Genauigkeitsanforderungen der Wicklungen die Entkopplung in einer Wicklung stärker ist als in der anderen Wicklung.

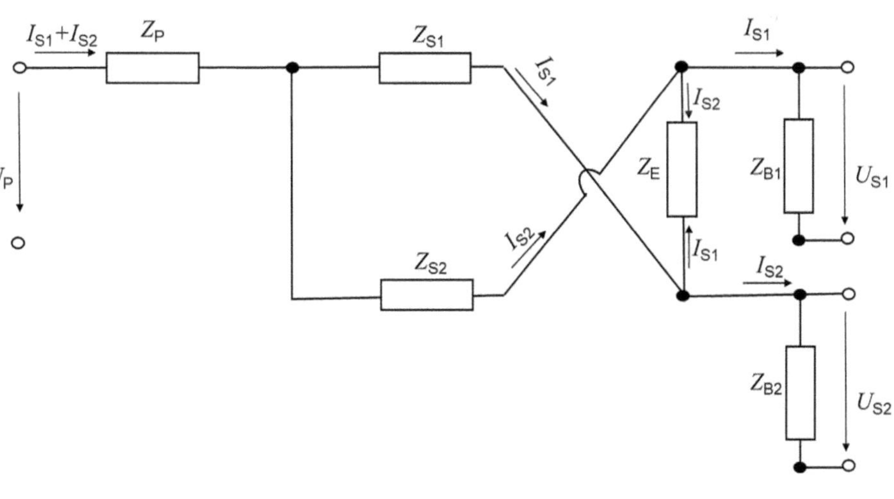

Abb. 4.10 Einfache Entkopplung zweier identischer Sekundärwicklungen

4.2.3 Verhalten bei kurzgeschlossener Sekundärwicklung

Induktive Spannungswandler dürfen nicht mit kurzgeschlossener Sekundärwicklung betrieben werden. Nach den Anforderungen der Normen [53] müssen Sie jedoch die Belastung eines 1 s dauernden Kurzschlusses der Sekundärklemmen in mechanischer und thermischer Hinsicht unbeschadet überstehen.

Beim normalen Betrieb des Spannungswandlers fließt durch die Sekundärwicklung ein relativ kleiner Strom, bei einer Sekundärspannung von 100 V und einer Bürde von 100 VA ist der Sekundärstrom 1 A. Wird die Sekundärwicklung des Spannungswandlers aber kurzgeschlossen, so fließen hohe Ströme durch die Wicklungen, welche den Wandler überhitzen. Dies führt dann zur Zerstörung des Wandlers.

4.2.4 Dielektrische Beanspruchung der Primärspule

Zur Dimensionierung der Lagenisolation der Hochspannungswicklung des Spannungswandlers ist die Doppellagenspannung maßgeblich. Abb. 4.11 zeigt die Definition der Doppellagenspannung als Potentialdifferenz zwischen den Wicklungen zweier Wickellagen.

Zur Dimensionierung der Primärwicklung des Spannungswandlers wurden Modelle für die Doppellagenspannung wie in Abb. 4.12 gezeigt hergestellt und an diesen die Teilentladungseinsatzspannung bestimmt.

Jeweils 5 Exemplare mit verschiedener Isolationsdicke wurden hergestellt und daran die Teilentladungseinsatzspannung gemessen. Die Messreihen wurden mir der Weibullstatistik ausgewertet und so die Spannung ermittelt, welche mit 0,1 % bzw. 1 % Wahrscheinlichkeit zur Teilentladung führt. Damit wird die Doppellagenspannung in Abhängigkeit der Isolationsdicke bestimmt, wie sie in Abb. 4.13 dargestellt ist.

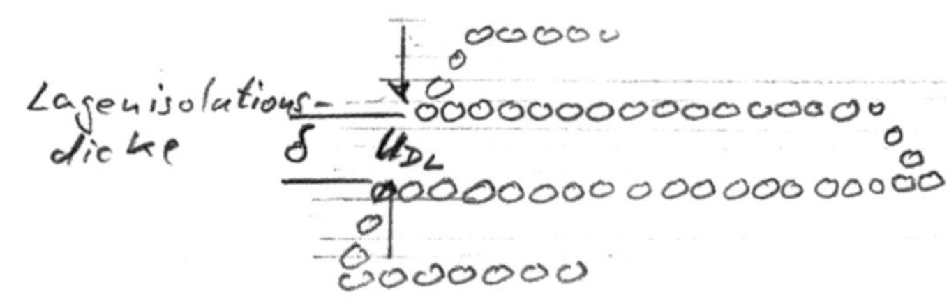

Abb. 4.11 Die Doppellagenspannung der U_{DL} Hochspannungswicklung

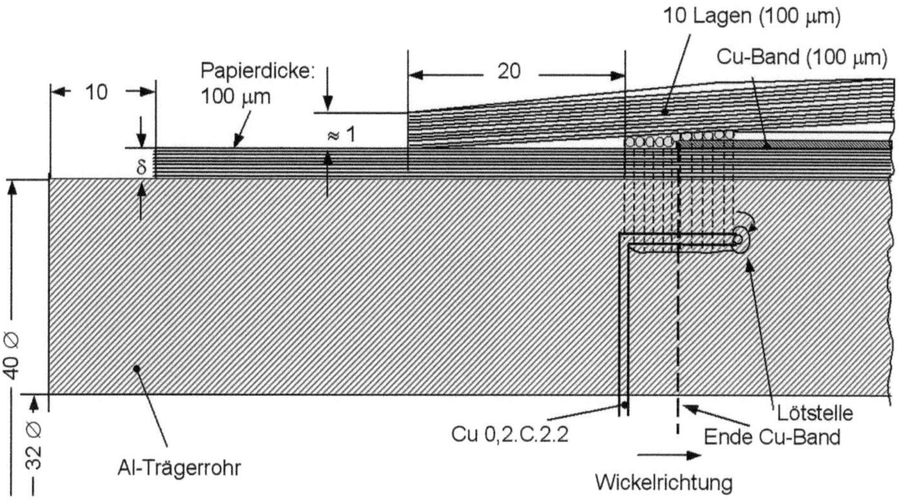

Abb. 4.12 Modellanordnung zur Bestimmung der Teilentladungseinsatzes an einer Doppellage

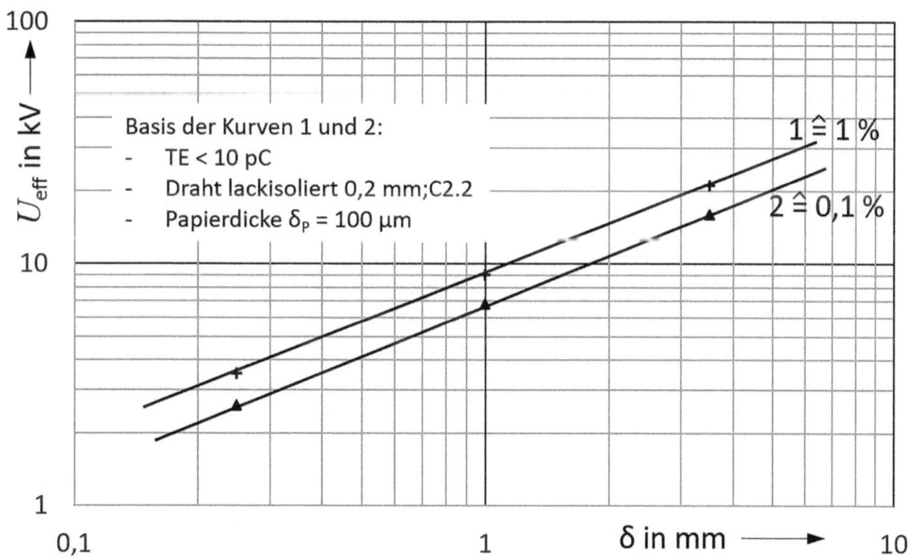

Abb. 4.13 Doppellagenspannung in Abhängigkeit der Isolationsdicke δ. Kurve 1 – 1 % Wahrscheinlichkeit für TE Einsatz. Kurve 2 – 0,1 % Wahrscheinlichkeit für TE Einsatz

Abb. 4.14 Einstufige induktiver Spannungswandler für 123 kV

4.2.5 Einstufiger Spannungswandler

Heute werden induktive Spannungswandler bis zu einer Spannung von 300 kV meist in einstufiger Bauweise, wie in Abb. 4.14 gezeigt, realisiert. Der Eisenkern mit den Wicklungen befindet sich innerhalb des auf Erdpotential liegenden Gehäuses. Der Isolator kann ein Porzellanisolator oder ein Verbundisolator aus GFK-Rohr und Silikonschirmen sein.

Dabei werden die Primärwicklung und die Sekundärwicklung auf einen Schenkel des Eisenkerns aufgebracht. Der Aufbau eines Spannungswandlers für den Hochspannungseisatz ist in Abb. 4.15 gezeigt. Die Hochspannung wird dabei über die Durchführung zum Beginn der Hochspannungswicklung geleitet. Das Ende der Hochspannungswicklung wird in den Klemmenkasten geleitet und ist dort geerdet. Dadurch kann zu Prüfzwecke diese Verbindung zu Erde gelöst werden. Sie muss jedoch im Betrieb jederzeit gewährleistet sein.

Die Sekundärwicklung ist beim einstufigen induktiven Spannungswandler direkt auf dem Kern gewickelt und die Primärwicklung darüber. Über der Primärwicklung wird eine Hochspannungselektrode angebracht zur Steuerung der elektrischen Felder in der Isolierung. Um eine bessere Entkopplung von eventuell auftretenden transienten Spannungen auf der Primärseite zu erhalten wird, zwischen der Primärwicklung und der Sekundärwicklung eine Abschirmung eingebracht, die mit Erde verbunden wird (Abb. 4.16).

Die Hochspannungswicklung wird als Lagenwicklung ausgeführt mit einer Isolierung zwischen den Lagen nach Abschn. 4.2.4. Die Durchführung ist analog der Stromwandler-Durchführung in Abschn. 2.2 gefertigt und besitzt eine kapazitive Potentialsteuerung aus Aluminiumfolien.

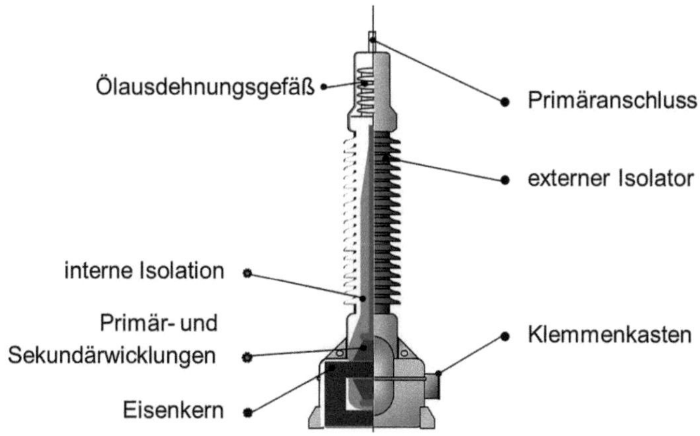

Abb. 4.15 Schnittbild eines einstufigen induktiven Spannungswandlers

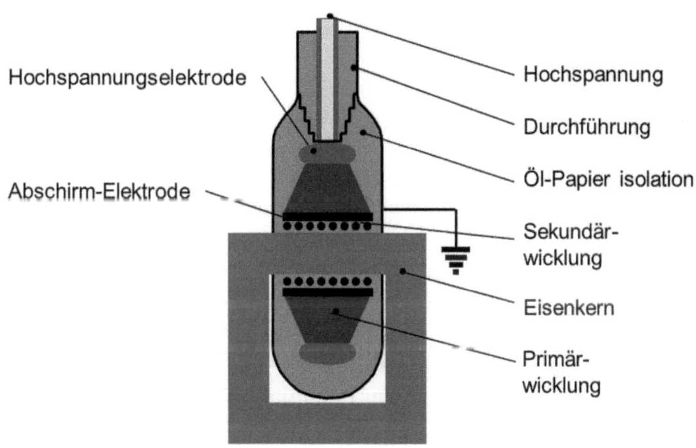

Abb. 4.16 Der Aufbau des Aktivteils des einstufigen induktiven Spannungswandlers

4.2.6 Kaskadenwandler

4.2.6.1 Der Aufbau des Kaskadenwandlers

Die Primärwicklung des magnetischen Spannungswandlers und deren Isolation wird mit zunehmender Spannung überproportional aufwendig. Deshalb wird für Spannungen über 300 kV der induktive Spannungswandler in den meisten Fällen in Kaskadenbauweise ausgeführt.

In Abb. 4.17 ist das Prinzip eines Spannungswandlers in Kaskadenbauweise gezeigt. Der Eisenkern und das Gehäuse befinden sich auf halben Spannungspotential.

Die Primärspule des Spannungswandlers wird in 2 Hälften geteilt und jeweils für die Hälfte der Primärspannung isoliert. Beide Hälften der Primärwicklung werden um einen

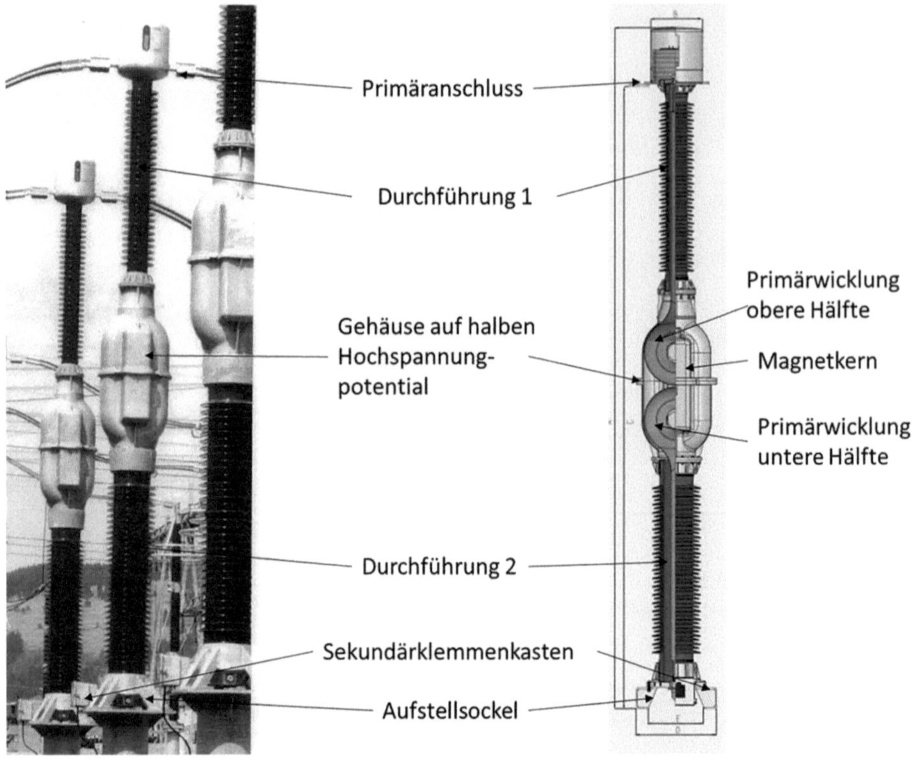

Abb. 4.17 Spannungswandler in Kaskadenbauweise

gemeinsamen Kern gewickelt, der sich auf halbem Hochspannungspotential befindet und in einem separaten Gehäuse mit demselben Potential platziert wird.

Das hochspannungsseitige Ende der oberen Hälfte der Primärwicklung ist über eine Durchführung mit Hochspannung verbunden, das erdseitige Ende der unteren Hälfte der Primärwicklung ist mit einer zweiten Durchführung mit Erde verbunden.

Die Sekundärwicklung ist über die untere Hälfte der Primärwicklung gewickelt und ebenfalls über die untere Durchführung mit den Anschlussklemmen des Wandlers verbunden.

Um eine gleichmäßige magnetische Belastung des Kerns zu erzielen und um Streuflüsse und damit Fehler des Wandlers zu minimieren, sind zusätzliche Schubwicklungen auf beiden Schenkeln des Magnetkerns notwendig [1, 58]. Dies wird im folgenden Kapitel näher beschrieben.

4.2.6.2 Die Schubwicklung des Kaskadenwandlers

Die Abb. 4.18 zeigt den prinzipiellen Wicklungsaufbau eines Spannungswandlers in Kaskadenbauweise.

Ohne die Schubwicklung treten durch die unsymmetrischen Verteilungen der Wicklungen Streuflüsse auf, wie in Abb. 4.19 gezeigt. Dabei ist links eingezeichnet die Primärwicklung aufgeteilt in 2 Hälften mir je $N_P/2$ Windungen und rechts eingezeichnet die Sekundärwicklung mir N_S Windungen.

In Abb. 4.20 ist die Schubwicklung in der Mitte eingezeichnet. Damit hebt sich die Durchflutung auf den beiden Außenseiten auf, und der Streufluss verschwindet.

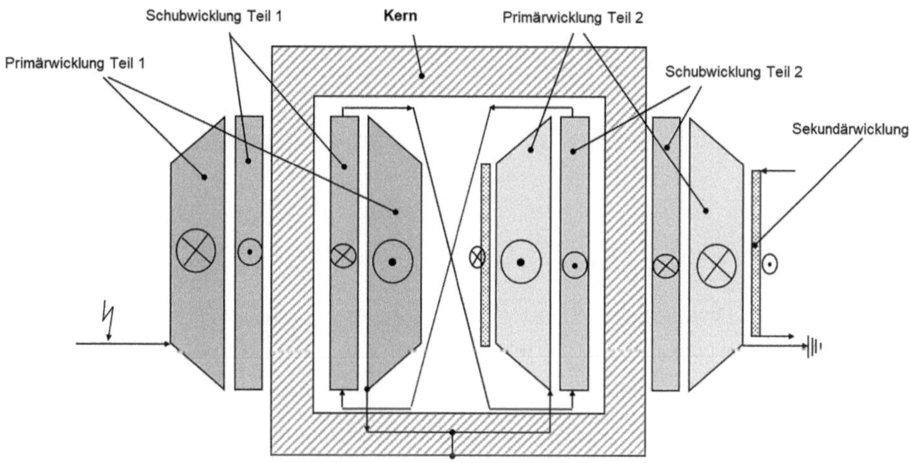

Abb. 4.18 Wicklungen eines Spannungswandlers in Kaskadenbauweise mit Schubwicklungen

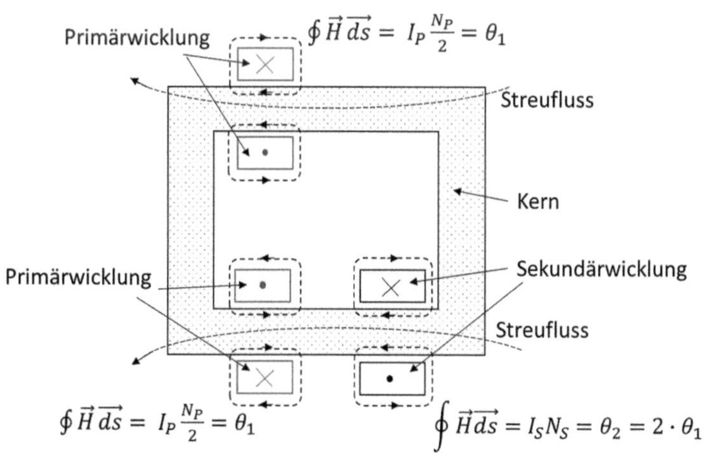

Abb. 4.19 Durchflutungen eines Spannungswandlers in Kaskadenbauweise ohne Schubwicklung

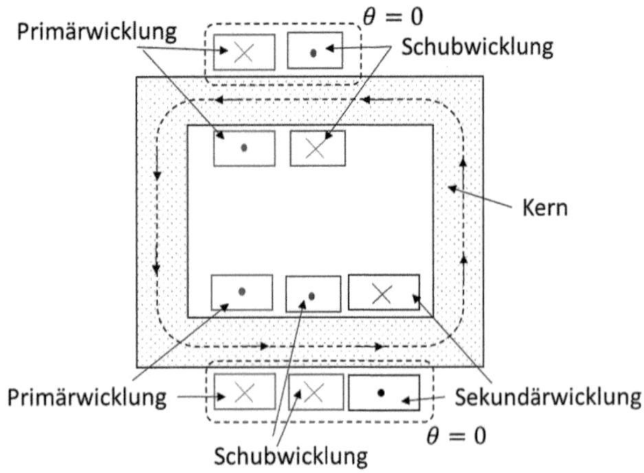

Abb. 4.20 Resultierende Erregung einer Kaskadenschaltung mit Schubwicklung

4.2.7 Ferroresonanzen bei induktiven Spannungswandlern

Bei Schalthandlungen in Unter- und Schaltstationen können stationäre, nichtlineare Ferroresonanzschwingungen auftreten. Diese Schwingungen werden auch als Kippschwingungen bezeichnet.

Ferroresonanzschwingungen sind Schwingungen zwischen den nichtlinearen Induktivitäten der Spannungswandler und den Kapazitäten in der Schaltanlage. Wichtige Parameter sind dabei die Steuerkapazitäten von Leistungsschalter und die Kapazitäten gegen Erde. In dem Buch „Ferroresonance Oscillations in Substations with inductive voltage transformers in medium and high voltage systems“ [59] sind diese Ferroresonanzschwingungen im Detail behandelt. Es werden dort die Theorie, das Auftreten von einphasigen und dreiphasigen Ferroresonanzschwingungen, deren Simulation und Detektion beschrieben. Dazu werden Abhilfemaßnahmen zur Vermeidung von Ferroresonanzschwingungen aufgezeigt.

4.3 Kapazitive Spannungswandler

4.3.1 Die Theorie des kapazitiven Spannungswandlers

Weltweit wird der kapazitive Spannungswandler (capacitive voltage transformer – CVT) zu 90 % zur Spannungsmessung in den Hochspannungs-Freiluftschaltanlagen eingesetzt. Dies trifft nicht auf einen Teil der Energieversorgungsunternehmen in Europa zu, die in Folge der Genauigkeit den magnetischen Spannungswandler bevorzugen, der den Vorteil hat, dass der Wandler entweder richtig arbeitet oder defekt ist (z. B. durch Windungskurzschuss).

Beim CVT können einzelne Elemente im Kondensator durchschlagen, ohne dass davon die Betriebssicherheit tangiert wird. Die Genauigkeit entspricht dann jedoch nicht mehr den Anforderungen.

Die Abb. 4.21 zeigt das typische Ersatzschaltbild des kapazitiven Spannungswandlers.

Der CVT ist in einen kapazitiven Teiler und eine elektromagnetische Einheit mit einem Zwischenwandler und einer Kompensationsdrossel unterteilt. Der kapazitive Teiler teilt die Primärspannung in eine Zwischenspannung von typischerweise 10–15 kV, Der Zwischenwandler setzt dann diese Zwischenspannung in die Ausgangsspannung an den Sekundärklemmen um. Eine zusätzliche Dämpfungswicklung dient zum Anschluss von Dämpfungseinheiten, um Ferroresonanzschwingungen zu unterdrücken (siehe Abschn. 4.3.3)

Aus dem Schema in Abb. 4.21 folgt das Ersatzschaltbild des CVT in Abb. 4.22, wobei nur eine Sekundärwicklung berücksichtigt wurde. Die Sekundärseite wurde dabei auf die Primärseite umgerechnet.

Die Ausgangsspannung des Spanungsteilers U_{C2}, welche an Kompensationsdrossel und Zwischenwandler anliegt, berechnet sich zu:

$$U_{C2} = \frac{C_1}{C_1 + C_2} \cdot U_P$$

Zur Dimensionierung der Kompensationsdrossel wird das Ersatzschaltbild in Abb. 4.22 nach dem Theorem von Thevenin [60] umgeformt in das Ersatzschaltbild in Abb. 4.23.

Die Eingangsspannung wird dabei berechnet zu: $U_{ThP} = \frac{C_1}{C_1+C_2} \cdot U_P$.

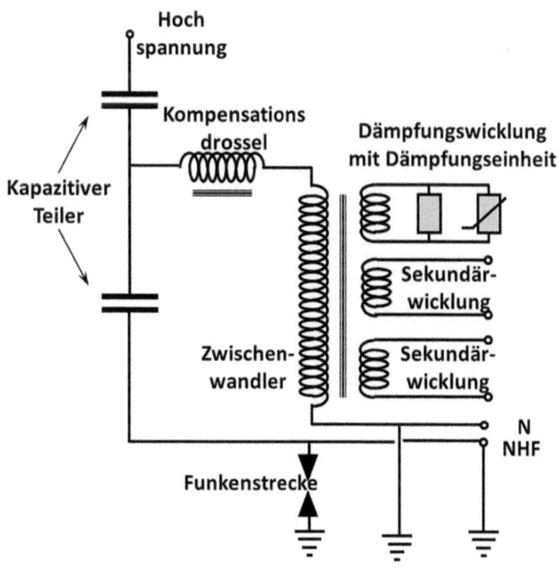

Abb. 4.21 Das Schema des kapazitiven Spannungswandlers

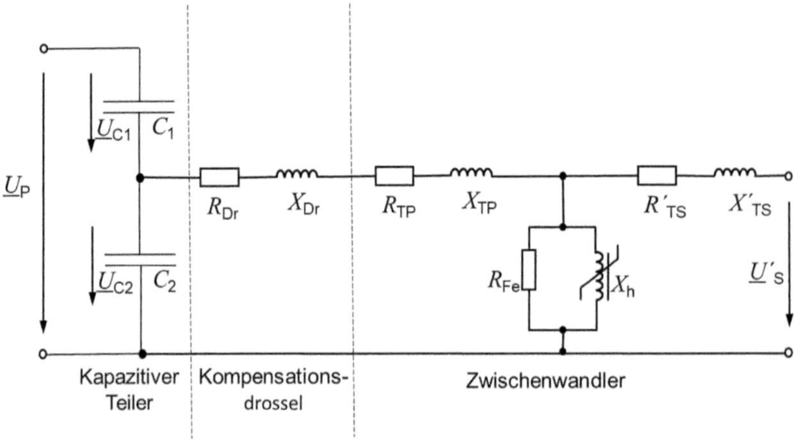

Dabei ist

$\underline{U}_P$	Primärspannung
$\underline{U}_{C1}$	Spannung am Hochspannungskondensator C1
$\underline{U}_{C2}$	Spannung am Zwischenspannungskondensators C2
X_{Dr}	Reaktanz der Kompensationsdrossel
R_{Dr}	Widerstand der Kompensationsdrossel
X_{TP}	Primär-Streureaktanz des Zwischenwandlers
R_{TP}	Wirkwiderstand der Primärwicklung
X_h	Hauptreaktanz des Zwischenwandlers
R_{Fe}	Eisenverlustwiderstand des Zwischenwandlers
X'_{TS}	Sekundär-Streureaktanz des Zwischenwandlers (auf Primärseite umgerechnet)
R'_{TS}	Wirkwiderstand der Sekundärwicklung (auf Primärseite umgerechnet)
$\underline{U}'_S$	Sekundärspannung (auf Primärseite umgerechnet)

Abb. 4.22 Ersatzschaltbild des kapazitiven Spannungswandlers

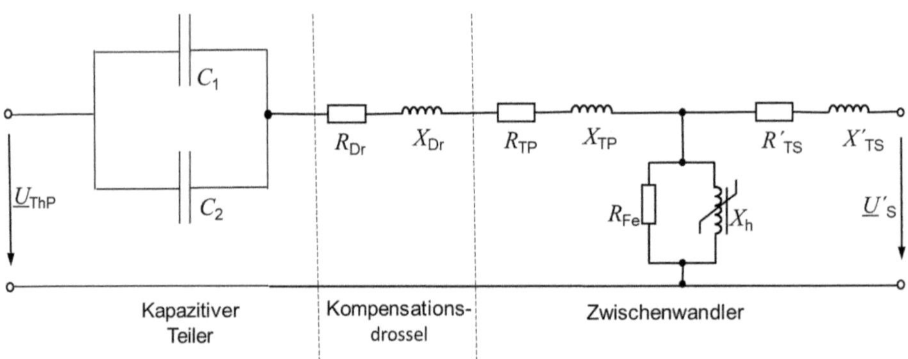

Abb. 4.23 Ersatzschaltbild des CVT durch Anwendung des Theorems von Thevenin aus Abb. 4.21 umgeformt

Für die Dimensionierung der Kompensationsdrossel werden die Reaktanzen und die Widerstände wie folgt zusammengefasst (siehe Abb. 4.24):

$$X_i = \omega L = X_{Dr} + X_{TP} + X_{TS} \cdot ü^2$$

$$R_i = R_{Dr} + R_{TP} + R_{TS} \cdot ü^2$$

wobei ü das Übersetzungsverhältnis des Zwischenwandlers ist.

Die Kompensationsdrossel muss nun so dimensioniert werden, dass sich die Induktivität mit der Kapazität des Teilers in Resonanz befindet. Es muss also gelten:

$$\omega L - \frac{1}{\omega(C_1 + C_2)} = 0$$

Für das Verständnis der Funktionsweise des kapazitiven Spannungswandlers ist sowohl die Betrachtung mithilfe des Theorems von Thevenin als auch das Standard-Ersatzschaltbildes notwendig.

Aus Abb. 4.24 ergibt sich das Zeigerdiagramm in Abb. 4.25:

Die Darstellung in Abb. 4.25 ist nicht auf Resonanz abgestimmt. Der Zeiger $\underline{U}_{\mathrm{Xi}}$ ist zu kurz, bzw. der Zeiger $\underline{U}_{\mathrm{C}}$ zu lang. Resonanz ist vorhanden, wenn $\underline{U}_{\mathrm{Xi}} = \underline{U}_{\mathrm{C}}$ ist.

In Abb. 4.26 ist das Standard-Ersatzschaltbild des CVT und in Abb. 4.27 das dazugehörige Zeigerdiagramm dargestellt. Aus dieser Darstellung ist nicht zu erkennen, dass der CVT auf einem Resonanzabgleich basiert.

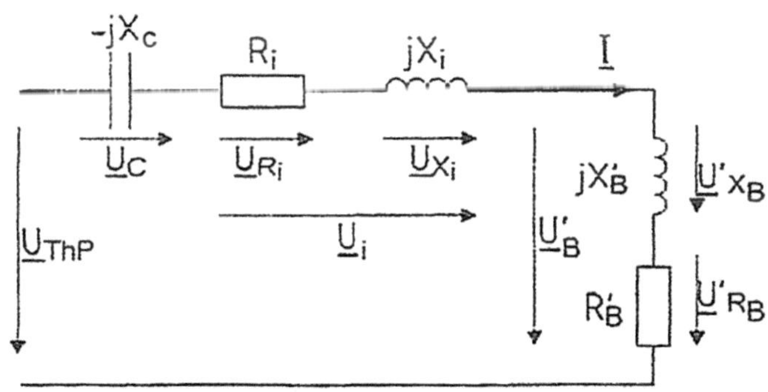

wobei: $-jX_C = \frac{1}{j\omega(C_1 + C_2)}$

Abb. 4.24 Ersatzschaltbild des CVT nach dem Theorem von Thevenin bei ohmsch-induktiver Belastung. (Die Hauptinduktivität und die Eisenverluste wurden nicht berücksichtigt)

Abb. 4.25 Zugehöriges Zeigerdiagramm zu Abb. 4.24

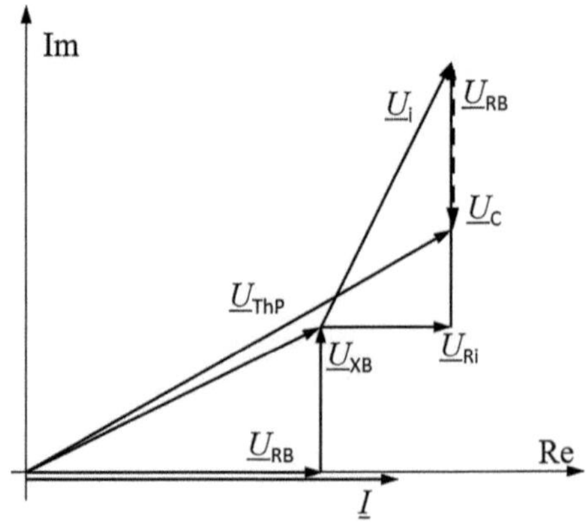

Abb. 4.26 Standard-Ersatzschaltbild mit ohmsch-induktiver Belastung

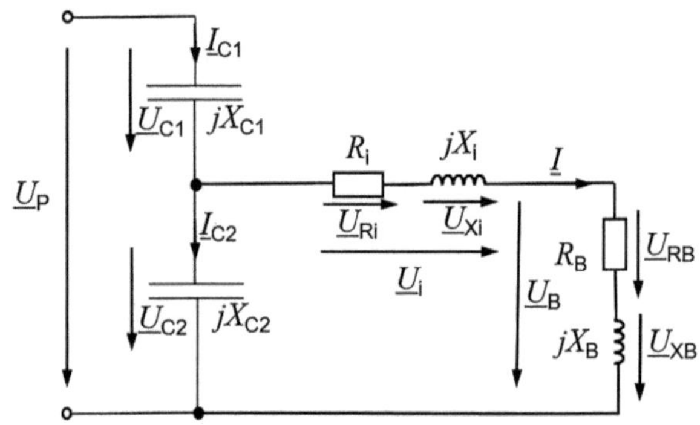

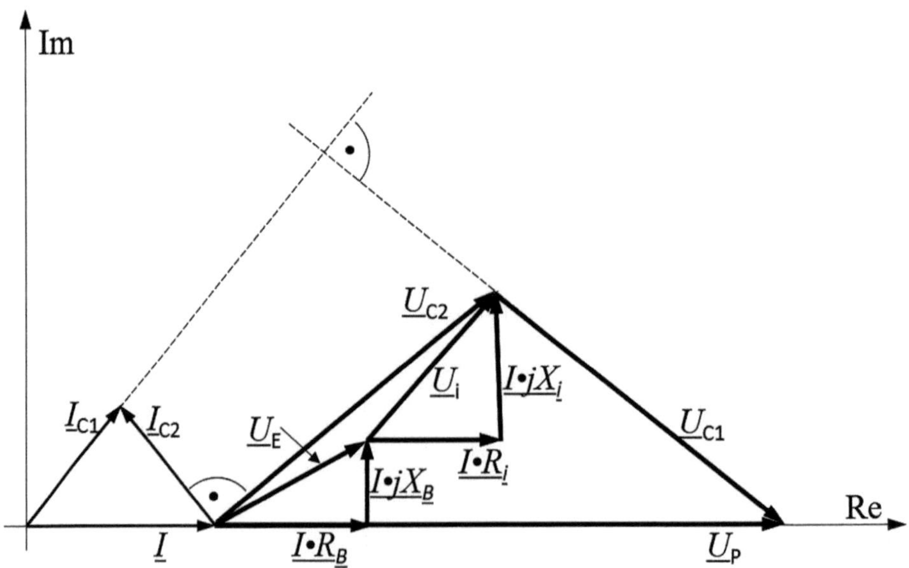

Abb. 4.27 Zugehöriges Zeigerdiagramm zu Abb. 4.26

4.3.2 Der kapazitive Spannungswandler im Betrieb

Die Anforderungen an den kapazitiven Spannungswandler sind verschiedenartig und hängen von den Aufgaben in der Schaltanlage ab.

Die Abb. 4.28 zeigt einen kapazitiven Spannungswandler in einer 420 kV Schaltanlage. Das Messsystem besteht aus einem kapazitiven Teiler (im Fall des 420 kV CVT bestehend aus 2 Koppelkondensatoren), einer Kompensationsdrossel und einem induktiven Zwischenwandler.

Der direkt auf der mit Öl gefüllten Elektromagnetischen Einheit montierte Koppelkondensator hat eine Anzapfung, die mit der Kompensationsdrossel in der magnetischen Einheit elektrisch verbunden ist.

Ein Schnittbild eines kapazitiven Spannungswandlers ist in Abb. 4.29 gezeigt.

Für den Einsatz des CVT als Schutzwandler sind für die Planung des Schutzsystems Kenntnisse der Übertragungsfunktion, Antwort auf der Sekundärseite bei einem Rechteckstoß auf der Primärseite, erforderlich.

In der Norm IEC 61869-5 [54] sind Anforderungen an die Ferroresonanz-Schwingungen und die Übertragungsfunktion beim Kurzschließen der Primärseite angegeben,

Besonders schwierig ist das Lösen des Problems der gefangenen Ladungen, das in der Norm IEC 61869-5 nicht erwähnt wird. Es tritt auf beim Abschalten des CVT. Wird nicht im Nullpunkt der Spannung abgeschaltet, so kann sich die Primärkapazität des Spannungsteilers nicht entladen (es treten „gefangene Ladungen" auf), dagegen entlädt sich die Sekundärkapazität über den Zwischenwandler. Wird dann der CVT wieder eingeschaltet, so treten an der Sekundärseite transiente Übergangsfunktionen auf.

Abb. 4.28 Kapazitiver Spannungswandler für 420 kV

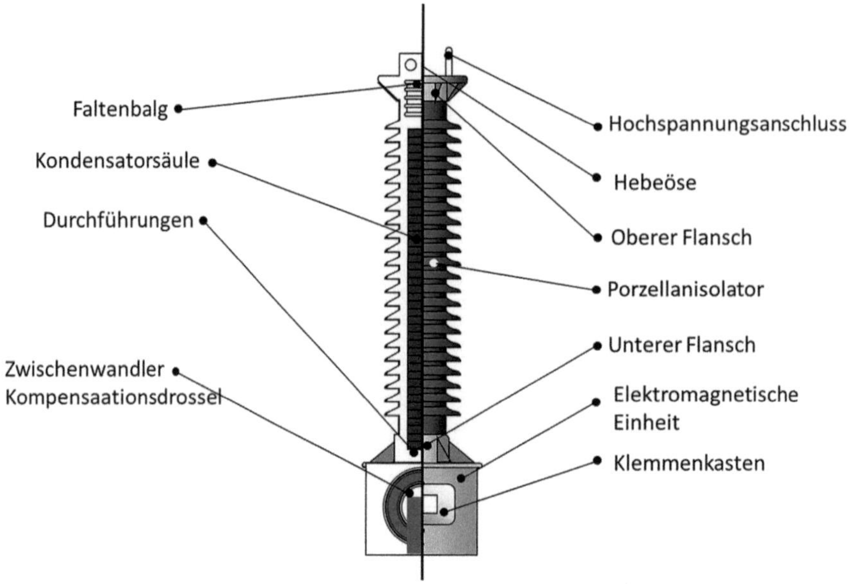

Abb. 4.29 Schnittbild eines kapazitiven Spannungswandlers

Die Abb. 4.30 erklärt das Problem der gefangenen Ladungen.

Beim Wiedereinschalten folgt die Spannung an der Sekundärseite $U_{C2}(t)$ nicht der Primärspannung $U_1(t)$. Es tritt ein transienter Ausgleichsvorgang auf, der zu Fehlauslösungen von Schutzrelais führen kann.

4.3.3 Ferroresonanzschwingungen am kapazitiven Spannungswandler

Der CVT besteht aus einem kapazitiven Teiler, einer Kompensationsdrossel und einem Zwischenwandler. Dies sind Elemente, die eine Ferroresonanzschwingung ermöglichen.

Die Erregung kann durch Schaltvorgänge, wie Einschalten des CVT, oder durch Kurzschluss an den Sekundärklemmen des CVT erfolgen.

Die mathematische Analyse der Ferroresonanzschwingungen zeigt, dass nur ungerade Subharmonische auftreten können, für ein 50 Hz System also 50/1 = 50 Hz, 50/3 = $16^2/_3$ Hz und 50/5 = 10 Hz.

In der Praxis haben sich 4 Methoden für die Unterdrückung von Ferroresonanzschwingungen bewährt, die im Folgenden nach den Kosten aufgeführt sind. Die Dämpfungseinrichtungen a bis c sind an eine zusätzliche Dämpfungswicklung des Zwischenwandlers angeschlossen (siehe Abb. 4.21).

a) Einsatz von einem ohmschen Drahtwiderstand, auf einem Keramikrohr gewickelt.

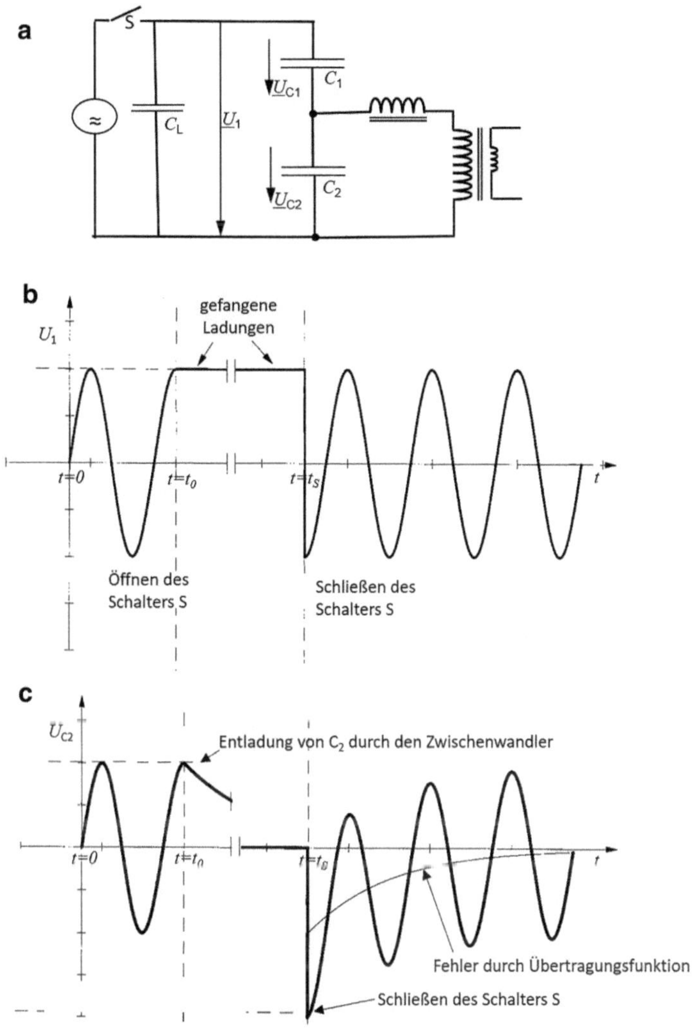

Abb. 4.30 Gefangene Ladungen beim kapazitiven Spannungswandler. **a** Der Messkreis des CVT. **b** Spannungsverlauf an der Primärseite des Teilers. **c** Spannungsverlauf an der Sekundärseite des Teilers

Der Dämpfungswiderstand (Abb. 4.31) ist dauernd an die Dämpfungswicklung des Zwischenwandlers angeschlossen und in der elektromagnetischen Einheit montiert. Ein verwendeter Standardwert ist 254 Ω.

b) Einsatz von Varistoren

Die Blockvaristoren (siehe Abb. 4.32, zwei Varistoren in Reihe geschaltet) können genügend Energie vernichten, um eine Ferroresonanzschwingung zu unterdrücken.

Abb. 4.31 Dämpfungswiderstand in der elektromagnetischen Einheit

Abb. 4.32 Varistoren zur Ferroresonanzunterdrückung eingebaut im Klemmenkasten

Die Varistoren (ZnO Ableiter, z. B. EPCOS B32 K130/K1503) dürfen bei der höchsten im Normalbetrieb vorkommenden Sekundärspannung nicht ansprechen. Sie werden an die Dämpfungswicklung des Zwischenwandlers angeschlossen und im Klemmenkasten eingebaut.

c) Einsatz von LC Gliedern

Die LC Glieder sind in Reihe geschaltet und auf die Frequenz der Ferroresonanz-Schwingungen abgestimmt. Diese Methode ist sehr wirksam, aber sie kann nur die Schwingung einer bestimmten Frequenz unterdrücken. Das LC Glied ist

Abb. 4.33 LC-Glied (umrandet) zur Ferroresonanzunterdrückung eingebaut in die elektromagnetische Einheit des CVT

an die Dämpfungswicklung des Zwischenwandlers angeschlossen und befindet sich in der elektromagnetischen Einheit. Der Metallpapierkondensator wird dabei über dem Isolieröl-Level eingebaut (Abb. 4.33).

d) Auslegung des Zwischenwandler-Kerns
Für die Unterdrückung der niedrigen subharmonischen Ferroresonanz-Schwingung mit 50/5 = 10 Hz muss der Kern des Zwischenwandlers mit niedriger Flussdichte, einem großen Luftspalt und mit Siliziumeisen mit höheren Verlusten ausgelegt werden.

4.3.4 Das System zur Trägerfrequenzübertragung auf Hochspannungsleitungen (TFH)

Zur Nachrichtenübertragung auf Hochspannungsleitungen wird auch heute noch das TFH System (englisch PLC – power line carrier) bei einigen Hochspannungsleitungen eingebaut. Zum Einspeisen der Signale werden Koppelkondensatoren verwendet. Auch der kapazitive Teiler eines CVT kann zur Einkopplung des Signals verwendet werden. Wie in Abb. 4.34 gezeigt, werden die Signale zwischen dem erdseitigen Ende des Teilers und Erde eingespeist.

4.3.5 Die Hauptelemente des kapazitiven Spannungswandlers

Die Abb. 4.34 zeigt ein Schema des kapazitiven Spannungswandlers mit all seinen Bauteilen, sowie der Einspeiseeinrichtung für TFH Signale.

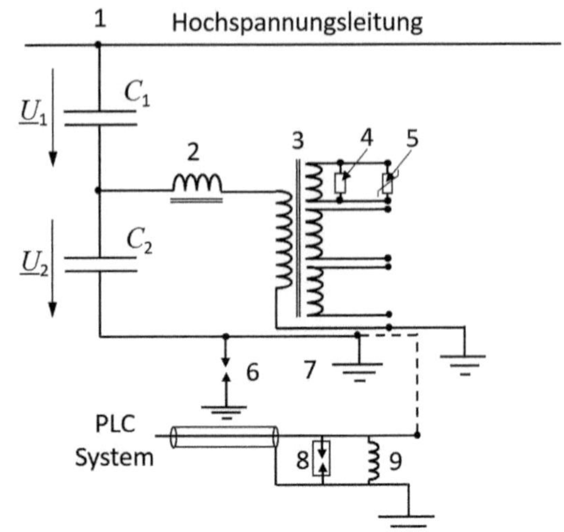

Abb. 4.34 Schema des kapazitiven Spannungswandlers mit angeschlossenem TFH System

Die Hauptelemente in Abb. 4.34 sind:

1. Spannungsteiler
2. Kompensationsdrossel
3. Zwischenwandler

Weitere Elemente sind:

4. Widerstand und
5. Varistor zur Unterdrückung der Ferroresonanzschwingung
6. Schutzfunkenstrecke
7. Erdanschluss, der bei Anschluss eines TFH Systems entfernt wird
8. Spannungsbegrenzer zum Schutz des TFH Systems
9. Ableit-Drossel (draincoil) für den netzfrequenten Wechselstrom durch den Spannungsteiler

In den folgenden Unterkapitel werden die Hauptkomponenten des kapazitiven Spannungswandlers näher beschrieben.

4.3.5.1 Der kapazitive Spannungsteiler

Der kapazitive Spannungsteiler teilt die Primärspannung in eine Zwischenspannung in der Größenordnung 10–15 kV. Er ist aus Kondensatorelementen mit Mischdielektrikum aufgebaut und in den Porzellanisolators eingebaut. Abb. 4.35 zeigt ein Schnittbild des Teilers mit Porzellanisolator und Durchführung.

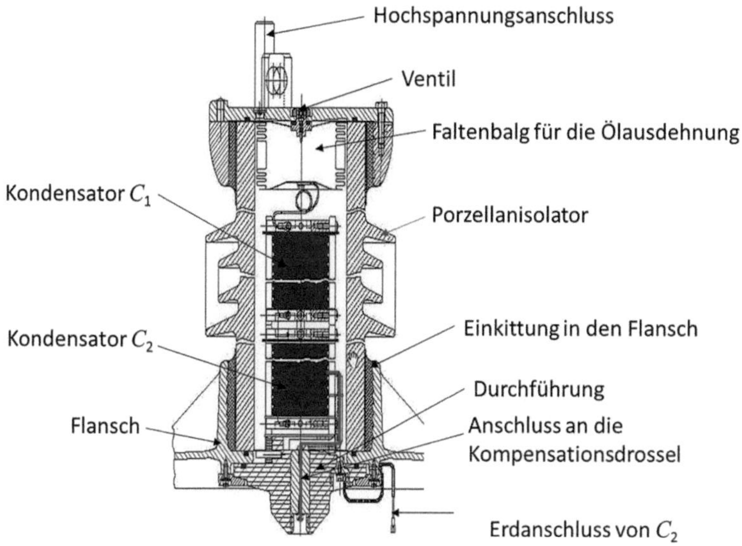

Abb. 4.35 Kapazitiver Spannungsteiler des CVT

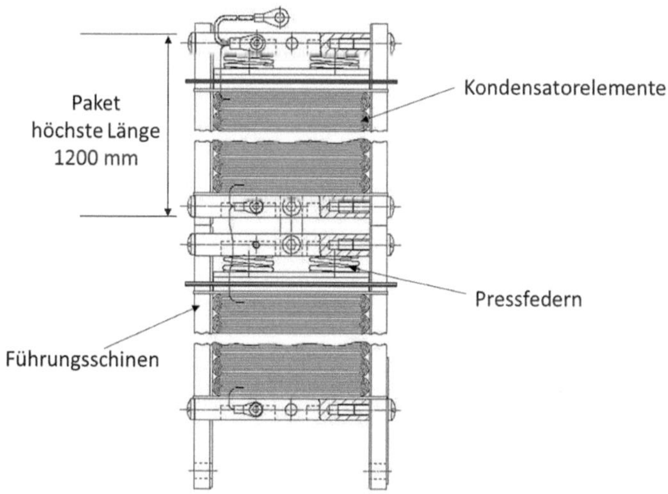

Abb. 4.36 Aktivteil des Kondensators C_1 des Spannungsteilers

In Abb. 4.36 ist der Kondensator C_1 des Teilers dargestellt. Er besteht aus 40 bis 120 einzelne, in Reihe geschalteten Kondensatorelementen. Der Kondensator ist aus bis zu 2 Paketen zusammengesetzt, welche jeweils über Pressfedern unter konstantem Druck gehalten werden, um die Kapazität konstant zu halten.

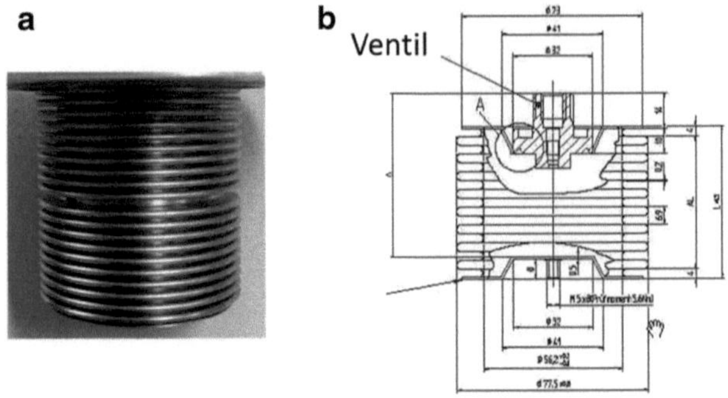

Abb. 4.37 Der Faltenbalg als Ausgleichsgefäß zur Wärmeausdehnung des Isolieröls

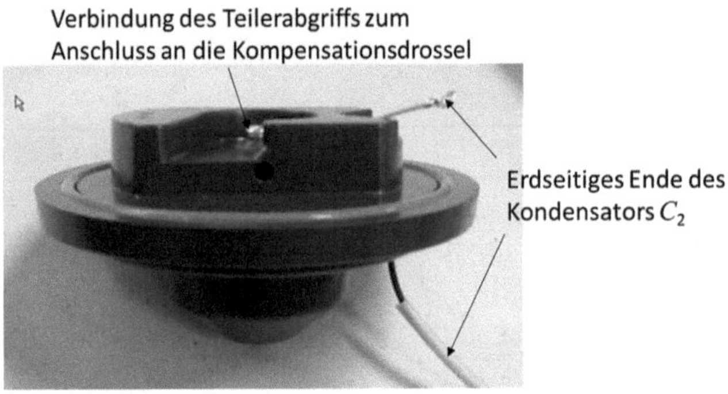

Abb. 4.38 Epoxidharzabdichtung des Teilers mit den Durchführungen für den Teilerabgriff und dem erdseitigen Ende des Teilers

Die Technologie der einzelnen Kondensatorelementen ist in Abschn. 4.5.1 beschrieben.

Die gestapelten Kondensatorelemente werden mit Isolieröl imprägniert. Zur Kompensation der Wärmeausdehnung des Öls sind, wie in Abb. 4.35 zu sehen, Ölausdehnungsgefäße notwendig. Abb. 4.37 zeigt einen zur Ölausdehnung verwendeten Faltenbalg. Er wird mit Stickstoff von 1,1 bar Überdruck gefüllt und hat einen Ausdehnungsbereich von ±40 %. Dadurch kann ein Temperaturbereich von −50 °C bis +70 °C abgedeckt werden.

Als alternative Ölausdehnungsgefäße werden auch ölgefüllte Druckdosen eingesetzt.

Für die Verbindungen des Teilerabgriffes zur Kompensationsdrossel, sowie für das erdseitige Ende des Teilers sind zwei Durchführungen notwendig. Eine Möglichkeit ist, diese in einem Epoxidharzteil zu verwirklichen wie in Abb. 4.38 gezeigt.

4.3.5.2 Die Kompensationsdrossel

Die Induktivität der Kompensationsdrossel ist gegeben durch die Gleichung:

$$L_{Dr} = \frac{1}{(C_1 + C_2)\omega^2}$$

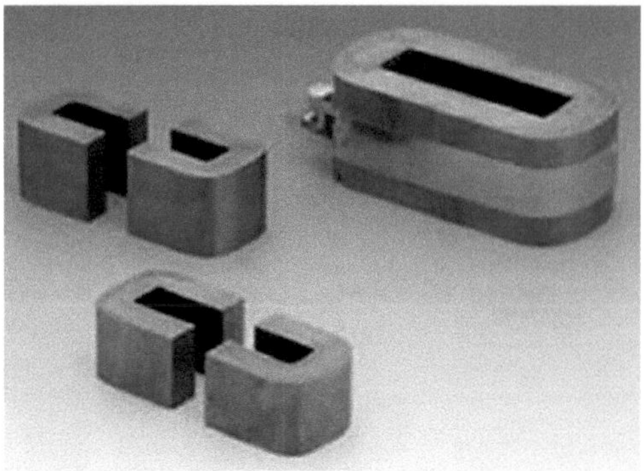

Abb. 4.39 Schnittbandkern für Kompensationsdrossel

Die Induktivität liegt zwischen 50 H und 500 H. Für die Kompensationsdrossel werden handelsübliche Schnittbandkerne, z. B. SU 114A nach DIN 41309 verwendet, wie in Abb. 4.39 gezeigt. Die Wicklung hat ca. 10 000 Windungen und wird mit isoliertem Kupferdraht gewickelt. Zur Linearisierung der Magnetisierungskurve wird ein Luftspalt zwischen 0,8 und 1,6 mm eingesetzt.

Anforderungen an die Kompensationsdrossel:

- Die Drossel darf keine Signale des PLC Systems durchlassen
- Die Drossel muss für die Prüfspannung und die Blitzstoßspannung nach IEC 61869 ausgelegt sein
- Leichte Einstellung der Resonanz mit dem $C_1 + C_2$

Abb. 4.40 zeigt eine fertige Kompensationsdrossel. Der Kern und die Wicklung müssen gegenüber dem geerdeten Stahlkessel für die Spannung $U_{C2} = \frac{C_1}{C_1+C_2} \cdot U_P$ isoliert sein.

Abb. 4.40 Kompensationsdrossel eines CVT

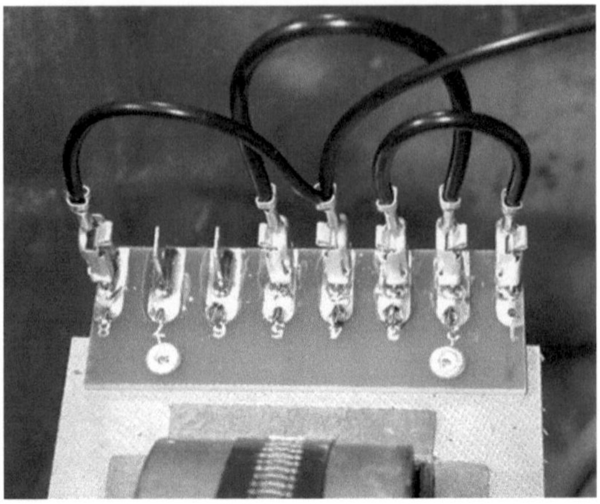

Abb. 4.41 Anzapfungen zum Abgleich der Kompensationsdrossel

Für die Einstellung der Kompensationsdrossel auf Resonanz mit dem kapazitiven Teiler werden Anzapfungen angebracht, welche bei der Prüfung des CVT angepasst werden können. Abb. 4.41 zeigt diese Anzapfungen.

4.3.5.3 Der Zwischenwandler

Der Zwischenwandler wandelt die durch den kapazitiven Teiler geteilte Spannung in die Sekundärspannung um. Es können dabei ein oder mehrere Sekundärwicklungen realisiert werden. Neben den Sekundärwicklungen wird noch eine Dämpfungswicklung aufgebracht, um Dämpfungseinrichtungen für Ferroresonanzschwingungen anbringen zu können (siehe Abschn. 4.3.3).

Abb. 4.42 zeigt schematisch den Aufbau des Zwischenwandlers. Die Primärwicklung wird als trapezförmige Lagenwicklung ausgeführt. Zwischen der Primärwicklung und den rechteckförmigen Sekundärwicklungen liegt eine Abschirmung, um transiente Störsignale auf der Sekundärseite zu vermeiden. Die Abschirmung und der Kern sind mit Erde verbunden.

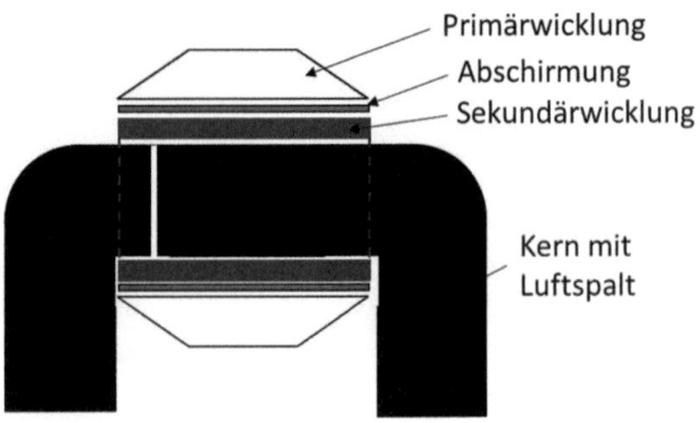

Abb. 4.42 Schematischer Aufbau des Zwischenwandlers

Abb. 4.43 Der fertige Zwischenwandler mit Anzapfungen auf der Primärseite

Die Primärwicklung ist auf der Hochspannungsseite mit Anzapfungen versehen, über die bei der Prüfung ein Abgleich der Sekundärspannung gemacht werden kann (siehe Abb. 4.43).

4.3.5.4 Die elektromagnetische Einheit

Der Zwischenwandler und die Kompensationsdrossel werden in einen Stahlkessel eingebaut und mit Mineralöl imprägniert. Diese elektromagnetische Einheit bildet zusammen mit dem kapazitiven Teiler den kapazitiven Spannungswandler. Abb. 4.44 zeigt eine elektromagnetische Einheit, bei der neben Kompensationsdrossel (3) und Zwischenwandler (4) noch ein LC Glied zur Ferroresonanzunterdrückung, bestehend

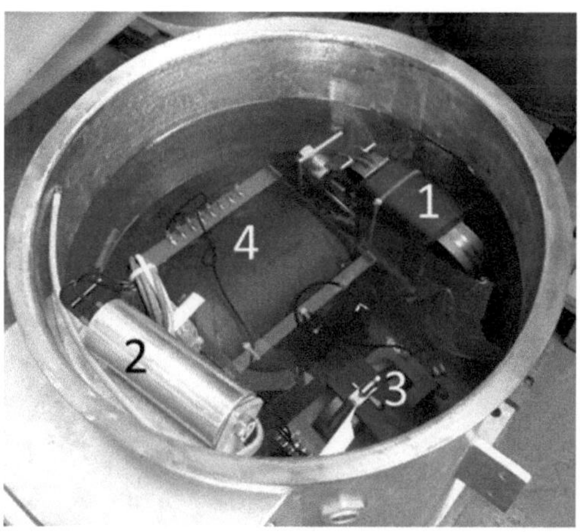

Abb. 4.44 Elektromagnetische Einheit eines CVT, (1) Drossel und (2) Kondensator als LC Glied zur Ferroresonanzunterdrückung, (3) Kompensationsdrossel, (4) Zwischenwandler

aus einer Drossel (1) und einem Kondensator (2), eingebaut ist. Der Kondensator ist in Metall-Papiertechnologie hergestellt. Diese selbstheilende Technologie, bei der Metall auf das Papierdielektrikum aufgedampft wird ist in [61] ausführlich beschrieben.

4.4 Widerstandstechnologie

4.4.1 Einführung in das Gebiet Messung von Spannungen mit Widerstandsteilern

Die ersten Versuche der Spannungsmessung mit Widerstandsteilern wurden auf dem Gebiet hoher Gleichspannungen für die Speisung von Elektronen- und Ionenbeschleuniger in den Jahren 1955 bis 1975 gemacht [62].

Die Messteiler mussten je nach Anwendung als Ist-Wertgeber für einen Regelkreis eine hohe zeitliche Konstanz haben [63].

Es wurden für Elektronenbeschleuniger als Speisequelle für Elektronen-Mikroskope Stabilitäten von $f = \frac{u_i(t) - u_N(t)}{u_N(t)} \approx 2 \cdot 10^{-6}$ bis $2 \cdot 10^{-5}$ erreicht.

In der Praxis wurden zwei Widerstandsteiler-Technologien eingesetzt. Der kompensierte R-Teiler (siehe Abschn. 4.7) wird für Spannungen von $1\ kV_{eff}$ bis $52\ kV_{eff}$ Wechselspannung und für Gleichspannung eingesetzt, mit einer Kompensierung der Erdkapazitäten durch konstruktive Maßnahmen; und der RC-Teiler (siehe Abschn. 4.8) wird für Wechselspannungen von $52\ kV_{eff}$ bis $1200\ kV_{eff}$ und für Gleichspannung bis 4000 kV eingesetzt, mit parallel geschalteten Kondensatoren.

Zwei messtechnische Forderungen für den Einsatz von kompensierten R-Teilern und RC-Teilern:

1. Parallelschaltung von Kondensatoren
   Da der zur Verfügung stehende Messstrom durch die Kosten der Widerstände und durch die Erwärmung der Teiler bei 200 µA bis 600 µA mit einer Betriebsspannung von 200 kV bis 4 MV begrenzt ist, erzwingen die Streukapazitäten [64] den Einsatz von parallel geschalteten Kondensatoren.
2. Proportionale Übertragung von der Primärspannung $U_p(t)$ auf die Sekundärspannung $U_s(t)$ des Messsystems.
   Diese Forderung ist notwendig, um richtige Ergebnisse für Schutzsysteme zu erreichen. Es ist nicht machbar, dass z. B. das Problem der gefangenen Ladungen in GIS oder Freiluftanlagen bei Schaltvorgängen zu richtigen Signalen auf der Sekundärseite eines C-Teilers und in kapazitiven Spannungswandlern ergeben [65, 66].

Die industrielle Einführung des kompensierten R-Teilers und des RC-Teilers in der Hochspannungsmesstechnik für Wechselspannung war der Vortrag in Spokane in den USA [64]. Die Ausführung des kompensierten Widerstandsteilers misst Frequenzen von

0 Hz bis 10 kHz, die Ausführung als RC-Teiler mit parallelgeschalteten Kondensatoren bis 1 MHz.

4.4.2 Die Technologie der Widerstände

Die entscheidenden Einflussfaktoren haben die in Reihe geschalteten Widerstände für die Messung. Einige notwendige Angaben für die Auswahl der Widerstände sind in der Tab. 4.1 angegeben.

In dem Aufsatz [47] sind wesentliche Ergebnisse angegeben. Der Einsatz von Metallschichtwiderständen ist gescheitert, da schnelle Änderungen der elektrischen Felder und den damit verbundenen Kräften die Metallschicht zerstören. Die in Reihe geschalteten Massewiderstände haben sich als robuste Teiler bewährt, sind aber als präziser Istwert-Geber für Regelkreise zur Erzeugung hoher Stabilität von Speisungen ungeeignet. In dem RC-Teiler des Elektronenbeschleunigers [62] sind Drahtwiderstände eingesetzt worden.

Tab. 4.1 Notwendige Angaben der Widerstände in Teilern

1	Temperaturkoeffizient $T_K = f(T)$ [1/T] a) T_{Kmin}, b) $T_{Kmittel}$, c) T_{Kmax}
2	Art des Widerstandes a) Drahtwiderstand b) Metallschichtwiderstand c) Dickschichtwiderstand d) Massewiderstand e) Cermetwiderstand
3	Die Widerstände müssen auf vollen Keramikzylindern oder Platten aufgebracht werden, da es im Inneren von Rohren zu Überschlägen kommen kann
4	Maximale Thermospannung zwischen Widerstandsmaterial (z. B. Manganin, Widerstandspaste, Kohlemasse) und Kupfer/verzinnte Kupferanschlüsse
5	Thermisches Rauschen der Widerstände im Frequenzbereich 5 kHz – 1 MHz (s. Abb. 4.45, 4.46 und 4.47)
6	Stabilität $\Delta R/R_0 = f$ (Jahre) bei Raumtemperatur (Ausgangswert R_0 bei 20 °C und 50 % Luftfeuchtigkeit
7	Höhe der internen Temperaturerhöhung bei maximaler Betriebsspannung
8	Thermische Zeitkonstante
9	Maximale Betriebsspannung
10	Abhängigkeit des Widerstandswertes von der Betriebsspannung $R = f(U_{eff})$
11	Langzeitstabilität in Funktion der Zeit und Temperatur $\Delta R/R_0 = f(t,T)$ bei Dauerbetrieb
12	Widerstandsänderung bei Beanspruchung mit Steilstößen und Schaltspannungen

Die Messung der Widerstandswerte und Widerstandsänderungen dürfen nicht mit niedriger Spannung, sondern müssen mit Betriebsspannung erfolgen. Als geeignetes Messsystem hat sich die Scheringbrücke erwiesen (s. Abb. 4.52).

Das thermische Rauschen der Widerstände ist in den Abb. 4.45, 4.46 und 4.47 mit einem Oszilloskop aufgezeichnet. Der Drahtwiderstand hat die tiefste und der Massewiderstand die höchste Rauschspannung. Es sind unter gleichen Messbedingungen in

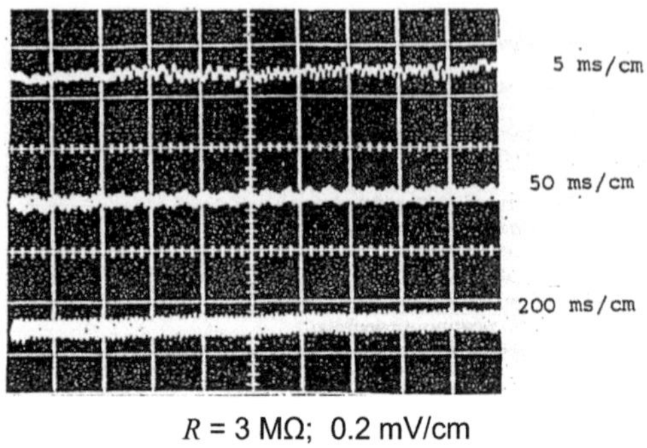

Abb. 4.45 Gemessene Rauschspannung am Drahtwiderstand. $U_R \approx 8 \times 20\,\mu V = 0{,}16\,mV$

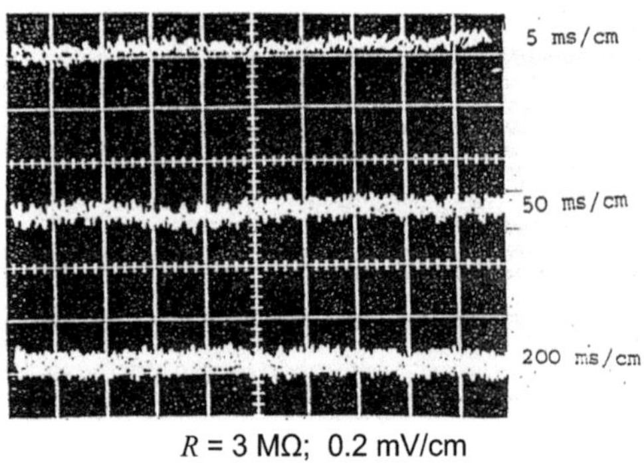

Abb. 4.46 Gemessene Rauschspannung am Cermetwiderstand. $U_R \approx 8 \times 60\,\mu V = 0{,}48\,mV$

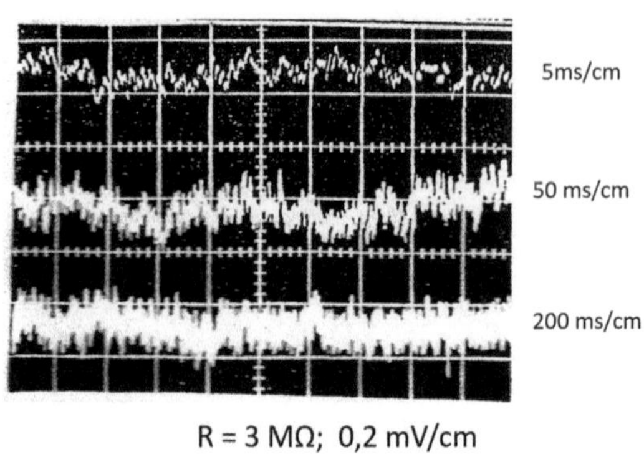

Abb. 4.47 Gemessene Rauschspannung am Massewiderstand. $U_R \approx 8 \times 240\,\mu V = 1{,}92\,mV$

einer Brückenschaltung mit vier 3 MΩ Widerständen das thermische Rauschen von verschiedenen Widerstandstechnologien aufgezeichnet [67, 68].

Die Rauschspannung wurde bei drei verschiedenen Zeitmaßstäben gemessen. Für die in den letzten Jahren aus Kostengründen eingesetzten Dickschichtwiderstände liegen keine Rauschmessungen vor.

Aus der Brückenschaltung berechnet sich die Rauschspannung pro Widerstand zu 8-mal der gemessenen Spitze-Spitze Spannung.

Als Ersatz für die sehr kostenaufwendigen Drahtwiderstände wird nur noch der Dickschichtwiderstand eingesetzt. In dem ETZ Beitrag „Widerstandstechnologie für Mittelspannungssensoren" [68] wurden Lebensdauerprüfungen an Hochspannungsdickschicht widerständen durchgeführt.

4.4.3 Der Dickschichtwiderstand

Für den Einsatz der Dickschichtwiderstands-Technologie mussten neue Prüf- und Messverfahren entwickelt werden, da es sich zeigte, dass die in IEC 61869-1 und IEC 61869-11 genormten Typenprüfungen nicht ausreichten, um den Anforderungen betreffend den Genauigkeiten der Klassen 0,2 % oder 0,1 % und der Langzeitstabilität des Übersetzungsverhältnisses des Teilers für Verrechnung von elektrischer Energie zu erfüllen.

Die Änderung des Widerstands mit der Temperatur ist sehr gering. Der Temperaturbeiwert α_1 liegt je nach Temperaturbereich zwischen $10 \cdot 10^{-6}\,K^{-1}$ und $50 \cdot 10^{-6}\,K^{-1}$.

Die Ergebnisse der Prüfungen nach IEC in der Tab. 4.2 und 4.3 zeigen, dass die Dickschichtwiderstände für den Einsatz in Spannungsteilern bei Beanspruchung mit Wechsel- und Blitzstoßspannung geeignet sind.

Die Messung der Widerstandswerte mit elektronischen Messinstrumenten muss nach dem heutigen Wissensstand als ungenügend für Genauigkeitsmesssysteme angesehen werden. Für die Auslegung sind nur Widerstände, gemessen mit der Scheringbrücke bei Betriebsspannung brauchbar.

Für die extremen Spannungsänderungen mit einer Stirnzeit von 5 ns bis 10 ns bei Schaltungen in GIS-Anlagen wurde für die Prüfung der Dickschichtwiderstände ein koaxialer Stoßgenerator entwickelt (siehe Abb. 4.48 und 4.49). Die Eigeninduktivität des koaxialen Stoßgenerators wurde durch Messungen mithilfe der Resonanzmethode zu 1,5 µH bestimmt. Die Zeitkonstante $t = L/R$ der Anlage liegt, je nach Widerstandswert der Prüflinge zwischen $4 \cdot 10^{-5}$ ns und 0,1 ns.

Tab. 4.2 Dielektrische Standardprüfungen der Dickschichtwiderstände für die Energietechnik (nach IEC 61869-1 und -11)

Prüfparameter	Dickschicht-Flachwiderstand	Dickschicht-Rundwiderstand
	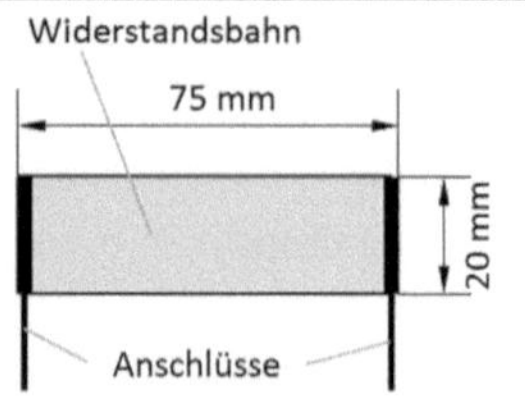	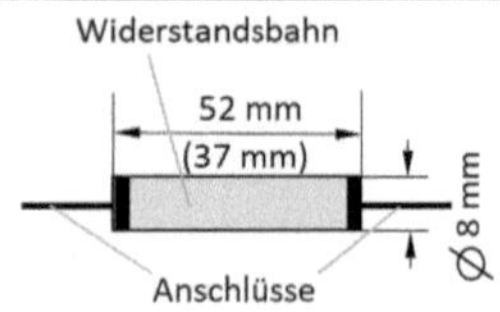
Nennwert	50 MΩ	35 MΩ
Temperaturbeiwert	α_1	α_1 (5 Prüflinge) $\alpha_2 = \alpha_1/2$ (5 Prüflinge)
Anzahl der Prüflinge	10	10
Wechselspannung	17,4 kV, 1 min, 50 Hz	11,5 kV, 1 min, 50 Hz
Temperatur	<88 °C	<82 °C
Blitzstoßspannung	43 kV, 1,2/50 µs	28 kV, 1,2/50 µs
Anzahl der Stöße (je Prüfling)	15 positive Stöße 15 negative Stöße	15 positive Stöße 15 negative Stöße

Tab. 4.3 Prüfergebnisse nach der Beanspruchung nach Tab. 4.2

Typ	Dielektrisches Verhalten	$\Delta R/R$ in % bezogen auf den Widerstandswert vor den Prüfungen
Flachwiderstand	Keine Überschläge längs der Widerstände	$+5 \cdot 10^{-3}$ bis $-10 \cdot 10^{-3}$
Rundwiderstand	Keine Überschläge längs der Widerstände	5 Prüflinge (α_1) sehr kleine Abnahme bei Wechselspannung und Blitzstoßspannung 5 Prüflinge (α_2) Abweichungen mit Messmethode nicht erfassbar

4.4.4 Die Lebensdauerprüfung von Dickschichtwiderständen mit bipolaren Spannungsimpulsen

In dieser Untersuchung wurden Rund- und Flachwiderstände gemessen, die erst die Typenprüfungen nach IEC 61869-1 und 61869-11 bestanden hatten. Die Widerstände wurden mit dem koaxialen Stoßgenerator in Abb. 4.48 und 4.49 mit bipolaren Stößen beansprucht.

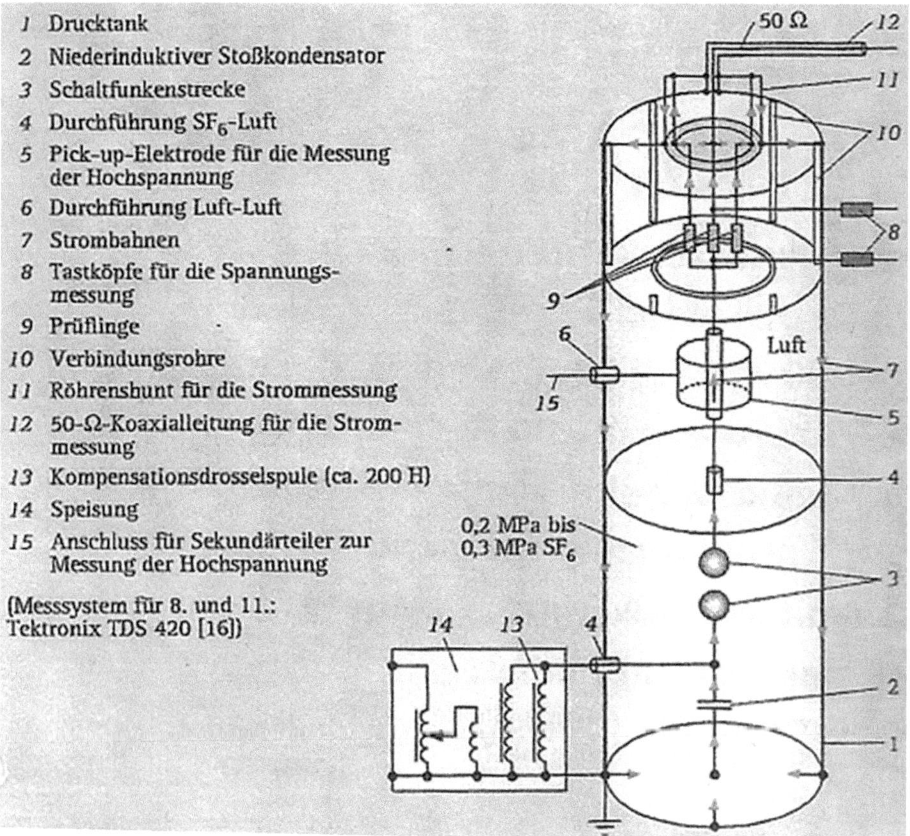

Abb. 4.48 Koaxialer Stoßgenerator für die Erzeugung von bipolaren Impulsen mit einer Anstiegszeit von 5 ns bis 10 ns

Die Widerstände wurden mit einer großen Anzahl Stößen beansprucht und danach wurde die Änderung des Widerstandwertes gemessen. Tab. 4.4 zeigt die Ergebnisse für verschiedene Widerstände.

Die geprüften Standardwiderstände zeigen bei Steilstoßbeanspruchung eine Widerstandsänderung von $\Delta R/R_0 \geq 1 \cdot 10^{-2}$. Diese Änderungen sind für die Anwendung der ohmschen Spannungsteiler im Verrechnungsmeßsystem zu groß.

Die Messungen des Wertes $\Delta R/R_0$ erfolgte mit digitalem Messinstrument und nicht bei Betriebsspannung und sind daher nicht genügend aussagekräftig.

Die Form der bipolaren Spannungsimpulse zeigen die Abb. 4.50.

Die Weiterentwicklung der Dickschichtwiderstände für die Anwendung in der Hochspannungstechnik ergaben bessere Resultate bei den gleichen Prüfungen wie in Tab. 4.4. Die Prüfergebnisse der Lebensdauerprüfung dieser verbesserten Widerstände sind in der Tab. 4.5 angegeben.

Abb. 4.49 Konstruktive Ausführung des koaxialer Stoßgenerator für die Erzeugung von bipolaren Impulsen mit einer Anstiegszeit von 5 ns bis 10 ns. 1 Stoßgenerator, 2 Drossel mit Erdungsstange, 3 Speisegenerator

Tab. 4.4 Prüfergebnisse mit üblichen Dickschichtwiderständen

Typ	Anzahl Prüflinge	Daten	Prüfspannung Scheitelwert	Anzahl der Stöße	Ergebnis $\Delta R/R$
Rundwiderstand	5	$l=37$ mm, $d=8$ mm 35 MΩ, α_1	12 kV	300 000	+0,7 bis +0,9 %
	5	$l=52$ mm, $d=8$ mm 35 MΩ, α_2	12 kV	300 000	+0,9 %
Flachwiderstände	1	$l=75$ mm, $b=20$ mm 50 MΩ, α_1	38 kV	12 000	−7 %
		$l=75$ mm, $b=20$ mm 50 MΩ, α_1	5 kV 26 kV 34 kV 38 kV	60 000 20 000 12 000 10 000	−1,6 %

Die Werte $\Delta R/R_0$ wurden mit digitalen Instrumenten gemessen und waren praktisch nicht erfassbar. Diese Widerstände sind geeignet für die Anwendung von Verrechnung elektrischer Energie der Klassen 0,1 % und 0,2 %.

Für die Beurteilung dieser Dickschichtwiderstände fehlt noch die Messung mit Hochspannung nach wiederholtem Ein- und Ausschalten einer Prüfspannung mit 36 kV_{eff}.

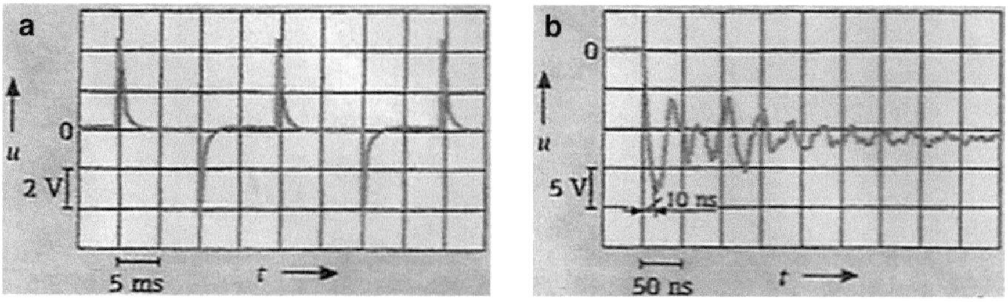

Abb. 4.50 Spannungsimpulse des koaxialen Stoßgenerators. **a** Bipolare Spannungsimpulse. **b** Einzelner negativer Spannungsimpuls

Tab. 4.5 Prüfergebnisse mit hochkonstanten Dickschichtwiderständen

Anzahl	Abmessungen	Temperaturbeiwert	Widerstandswert	$\Delta R/R_0$
4	$l=75$ mm, $b=20$ mm	$\alpha_2=\alpha_1/2$	25 MΩ	0 bis −0,015 %
1	$l=75$ mm, $b=20$ mm	$\alpha_2=\alpha_1/2$	25 MΩ	−0,012 %

4.4.5 Die Belastung der Dickschichtwiderstände durch Ein- und Ausschaltung der Prüfspannung von 36 kV_{eff}

Um den Einfluss von Ein- und Ausschaltungen der Spannung auf die Dickschichtwiderstände zu überprüfen, wurde eine Versuchsanordnung hergestellt, welche über einen Vakuumschalter die Prüfspannung von 36 kV zuschaltet und wieder abschaltet (siehe Abb. 4.51). So wurden 10 000 Schaltzyklen (Ein- und Ausschaltungen) gemacht und der Widerstandwert mit einer modifizierten Scheringbrücke, welche an der Berner Hochschule in Burgdorf entwickelt wurde, gemessen (siehe Abb. 4.52).

Geprüft wurden 8 in Reihe geschaltete 20 MΩ Widerstände. Der Gesamtwiderstand hatte also einen Nennwert von 160 MΩ. Der Anfangswert, vor den Schalthandlungen wurde mit der Scheringbrücke bei 20 kV gemessen zu $R_0=176{,}9017$ MΩ. Die Versuche wurden im Hochspannungslabor der Berner Hochschule in Burgdorf durchgeführt [69].

Tab. 4.6 zeigt die Ergebnisse der Widerstandsmessungen. Es wurden 3 getrennte Widerstandsmessreihen mit jeweils 5 kV, 10 kV, 15 kV 20 kV und 25 kV Spannung mit der Scheringbrücke nach Abb. 4.52 gemessen. Der Mittelwert in Tab. 4.6 wurde zur Berechnung der Abweichung vom Anfangswert verwendet.

$$\frac{\Delta R}{R_0} = \frac{{}^1\!/_3(R_{\varnothing 1}+R_{\varnothing 2}+R_{\varnothing 3})-R_0}{R_0} = \frac{R_\varnothing - R_0}{R_0}$$

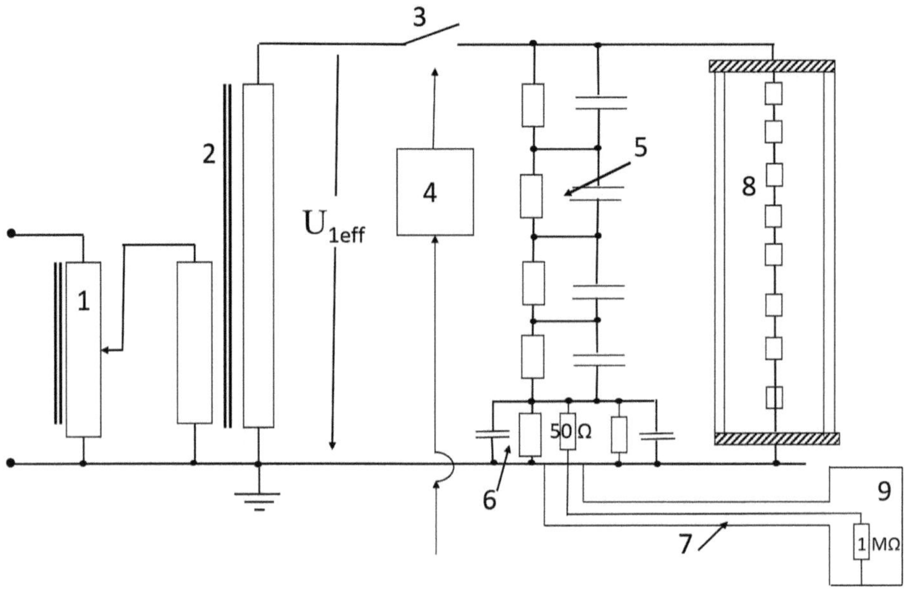

Pos 1	Stelltransformator
Pos 2	Hochspannungstransformator
Pos 3	Vakuumschalter
Pos 4	Signalgeber für Ein- und Ausschaltung
Pos 5	Referenzspannungsteiler
Pos 6	koaxialer Sekundärteil des Referenzteilers
Pos 7	50 Ω Koxialkabel
Pos 8	Prüfling
Pos 9	Oszilloskope

Abb. 4.51 Prüfschaltung für das Ein- und Ausschalten der Dickschichtwiderstände

In Abb. 4.54 sind drei Ausführungsformen von Dickschichtwiderständen gezeigt. Durch die Reihenschaltung von bifilaren Widerstandselementen (s. Abb. 4.54b), wird eine sehr kleine Induktivität des Dickschichtwiderstandes erreicht, was für eine lineare Spannungsverteilung längs des Aktivteils entscheidend ist.

Bei den Versuchen mit Ein- und Ausschaltungen der Spannung wurden Widerstände der Konstruktion nach Abb. 4.54c verwendet mit einem Nennwert von 20 MΩ.

Auf den Rundwiderständen nach Abb. 4.54c sind ebenfalls bifilare Elemente in Reihe geschaltet. Hier müssen die Abstände zwischen den Leiterbahnen so ausgeführt werden, dass es nicht zu Überschlägen zwischen den einzelnen Elementen kommt. Der Abstand zwischen dem Anfang und der Leiterbahn des halben bifilaren Elementes muss mit entsprechender Überschlagsdistanz ausgeführt werden.

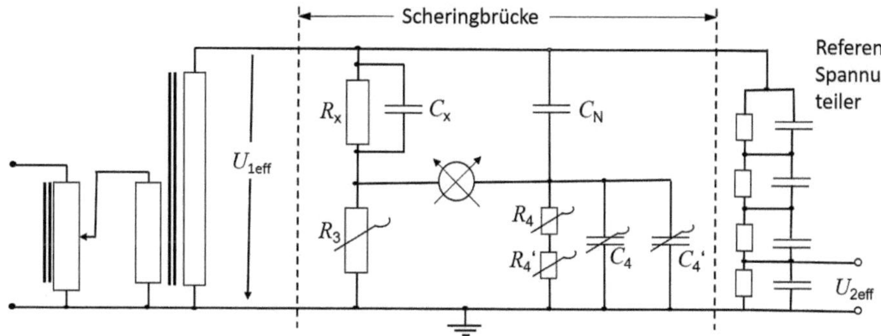

R_X	Prüfling, 8x 20 MΩ = 160 MΩ Dickschichtwiderstände
C_X	Zusatzkapazität 20 pF (Polystyrol-Kondensatoren)
R_3	10 kΩ
R_4+R_4'	100 Ω bis 2000 Ω
C_N	974,4 pF, Normalkondensator (Pressgaskondensator)
C_4	1,11 µF (Brücke)
C_4'	19,48 µF Zusatzkondensator (Polystyrol)

Abb. 4.52 Modifizierte Scheringbrücke zur Messung der hochohmigen Widerstände

Tab. 4.6 Widerstandsmessungen und Abweichung zum Anfangswert der Dickschichtwiderstände bei Belastung mit Ein-/Ausschaltvorgängen

Anzahl Schaltungen	Gemessener Widerstand $R_Ø$ in MΩ	Abweichung zum Anfangswert in %
100	1769675	0,0372
500	1775792	0,3830
1000	1779539	0,5948
1500	1781502	0,7058
2000	1783925	0,8427
3000	1784497	0,8751
4000	1784961	0,9013
5000	1785085	0,9083
6000	1785698	0,9430
7000	1785825	0,9501
8000	1786030	0,9617
9000	1786035	0,9620
10000	1786071	0,9640

Das Messen mit der modifizierten Scheringbrücke ist eine technisch anspruchsvolle Engineering-Tätigkeit und erfordert Kenntnisse der sensiblen Hochspannungstechnik. Der Abgleich der Brücke ist z. B. nicht möglich, wenn bei einer der drei Hochspannungskomponenten in der Brücke R_x, C_x und C_N Teilentladungen auftreten, oder die Speisespannung Oberwellen enthält.

Für den Einsatz der Spannungsteiler in Energieverrechnungssystemen der Genauigkeitsklassen 0,1 und 0,2 sollte der Wert $\Delta R/R_0 \leq 0{,}05\ \%$ durch Schaltvorgänge nicht vergrößert werden. Nach Abb. 4.53 sollten demnach die Widerstände mit ca. 5000 Ein-/Ausschaltzyklen vorgealtert werden.

Andere Möglichkeiten zur Verbesserung der Stabilität des Widerstandswertes sind die Entwicklung von Widerständen mit feinkörnigeren Pasten [70], oder die Entwicklung eines anderen Herstellungsverfahrens der Widerstände.

Bei Dickschichtwiderständen, die in elektrischen Feldern mit hohen Feldstärken eingebaut sind, ist der Aktivteil durch eine dünne Glasschicht zu schützen, sodass die Feldkräfte keine Partikel aus dem Aktivteil herausreißen können [47].

4.4.6 Die Induktivität der Dickschichtwiderstände

Durch die mäanderförmige Widerstandsbahn, wie in Abb. 4.54b zu sehen, wird die Induktivität des Widerstandes minimiert.

In einem Versuch wurde die Induktivität gemessen. Dazu wurde ein Drahtmodell des Widerstandes hergestellt, bei dem der Draht in die Form der Widerstandsbahn gebracht wurde (siehe Abb. 4.55). Die Drahtdicke wurde so gewählt, dass sein Durchmesser (0,8 mm) der Breite der Widerstandsbahn entspricht.

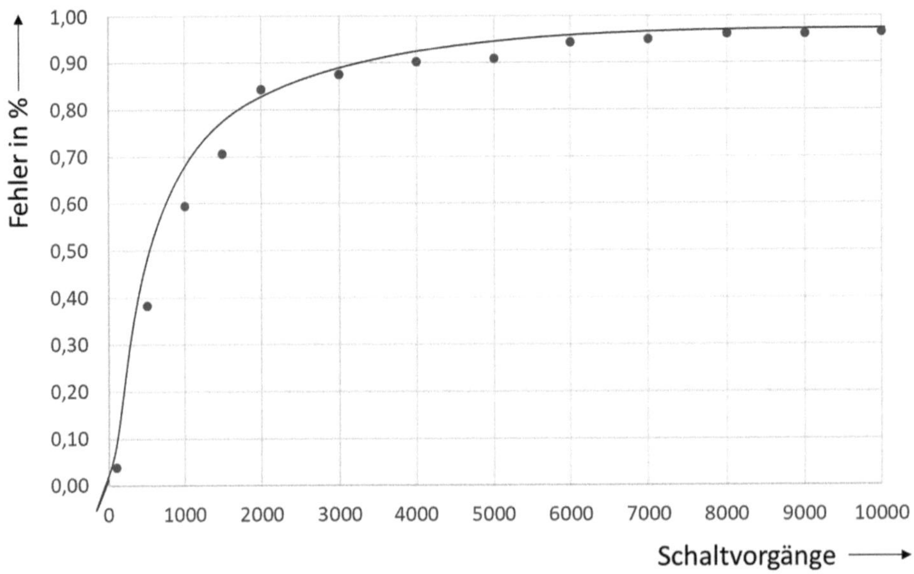

Abb. 4.53 Abweichung des Widerstandwertes von dem Ausgangswert als Funktion der Anzahl der Schaltzyklen

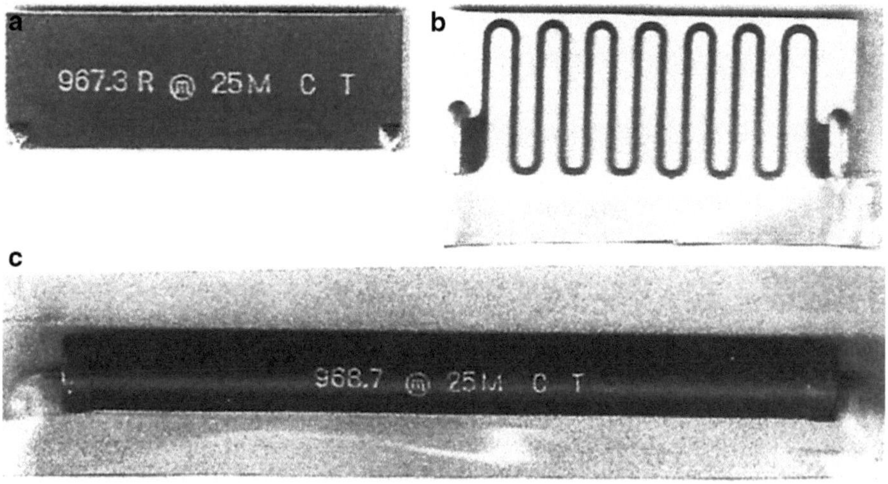

Abb. 4.54 Ausführungsformen von Dickschichtwiderständen. **a** Flachwiderstand auf Keramikträger mit Schutzlack überzogen. **b** Flachwiderstand auf Keramikplatte ohne Schutzlack (7 bifilare Elemente in Reihe geschaltet). **c** Rundwiderstand auf Keramikrundstab mit Schutzlack überzogen

Abb. 4.55 Drahtmodell eine s 25 MΩ Dickschichtwiderstandes zur Bestimmung der Induktivität

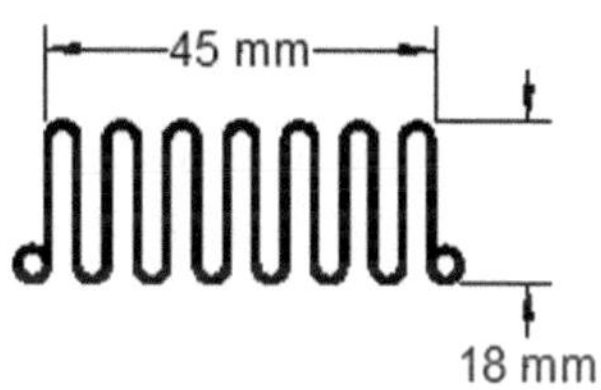

Tab. 4.7 zeigt die bei unterschiedlicher Frequenz gemessene Induktivität und Widerstand. Das Modell entspricht einem 25 MΩ Dickschichtwiderstand. Die Messungen wurden mit einem „HP Precision RLC-Meter 4284 A" gemacht.

Die Ergebnisse der Induktivitätsmessungen zeigen, dass die Induktivität bei den hochohmigen Widerständen, wie sie in Teilern eingesetzt werden, vernachlässigt werden kann. Aus den Messwerten ergibt sich selbst für eine Frequenz von 1 MHz eine Impedanz von $Z_L = \omega L = 2 \cdot \pi \cdot 10^6\ 1/\text{s} \cdot 186\ \ 10^{-9}\ \text{H} = 1{,}17\ \Omega$.

Tab. 4.7 Gemessene Induktivität des Widerstandsmodells aus Abb. 4.55

Frequenz	Induktivität L	Widerstand R
500 Hz	50 nH	8,80 Ω
1 kHz	170 nH	8,80 Ω
2 kHz	210 nH	8,80 Ω
5 kHz	216 nH	8,80 Ω
10 kHz	207 nH	8,80 Ω
20 kHz	202 nH	8,80 Ω
50 kHz	198 nH	8,80 Ω
100 kHz	195 nH	8,80 Ω
200 kHz	192 nH	8,80 Ω
500 kHz	188 nH	8,81 Ω
1 MHz	186 nH	8,83 Ω

4.5 Kondensatortechnologie

4.5.1 Öl-isolierte Kondensatoren

4.5.1.1 Das Öl-Papier-Kondensatorelement

Kondensatoren für den Einsatz in der Hochspannungstechnik werden meist als Stapel einzelner gewickelter Elemente hergestellt.

Das einzelne Kondensatorelement ist in Abb. 4.56 schematisch dargestellt und in Abb. 4.58 gezeigt. Die Kondensatorelemente sind mit einem Mischdielektrikum aus Polypropylen und hochverdichtetem Isolierpapier hergestellt.

Bei der Verwendung dieses Mischdielektrikums wird die Temperatureinfluss auf die Kapazität minimiert. Isolierpapier hat einen positiven Temperaturkoeffizient, das heißt, die Kapazität eines Kondensators mit reinem Papierdielektrikum nimmt mit steigender Temperatur zu. Dagegen ist der Temperaturkoeffizient von Polypropylen negativ, das heißt, die Kapazität eines Kondensators mit reinem Polypropylendielektrikum nimmt mit

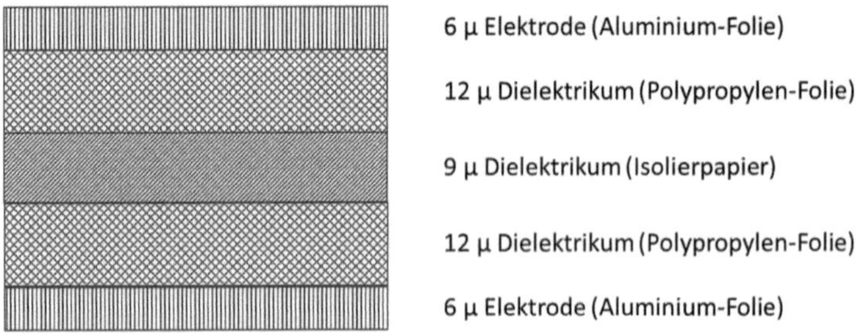

Abb. 4.56 Schematischer Aufbau eines Kondensatorelements mit Mischdielektrikum

Abb. 4.57 Kondensator-Wickelmaschine

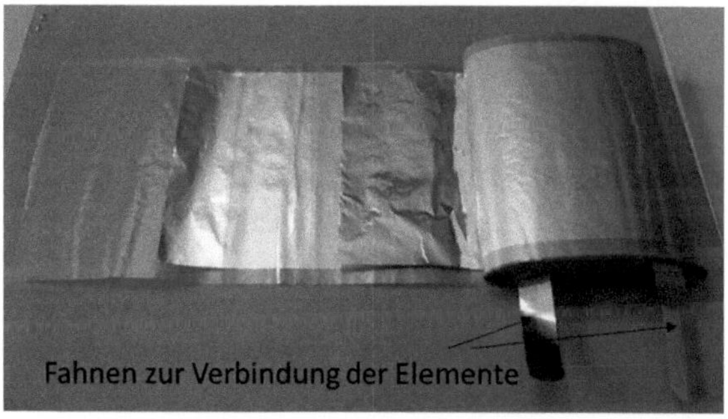

Abb. 4.58 Fertiges Kondensator-Element

steigender Temperatur ab. Um eine möglichst von der Temperatur unabhängige Kapazität zu erhalten, wird deshalb ein Dielektrikum gemischt aus Isolierpapier und Polypropylen verwendet.

Die Kondensatorelemente werden mit einer Wickelmaschine, wie in Abb. 4.57 hergestellt, die je nach Konstruktion der Elemente mit den verschiedenen Materialien eingerichtet wird.

Die Elemente werden gestapelt und über die Druckfedern zusammengepresst. Zur Verbindung der einzelnen Elemente werden verzinnte Kupferfahnen (siehe Abb. 4.58) eingelegt und im Stapel miteinander verbunden (siehe Abb. 4.59).

Pro Verbindung werden 1 bis 4 verzinnte Kupferfahnen mit einer Dicke von 60 μm und einer Breite von 10 mm verwendet. Die Anzahl der notwendigen Fahnen wird durch die Energie bestimmt, die in den Kondensatoren gespeichert ist.

Abb. 4.59 Gestapelte Kondensator-Elemente mit elektrischer Verbindung zwischen den Elementen durch Fahnen und Druck

4.5.1.2 Die Anwendung des Öl-Papier-Kondensators

Die Stapel aus Kondensatorelementen werden in Porzellan- oder Verbundisolatoren eingebaut und mit Öl imprägniert. Neben Mineralöl kommt für die Kondensatoren auch synthetisches Öl wie Jarilec oder PXE zum Einsatz.

Eingesetzt werden die Kondensatoren in kapazitiven Spannungswandler (Abschn. 4.3) und RC-Teiler (Abschn. 4.8).

Daneben werden die Kondensatoren auch allein als Koppelkondensatoren zur Einkopplung von hochfrequenten Signalen der Trägerfrequenten Signalübertragung auf Hochspannungsleitungen (TFH) eingesetzt. Die stabile Bauweise erlaubt es den Koppelkondensator dabei auch als Stützelement der für die TFH notwendigen Hochfrequenz-Sperren zu benutzen, wie es in Abb. 4.60 zu sehen ist.

4.5.2 SF_6- isolierte Kondensatoren

4.5.2.1 Einflussfaktoren auf die Kapazität

In SF_6 isolierten RC-Teilern wie sie in Abschn. 4.8.4.2 beschrieben sind, werden Kondensatoren mit Dielektrikum aus Polypropylenfolien verwendet.

Für den Einsatz der gasimprägnierten Folien-Kondensatoren für RC-Teiler muss die Änderung der Kapazität in Abhängigkeit der Temperatur bekannt sein.

Abb. 4.61 zeigt die Abhängigkeit des prozentualen Kapazitätsunterschieds $\Delta C = \frac{(C-C_{20})}{C_{20}} \cdot 100\,\%$ von der Temperatur. Die Abhängigkeit der Kapazität von der Temperatur im Bereich von +20 °C und −20 °C ist mit ±0,5 % sehr gering. Zusätzlich ist die relative Elektrizitätskonstante ε_r von Polypropylen in Abhängigkeit der Temperatur angezeigt.

Neben der Temperatur ist auch der Einfluss der angelegten Spannung auf die Kapazität der SF_6 imprägnierten Folienkondensatoren von Bedeutung. Abb. 4.62 zeigt diesen Einfluss. Die Ergebnisse zeigen, dass sich die Kapazität bei einer Spannungserhöhung von 0,75 U_N auf 1,25 U_N um 0,14 % erhöht, was ein sehr kleiner Wert ist.

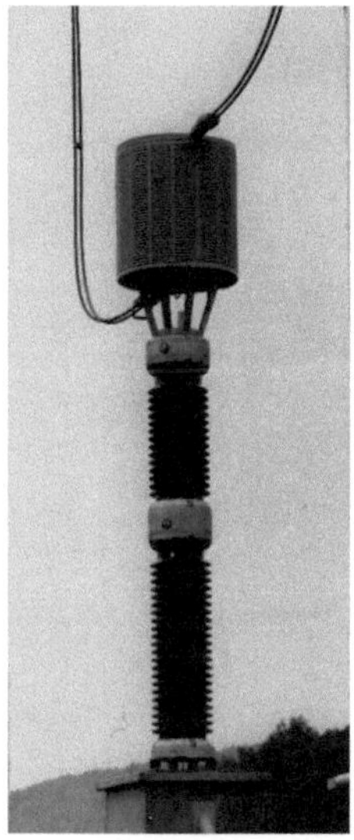

Abb. 4.60 Koppelkondensator zur Einkopplung von TFH Signalen mit direkt montierter FH-Sperre

Abb. 4.61 Der prozentual gemessene Kapazitätsunterschied, sowie die relative Elektrizitätskonstante für Polypropylen in Abhängigkeit der Temperatur

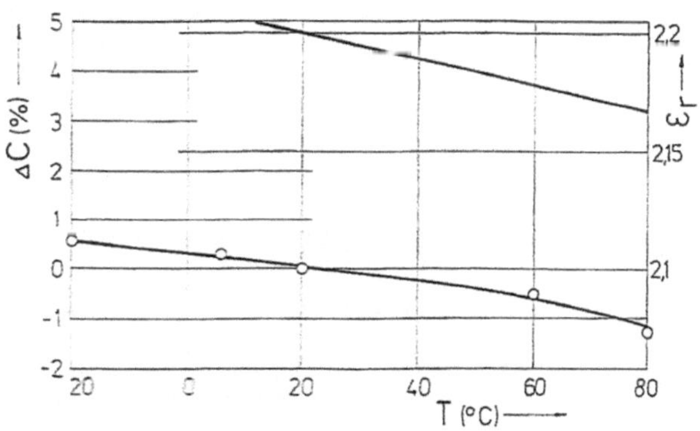

Abb. 4.62 Kapazität des SF_6 Folienkondensators in Abhängigkeit der angelegten Spannung

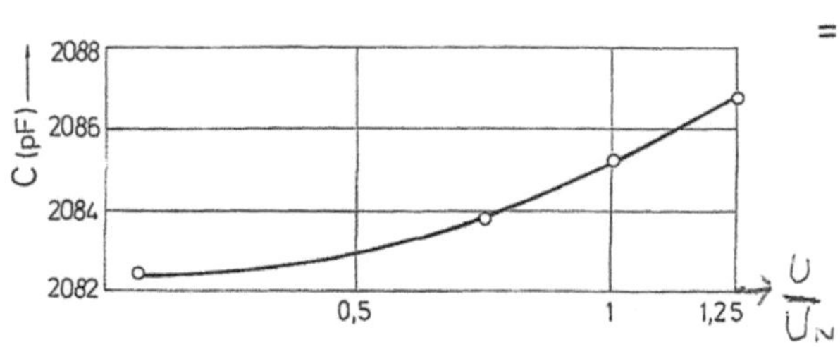

Der Verlustfaktor der Kondensatorflachwickel ist schwer zu messen, da die Verluste der Führungsschienen parallel zu den Verlusten der Kondensatoren sind. Der Verlustfaktor tan δ der Polypropylenfolie ist kleiner als $0{,}5 \cdot 10^{-3}$.

4.5.2.2 Die Lebensdauer von SF_6 isolierten Folienkondensatoren

Für die Lebensdauer der Polypropylen-Kondensatoren ist das Auftreten von Teilentladung in Abhängigkeit des SF_6 Druckes eine entscheidende Größe.

Wie in Abb. 4.63 gezeigt bringt eine Erhöhung des Druckes über 5 bar keinen Gewinn an der Teilentladungseinsatzspannung. Der Druck in gasisolierten Schaltanlagen liegt in vielen Fällen bei ca. 5–5,5 bar absolut.

Die grafische Darstellung in Abb. 4.64. zeigt die scheinbare Ladung der Teilentladungen in pC in Abhängigkeit der angelegten Spannung für verschiedene SF_6 Drucke. Je höher der SF_6 Druck ist, desto kleiner ist der Anstieg der scheinbaren Ladung bei Spannungserhöhung.

Die Ermittlungen der Lebensdauerkurve in Abb. 4.65 wurden mit SF_6-Folien Kondensatoren mit einem Dielektrikum aus 20 μm Polypropylen durchgeführt bei 20 °C und einem Druck von 5 bar absolut.

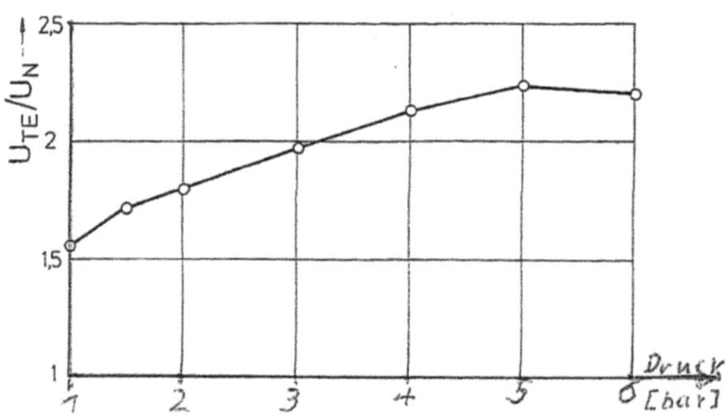

Abb. 4.63 Teilentladungseinsatzspannung (für Werte ≤1 pC) der SF_6 imprägnierten Folienkondensatoren in Abhängigkeit des Druckes

Abb. 4.64 Scheinbare Ladung in pC in Abhängigkeit der normierten Spannung für verschiedene Werte des SF_6 Druckes in bar

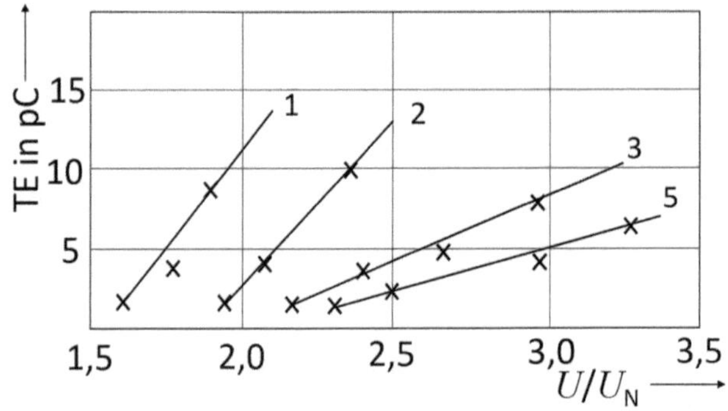

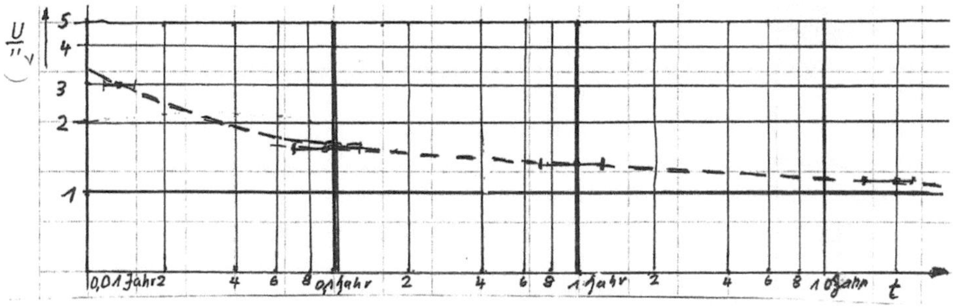

Abb. 4.65 Lebensdauerkurve der SF_6-Folien Kondensatoren

Eine Erhöhung des Druckes von 1,5 bar absolut auf 5 bar absolut erhöht die Lebensdauer der Kondensatoren um einen Faktor 4.

4.5.2.3 Anwendung auf SF_6 imprägnierte Steuerkondensatoren

Die Energiedichte in einem Kondensator ist gegeben durch

$$W_d = {}^1/_2 \varepsilon_0 \cdot \varepsilon_r \cdot |E|^2 \text{ in J/m}^3$$

Dabei ist $\varepsilon_0 = 8{,}8542 \cdot 10^{-12}$ F/m

ε_r – relative Dielektrizitätskonstante des Dielektrikums

$|E|$ – Feldstärke in V/m

Die Berechnung der Kurven in Abb. 4.66 wurde mit

a) $\varepsilon_r = 2{,}1$ für Polypropylen und

b) $\varepsilon_r = 5$ für Öl-imprägniertes hochdichtes Isolierpapier

durchgeführt.

Abb. 4.66 Energiedichte in Abhängigkeit der Feldstärke für Kondensatoren mit a) SF_6-Polypropylenfolien, und b) mit Mineralöl imprägnierten hochdichtes Papier als Dielektrikum

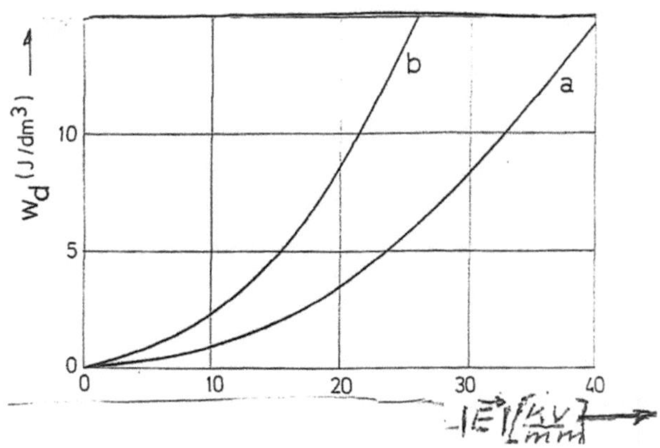

Da die Feldstärke bei SF_6-imprägnierten Polypropylen als Dielektrikum um 50 % höher gewählt werden kann, wird eine gleiche Energiedichte wie bei Öl-imprägniertem Papierkondensatoren erreicht. Da beim gasgefüllten Kondensator der Ausdehnungskörper wegfällt, wird das Volumen des Kondensators kleiner.

4.6 Spannungsteiler zur Messung hoher Spannungen

Durch die Zentralisierung der Energieerzeugung, Ausstieg aus der Kernenergie, Herunterfahren der Kohle- und Gaskraftwerke sowie der Einspeisung der elektrischen Energie von vielen kleinen Kraftwerken mit alternativer Energie aus Fotovoltaik-, Windkraft-, und Biogasanlagen, welche zum großen Teil vom Wetter abhängig sind, sind vor allem Mittelspannungsverteilnetze im Entstehen, in denen starke Spannungs- und Leistungsschwankungen auftreten können. Zu deren Beherrschung sind lokale Regeleinrichtungen zusammen mit schnell reagierendem Zwischenspeichern nötig.

Um diese komplexen Netze, – auch „Smart Grid" genannt – betriebssicher zu regeln, sind viele universelle Spannungs- und Stromsensoren notwendig. Tab. 4.8 zeigt die Technologie und Eigenschaften von vier verschiedenen Technologien zur Spannungsmessung.

Ein besonderes Augenmerk ist im Folgenden auf die Frequenzabhängigkeit der Ausgangsspannung gelegt als zusätzliche Beurteilung der verschiedenen Spannungsmesssysteme.

Abb. 4.67 zeigt Messungen des Frequenzganges an verschiedenen 145 kV induktiven Spannungswandlern. Alle dieser Spannungswandler haben eine Resonanzstelle bei der 40. bis 45. Harmonischen, also bei 2000 Hz bis 2500 Hz, wobei bereits bei einer Frequenz von 1 kHz größere Fehler von 10 % zu erwarten sind.

Abb. 4.68 vergleicht das Frequenzverhalten verschiedener Spannungswandlertechnologien für den Einsatz in 420 kV Netzen. Die Kurven zeigen den kapazitiven Spannungswandler (siehe Abschn. 4.3), der auf die Netzfrequenz abgestimmt ist. Den induktiven Spannungswandler (siehe Abschn. 4.2), welcher verschiedene Resonanzstellen zeigt, die erste bei etwa 400 Hz und den RC Spannungsteiler (siehe Abschn. 4.8), welcher im gezeigten Frequenzbereich bis 3 kHz gleichbleibende Übertragungseigenschaften zeigt. Der RC Spannungsteiler ist demnach den anderen Technologien überlegen, was die Übertragung von höheren Frequenzen angeht. Zusätzlich misst der RC Spannungsteiler auch die Gleichspannung. Induktive Spannungswandler und kapazitive Spannungswandler können keine Gleichspannungen messen.

Die Abb. 4.69 zeigt das Frequenzverhalten eines rein ohmschen R-Teilers ohne Kompensation (siehe Abschn. 4.7). Vorhandene Streukapazitäten gegen Erde machen das Übersetzungsverhältnis abhängig vom Ort der Aufstellung. In der gemessenen Anordnung wäre der Teiler nur brauchbar bis zu einer Frequenz von 10 Hz. Um das

Tab. 4.8 Vergleich der Technologien von Spannungswandlern [71]

Nr.	Eigenschaften	Technologie			
		Magnetischer Spannungs-wandler	Kapazitiver Spannungs-wandler	C-Spannungs-teiler	Kompensierter R- oder RC-Spannungsteiler
1	Stationäre Genauigkeit	(++) sehr gut	(+) gut	(+) gut	(++) sehr gut
2	Entladung von Hochspannungs-leitungen und Sammelschienen	(++) ja	(– –) nein	(– –) nein	(+) ja; mit großer Zeitkonstante
3	Ferro-Resonanzmit der Anlage oder Eigen-schwingung	(– –) ja	(– –) ja	(++) nein es können keine Ferroresonanz-Schwingungen auftreten.	(++) nein es können keine Ferroresonanz-Schwingungen auftreten.
4	Transientes Ver-halten	(– –) 10 Hz…1 kHz Genügend für langsamere Schutz-Funktionen	(– –) 45 (55) Hz…55 (65) Hz Zusätzliche Dämpfung oder Relais-Korrektur notwendig	(+) 20 Hz…2 MHz Genügend für die üblichen Schutz-Funktionen	(++) sehr gut 0 Hz…2 MHz
5	Kurzschluss auf der Sekundär-seite	(– –) Sicherungen notwendig, um Schaden zu vermeiden	(– –) Sicherungen notwendig, um Schaden zu ver-meiden	(++) kann ohne Schaden für lange Perioden kurz-geschlossen werden	(++) kann ohne Schaden für lange Perioden kurzgeschlossen werden
6	Dielektrisches Verhalten gegen Stoss-Über-spannungen	(+) äussere Spannungsver-teilung muss durch Steuerung erzwungen werden. Stoss-feste Lagen-Wicklungen erfordert hohen Engineering-Aufwand	(++) lineare interne und externe Spannungsver-teilung. Externe Spannungs-verteilung ist durch die innere Spannungsver-teilung gegeben	(++) lineare interne und externe Spannungsver-teilung. Externe Spannungs-verteilung ist durch die innere Spannungsver-teilung gegeben	(++) lineare interne und externe Spannungsver-teilung. Externe Spannungs-verteilung ist durch die innere Spannungsver-teilung gegeben

(Fortsetzung)

Tab. 4.8 (Fortsetzung)

Nr.	Eigenschaften	Technologie			
		Magnetischer Spannungswandler	Kapazitiver Spannungswandler	C-Spannungsteiler	Kompensierter R- oder RC-Spannungsteiler
7	Bürden-Bereich	(++) Bürde muss innerhalb Spezifizierung liegen	(−) Ferroresonanz-Dämpfung steigt mit Bürde	(−) Übersetzung und Winkel ändern sich mit Bürde	(+) kann leicht angepasst werden

Beurteilung: (− −) ungenügend, (−) teils genügend, (+) gut, (++) sehr gut

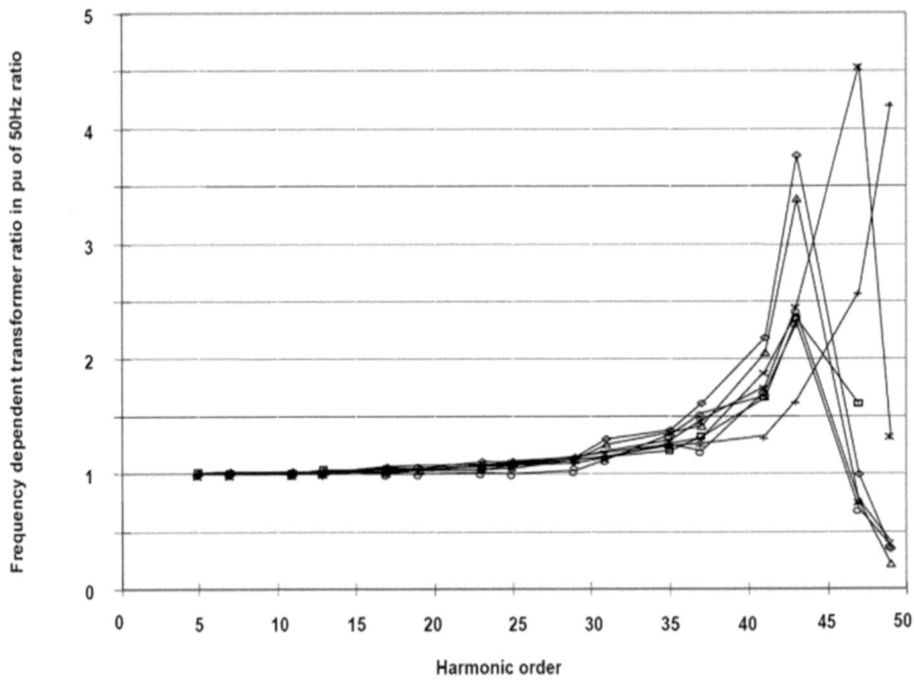

Abb. 4.67 Übersetzungsverhältnis als Funktion der Frequenz als Vergleich verschiedener induktiver Spannungswandler 145 kV [72]

Verhalten dieses ohmschen Teilers zu verbessern, wurden die kompensierten R-Teiler entwickelt, wie sie in Abschn. 4.7 beschrieben sind. Diese kompensierten R-Teiler werden als „low-power passive voltage transformers" nach IEC 61869-11 [55] in Mittelspannungsanlagen bis 52 kV eingesetzt.

a

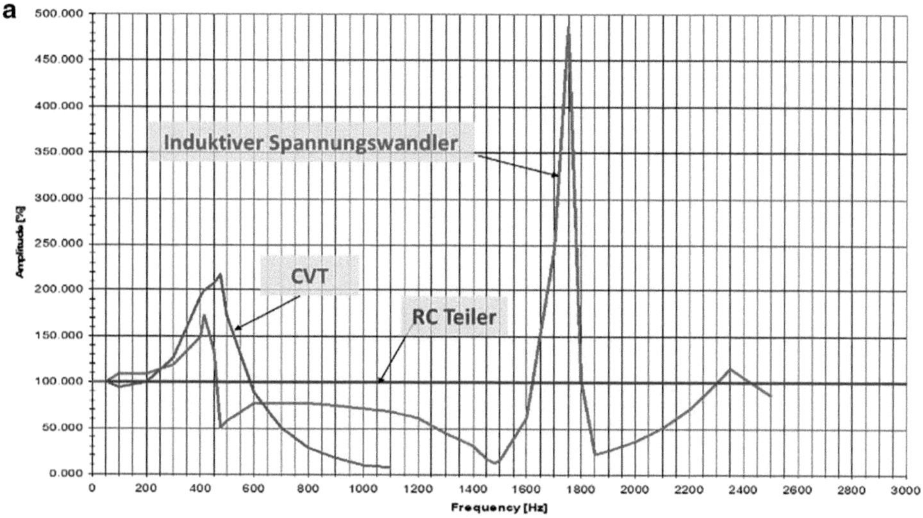

b

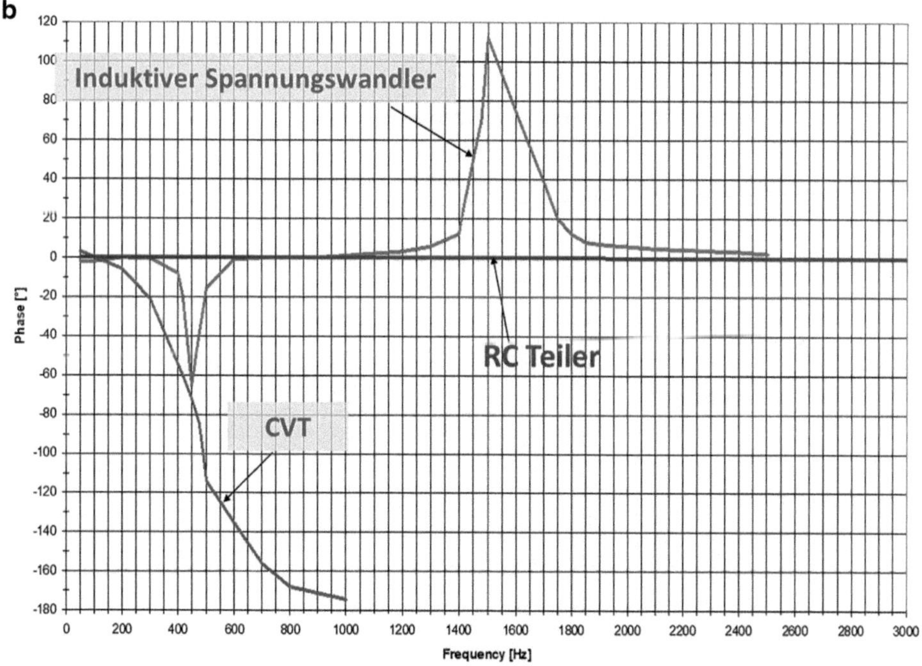

Abb. 4.68 Übertragungsverhalten von 420 kV Spannungswandler verschiedener Technologien. **a** Amplitudenverlauf als Funktion der Frequenz. **b** Phasenverlauf als Funktion der Frequenz

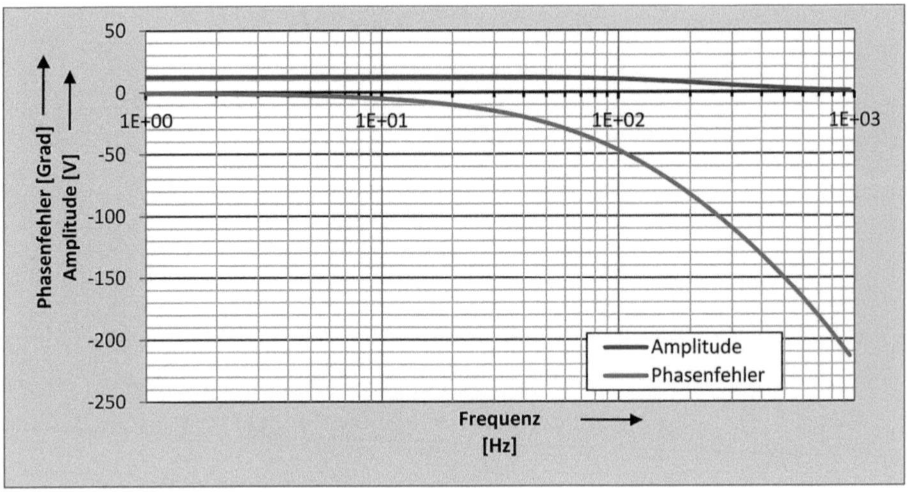

Abb. 4.69 Amplituden und Phasenfehler als Funktion der Frequenz eines R-Teilers ohne Kompensation

4.7 Kompensierte Widerstandsteiler

4.7.1 Die Theorie der kompensierten Widerstandsteiler

In der Praxis werden zwei Arten von kompensierten R-Teilern hergestellt:

a) Die zylindrische/konzentrische Anordnung nach Abb. 4.70
In Abb. 4.70 eines kompensierten R-Teilers sind 4 Rundwiderstände R_1 bis R_4 einer induktionsarmen Konstruktion, bedruckt mit einer mäanderförmigen Widerstandsbahn gezeigt. Es können auch keramische niederinduktive Flachwiderstände benutzt werden.

Das dazugehörige elektrische Ersatzschaltbild ist in Abb. 4.71 als eine Art Kettenleiter dargestellt.

Die Kompensation des Amplitudengangs und des Phasengangs über der Frequenz, das heißt, die Vermeidung des Einflusses der Streukapazitäten C_{RE} gegen Erde, erfolgt durch die Streukapazitäten C_{RL} gegen den Hochspannungsteiler.

In dem Ersatzschaltbild Abb. 4.71 sind die Hochspannungswiderstände gestrichelt umrahmt und besitzen in der Mitte eine virtuelle Anzapfung. Mithilfe eines Rechenprogramms lassen sich die Streukapazitäten berechnen, um einen idealen Frequenzgang von Amplitude und Phase zu erreichen. Mithilfe eines Impedanz Analysators lässt sich die Rechnung kontrollieren.

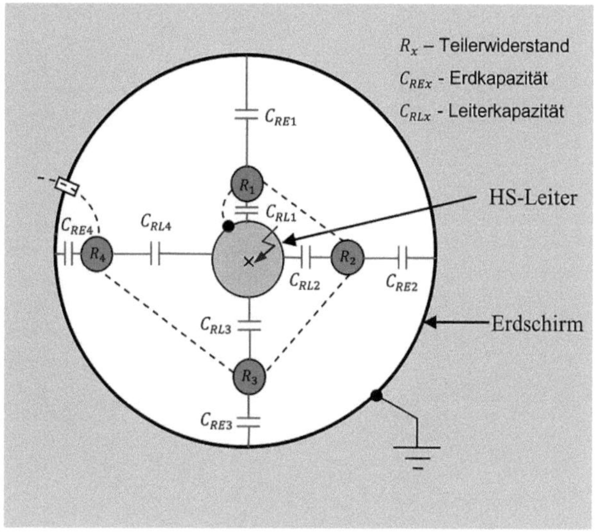

Abb. 4.70 Schnitt durch den prinzipiellen Aufbau eines zylindrischen R-Teilers

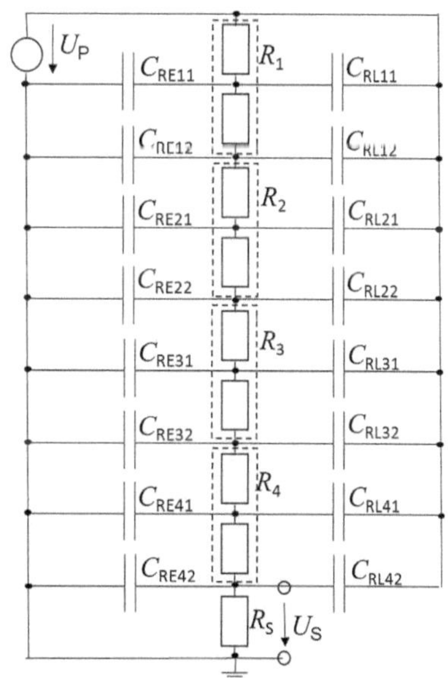

Abb. 4.71 Elektrisches Ersatzschaltbild eines zylindrischen kompensierten R-Teilers

b) Der längskompensierte R-Teiler

In Abb. 4.72 ist der Schnitt durch einen längskompensierten R-Teiler gezeigt, wie er in der Mittelspannung als Spannungswandler eingesetzt wird. Die Längskompensation wird durch die Zick-Zack-förmige Anordnung der Widerstände mit den Streukapazitäten C_{p1} bis C_{pn} einfach erreicht.

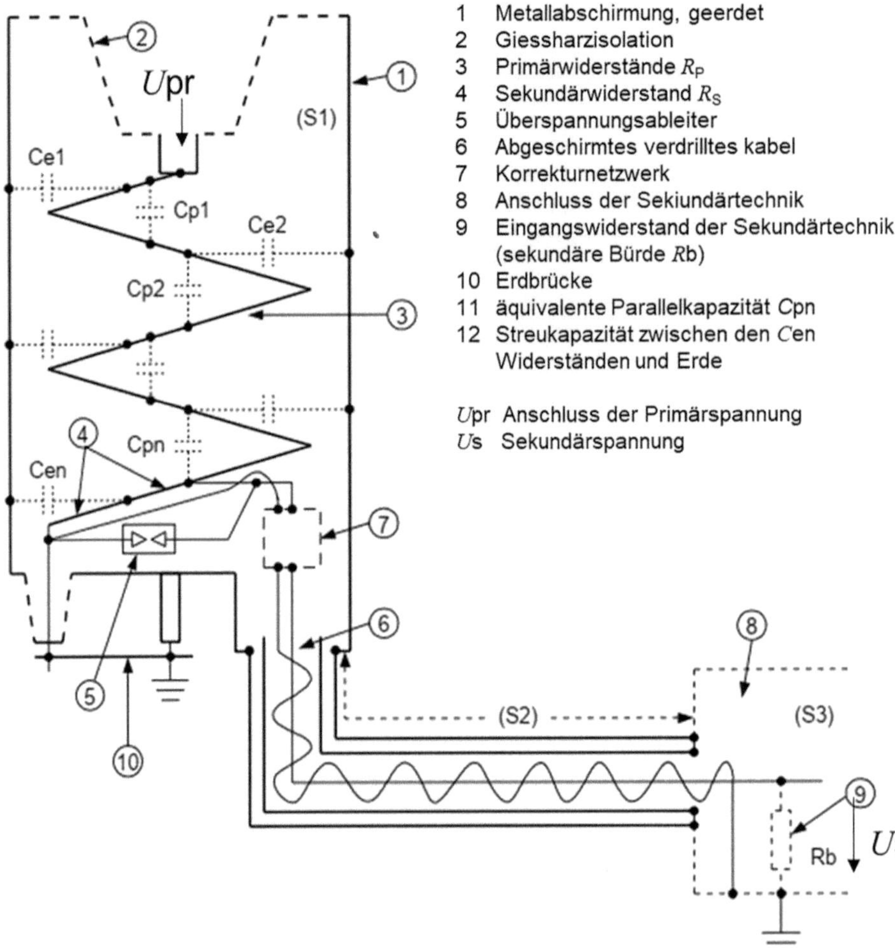

Abb. 4.72 Hochspannungsteiler, abgeschirmt mit Längskompensation C_{p1} bis C_{pn}

Der Spannungsteiler ist ein hochohmiges Netzwerk und gegen äußere elektrische Felder durch das zylindrische Metallrohr Pos. 1 geschützt.

Eine weitere Anforderung für Mittelspannungssensoren ist die Unempfindlichkeit gegen äußere Magnetfelder in den sehr kompakten Mittelspannungsschaltanlagen, durch deren Stromschienen hohe Ströme fließen. Das innere Netzwerk darf deshalb keine Schleifen haben, in denen Spannungen induziert werden können.

Das Ersatzschaltbild in Abb. 4.73 ist die Basis für die Berechnung der Kompensation der Erdkapazitäten C_{e1} bis C_{en} durch die Längskapazitäten C_{p1} bis C_{pn}.

Abb. 4.74 zeigt die äquivalente elektrische Schaltung eines serienmäßig hergestellten kompensierten R-Teilers für $U_m = 24$ kV (Tab. 4.9). Die Verbindung zur Sekundärtechnik ist ein doppelt abgeschirmtes Kabel mit verdrillten Drähten. Der äußere Schirm ist im Teilergehäuse mit Masse verbunden.

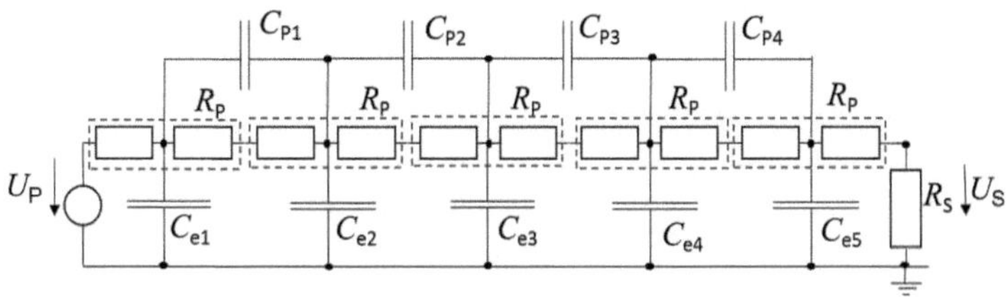

Abb. 4.73 Elektrisches Ersatzschaltbild eines längskompensierten R-Teilers

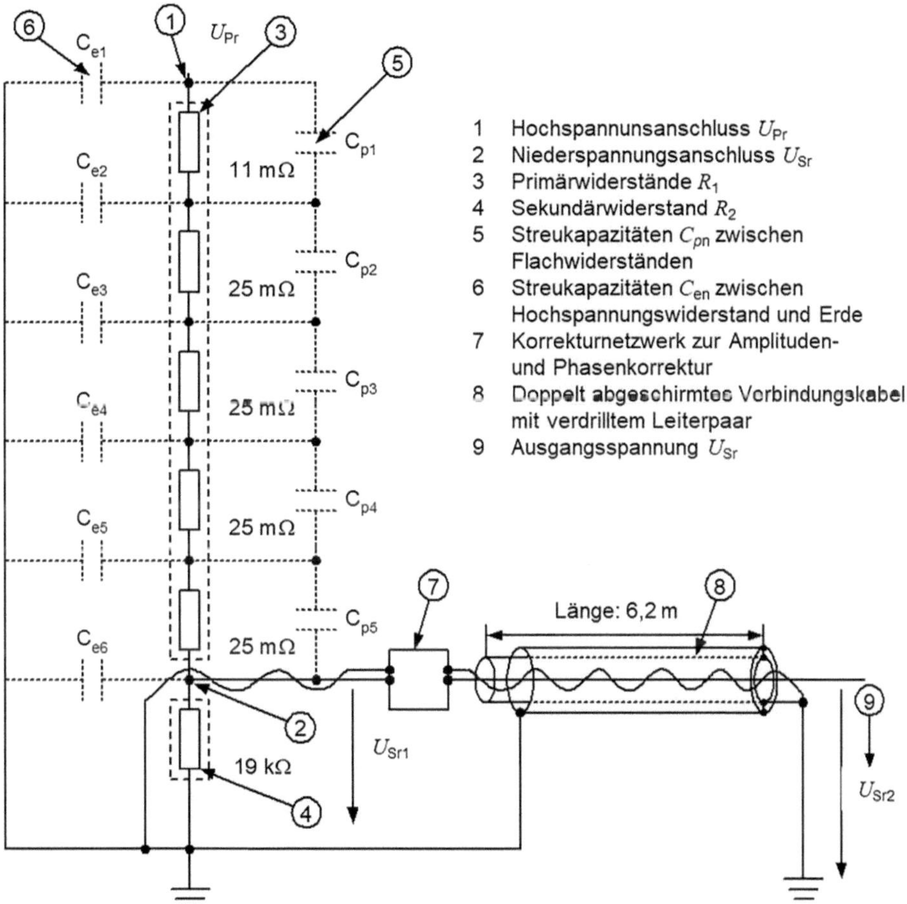

Abb. 4.74 Längskompensierter R-Teiler für $U_m = 24$ kV

Tab. 4.9 Zusammenstellung von Betriebsdaten des kompensierten R-Teilers für $U_m = 24$ kV

Höchste Spannung für Betriebsmittel U_m	24 kV	
Höchste primäre Bemessungsspannung U_{Pr}	11,6 kV	$U_{Pr} \leq 24$ kV/(1,2 · $\sqrt{3}$)
Bemessungsfrequenz	50 Hz oder 60 Hz	
Sekundäre Bemessungsspannung U_{Sr}	3,25/$\sqrt{3}$ V	Nach IEC 61869-11:2017
Genauigkeitsklasse	0,2 P oder 0,5 P	Nach IEC 61869-11:2017
Verlustleistung bei dauernder max. Bemessungsspannung	1,75 W	$P = (1{,}2 \cdot U_{Pr})^2/111 \cdot 10^6 \Omega$
Verlustleistung bei einem Spannungsfaktor von 1,9 (8 h)	4,38 W	$P = (1{,}9 \cdot U_{Pr})^2/111 \cdot 10^6\ \Omega$
Wechselspannungsprüfung 1 min	50 kV	
Blitzstoßprüfung 1,2/50 µs	125 kV	
Strom bei Nennspannung	100 µA	$I = U_{Pr}/111 \cdot 10^6\ \Omega$

Die Ausgangsleistung ist verglichen mit induktiven Spannungswandlern stark reduziert. Die Verwendung der R-Teiler als Spannungswandler benötigt einen nicht traditionellen Spannungseingangskreis der Sekundärtechnik, wie Schutzgeräte und Zähler. Die Eingangsimpedanz muss möglichst groß sein (>1 MΩ), um die Genauigkeit nicht zu beeinflussen.

Die R-Teiler für den Mittelspannungseinsatz sind mit Gießharz isoliert. Die Dimensionierung der Isolation ist in Abschn. 1.4 beschrieben.

Die Isolation wird nach den folgenden 6 Kriterien ausgelegt:

1. Wechselspannungsprüfung
2. Stoßspannungsprüfung
3. Abgeschnittene Stoßspannungsprüfung
4. Äußeres Temperaturspiel (Tag und Nacht)
5. Lebensdauer >40 Jahre
6. TE-Einsatzspannung $\geq$ Prüfwechselspannung mit Wert $\leq$2,5 pC

Die Kriterien 1, 4 und 5 sind dabei eng verbunden, Es gibt Komponenten in der Hochspannung, die hervorragende Festigkeiten für Wechselspannung und Stoßspannungen haben, aber nach 10 Jahren bereits ausfallen.

In der Praxis hat sich gezeigt, dass je nach Verbindungstechnik zwischen den Widerständen der Abstand stark vergrößert werden muss, um die Teilentladungsbedingung ($\leq$2,5 pC bei Prüfwechselspannung) einzuhalten.

Einen weiteren Einfluss auf die Isolationsabstände haben die Parameter für die Lebensdauer >40 Jahre bei einer dauernden Belastung mit 1,2 · U_{Pr}. Besonders müssen die zum Teil großen Temperaturunterschiede zwischen Tag und Nacht (z. B. in Mexiko, Brasilien, Australien) bei der zu erwartenden Lebensdauer beachtet werden.

4.7.2 Die Konstruktion des kompensierten R-Teilers

4.7.2.1 Die zylindrische Kompensation

In Abb. 4.75 ist das Grundprinzip einer zylindrischen Kompensation, die spiralförmige Anordnung der Primärwiderstände R_{Pr} (1), dem Primärleiter (2) und der Abschirmung (3) auf Erdpotential dargestellt. Für rotationssymmetrische Leiterführung ist die spiralförmige Anordnung der Widerstände die einfachste Lösung für die Kompensation.

Durch Streukapazitäten gegen den Leiter (4) und gegen die Abschirmung (5) können auch positive Phasenwinkel erzeugt werden.

Die Berechnung der Kompensation erfolgt mit dem elektrischen Ersatzschaltbild in Abb. 4.71 und dem konstruktiven Aufbau nach Abb. 4.75 mithilfe eines geeigneten Computerprogramms.

Abb. 4.76 zeigt die Integration eines kompensierten R-Teilers in einen Kombiwandler, bestehend aus kompensiertem R-Teiler, Kleinsignalstromwandler und Mittelspannungsdurchführung. Abb. 4.77 zeigt diesen Kombiwandler als Gießharzausführung für $U_m = 12$ kV.

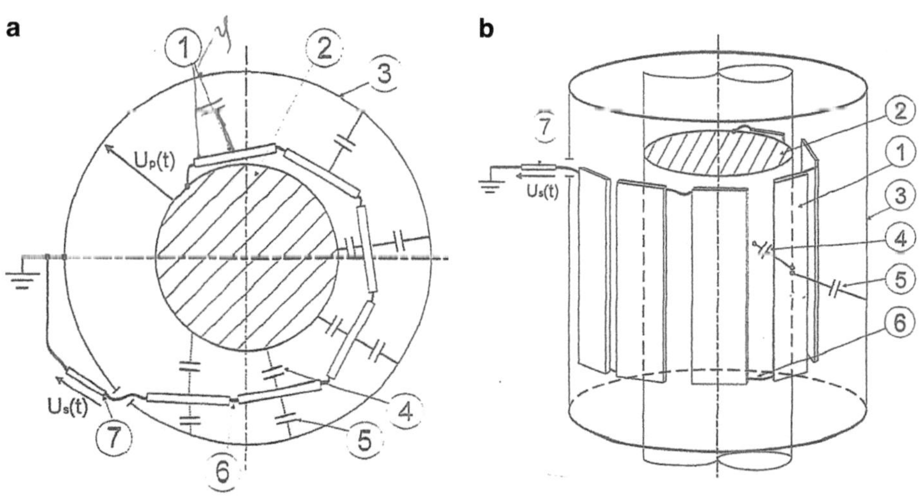

(1) Primärwiderstand R_{Pr}
(2) Primärstromleiter auf Hochspannungspotential
(3) Abschirmung auf Erdpotential
(4) Streukapazität zwischen Widerstand und Primärleiter
(5) Streukapazität zwischen Widerstand und Abschirmung
(6) Verbindung zwischen Primärwiderständen
(7) Sekundärwiderstand Rs

Abb. 4.75 Schematische Darstellung des kompensierten R-Teilers mit spiralförmiger Anordnung der Primärwiderstände. **a** Schnitt durch den kompensierten R-Teiler. **b** Perspektivische Ansicht des kompensierten R-Teilers

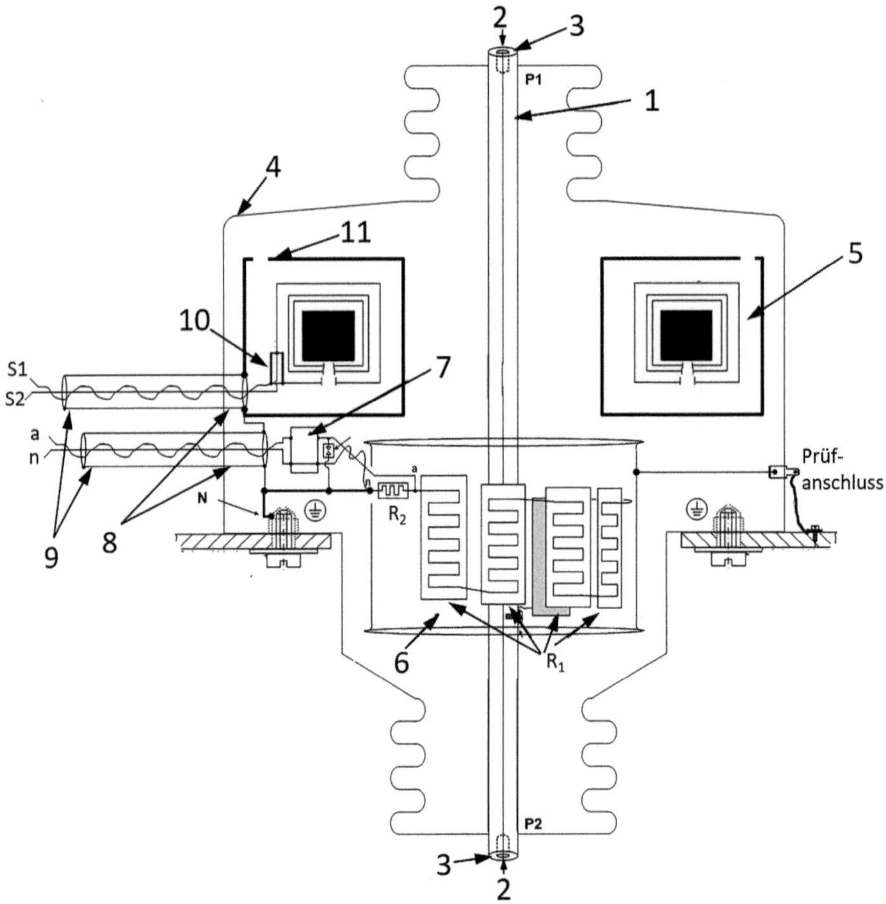

(1) Primärleiter
(2) Anschlussbohrungen
(3) Anschlussflächen für primärleiterschienen
(4) Epoxidharzisolation
(5) Kleinsignalstromwandler mit integriertem Shunt
(6) Kompensierter R-Teiler
(7) Korrekturnetzwerk zum kompensierten R-Teiler
(8) Abgeschirmtes verdrilltes Kabel innerhalb des Wandlers
(9) 6 m abgeschirmtes verdrillte Anschlussleitung
(10)Shunt (integrierte Bürde des Stromwandlers
(11)Stromwandlerabschirmung mit Trennstelle

Abb. 4.76 Kombiwandler bestehend aus kompensiertem R-Teiler, Kleinsignalstromwandler und Mittelspannungsdurchführung

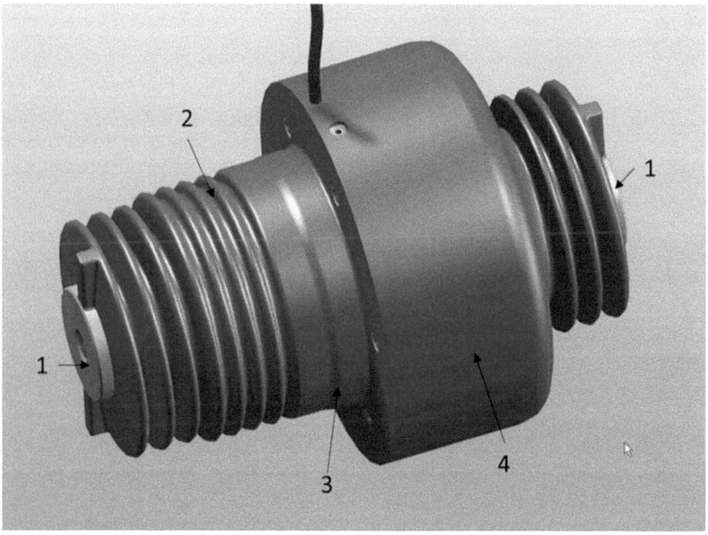

(1) Durchführung
(2) Kompensierter R-Teiler
(3) Kleinsignalstromwandler
(4) Ringelektrode für Spannungsanzeige

Abb. 4.77 Epoxidharz-isolierte Mittelspannungsdurchführung mit integriertem Kombiwandler

Trotz der Zusammenfassung der drei Funktionen ist ein kompaktes Gerät möglich, das den Bau von kostensparenden Mittelspannungsanlagen ermöglicht.

4.7.2.2 Die Längskompensation

In den Abb. 4.72 bis 4.74 ist die Längskompensation bei R-Teilern dargestellt. Die einzelnen Widerstände werden in Zick-Zack Form aufgebaut (siehe Abb. 4.78), um die

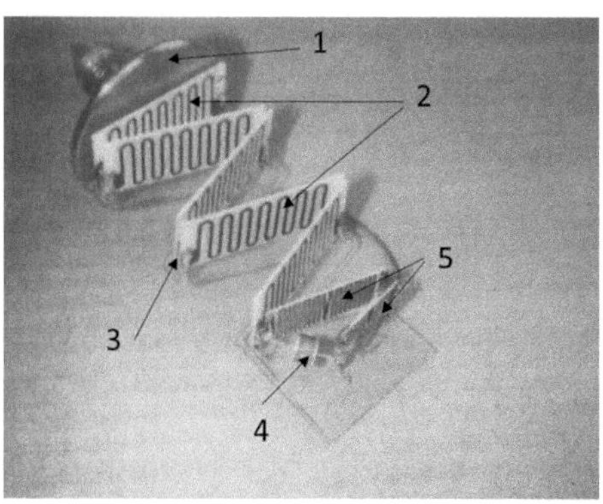

1. Hochspannungselektrode
2. Niederinduktive Flachwiderstände (mäanderförmige gedruckte Widerstandsbahn auf keramikplatte
3. Verbindung zwischen den Widerständen
4. Überspannungsableiter
5. Sekundärwiderstand

Abb. 4.78 Aktivteil eines längskompensierten R-Teilers

Abb. 4.79 Zusammengebauter längskompensierter R-Teiler

Streukapazitäten zwischen den Widerständen zu nutzen, damit der Einfluss der Streukapazität gegen Erde kompensiert wird. Die Abstände zwischen den Widerständen sind für eine optimale Kompensation einstellbar.

In Abb. 4.79 ist ein weiterer R-Teiler vor dem Verguss mit Gießharz gezeigt. Es ist der Widerstandträger (1) zu sehen, der als Abstandshalter die definierte Lage der Primärwiderstände vorgibt, welche für die Kompensation benötigt wird. Für eine reproduzierbare Längskompensation sind kleine Toleranzen beim Abstandshalter notwendig. Die Hochspannungselektrode (3) ist gleichzeitig Anschluss an die Hochspannungsschiene in der Schaltanlage, sowie Abschirmung.

Abb. 4.80 zeigt einen gießharzisolierten Kombiwandler, bestehend aus einem Kleinsignalstromwandler mit integriertem Shunt (siehe Abschn. 3.3) und einem längskompensierten R-Teiler.

4.7.2.3 Der koaxiale Spannungsteiler für gasisolierte Mittelspannungsanlagen

Für den Einsatz in einphasig gekapselten gasisolierten Mittelspannungsanlagen wurde der in Abb. 4.81 dargestellte Teiler entwickelt [73].

Die Kompensation der Temperatur und der Streukapazität werden nicht in diesem Kapitel behandelt, sondern es wird der Einbau der Hochspannungsflachwiderstände beschrieben.

Die Abb. 4.82 und 4.83 zeigen den Einfluss der Einbaulage der Flachwiderstände auf den Verlauf der Potentiallinien innerhalb des Teilers. Der waagrechte Einbau nach

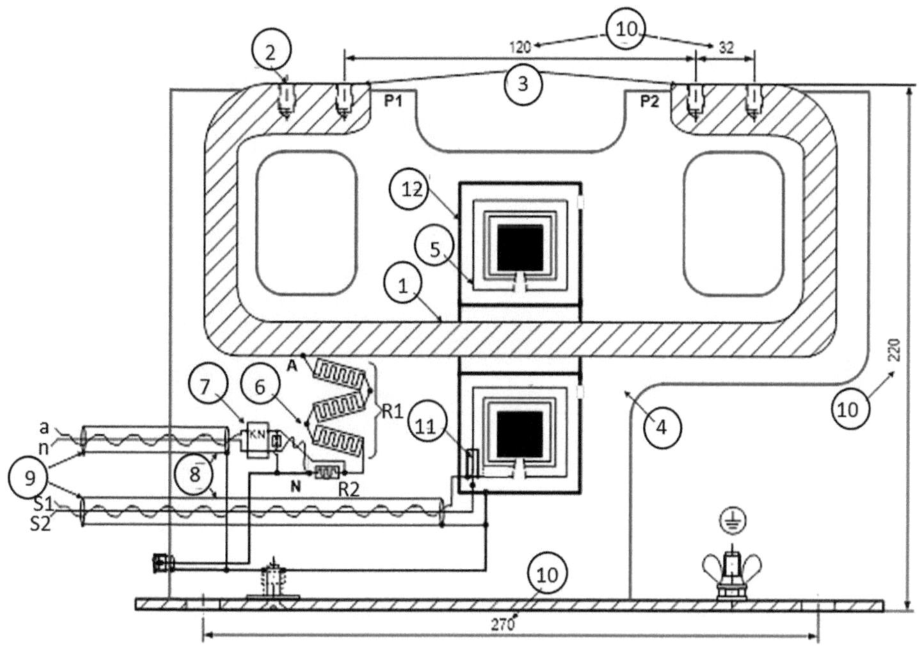

1. Stromleiter auf Hochspannungspotential
2. Primär-Anschlussflächen für den Stromwandler
3. Abstand der Primär-Anschlussflächen
4. Gießharzkörper
5. Kleinsignalwandler mit Shunt und Spannungsausgang
6. Längskompensierter Spannungsteiler
7. Korrekturnetzwerk des Spannungsteilers
8. Abgeschirmtes Kabel im Kombiwandler
9. Ausgangskabel, abgeschirmt mit verdrilltem Leiterpaar
10. Befestigungsmaße
11. Shunt im Kleinsignalstromwandler
12. Abschirmung

Abb. 4.80 Schnittbild eines Gießharz-Kombiwandlers mit Kleinsignalstromwandler und längskompensiertem R-Teiler

Abb. 4.82 zeigt Konzentrationen von Potentiallinien und damit Feldstärkeerhöhungen längs dem Einbau der Widerstände. Dagegen zeigt Abb. 4.82 praktisch einen idealen Verlauf der Potentiallinien durch den senkrechten Einbau der Widerstände.

Von der konstruktiven Seite war die Lösung nach Abb. 4.82 sehr praktisch und einfach zu realisieren. Die Messung der Teilentladungen bei der Prüfung mit 70 kV ($U_{\mathrm{m}} = 36$ kV) und die Forderung nach einem Teilentladungswert <2,5 pC zeigten jedoch, dass diese Konstruktion unbrauchbar war.

1. Hochspannungsanschluss an die Stromschiene
2. Hochspannungsabschirmelektrode
3. Gießharzisolierung (Epoxyd-/PU- Harze)
4. Erdschraube des R-Teilers
5. O-Ring Nut
6. Aluminium Flansch

Abb. 4.81 Spannungsteiler für GIS-Mittelspannungsanlagen

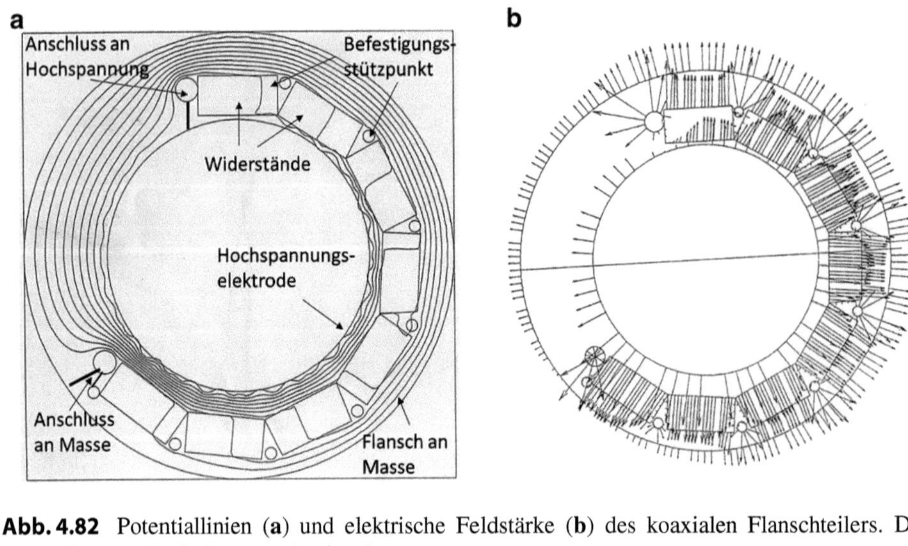

Abb. 4.82 Potentiallinien (**a**) und elektrische Feldstärke (**b**) des koaxialen Flanschteilers. Die Flachwiderstände sind waagrecht eingebaut

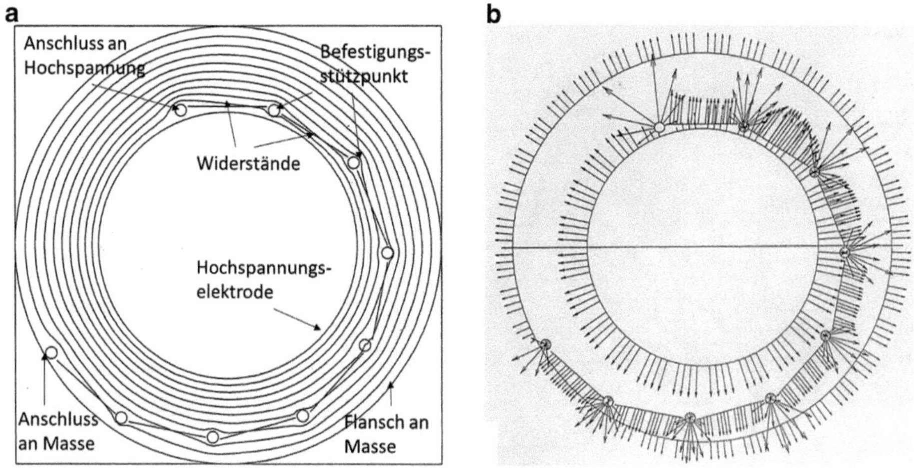

Abb. 4.83 Potentiallinien (**a**) und elektrische Feldstärke (**b**) des koaxialen Flanschteilers. Die Flachwiderstände sind senkrecht eingebaut

Die Lösung nach Abb. 4.83 mit senkrecht eingebauten Flachwiderständen ergaben gute Teilentladungswerte <2,5 pC bei der Prüfspannung von 70 kV.

Die Berechnung der Feldstärkevektoren in den Abb. 4.82b und 4.83b erfolgte durch die Kenntnisse der Feldstärke für koaxiale Anordnungen $\left|\vec{E}\right| = \frac{U_{eff}}{r \cdot \ln {r_2}/{r_1}} \left[\frac{\mathrm{kV}}{\mathrm{mm}}\right]$, die in einem Bereich durch die senkrechte Widerstandskette nicht beeinflusst wird.

Bei einem Durchmesser der Hochspannungselektrode von 132 mm und einem Durchmesser des geerdeten Flansches von 226 mm ergeben sich Feldstärken von 2,0 kV/mm an der Hochspannungselektrode und 1,2 kV/mm an der Flansch- Innenseite.

Die Beurteilung der Feldstärken in den Abb. 4.82 und 4.83 ergibt keine zu hohen Feldstärken bei den Befestigungspunkten der Widerstände. Bei der Prüfspannung von 70 kV wurden Feldstärken von 3,7 kV/mm bei waagrechten Widerständen und 5,0 kV/mm bei senkrechten Widerständen ermittelt.

Die Ursache für die hohen Teilentladungswerte bei waagrecht eingebauten Widerständen ist, dass die Feldstärken tangential auf die Widerstandsbahnen einwirken.

Zur Herstellung des in Abb. 4.81 gezeigten koaxialen Spannungsteilers wurden die Widerstände wie in Abb. 4.83 dargestellt, senkrecht eingebaut. Die Lage der Widerstände beeinflusst die Kompensation. Um diese bei der Serienfertigung konstant zu halten, wurde die Lage der Widerstände durch einen mäanderförmiges Isolierteil fixiert (siehe Abb. 4.84).

Die Spannungsmesssysteme, basierend auf Widerstands-Teiler-Technologie, sind wesentlich kostengünstiger und leichter als konventionelle induktive Spannungswandler. Außerdem benötigen sie nur etwa 1/10 des Platzes verglichen mit induktiven Spannungswandler. Abb. 4.85 zeigt einen koaxialen Teiler, eingebaut in eine Mittelspannungsanlage. Der Trend in den Mittelspannungsschaltanlagen geht zu immer mehr Integration und Reduzierung des Platzes, wobei die kompensierten R-Teiler ihren Teil dazu beitragen können.

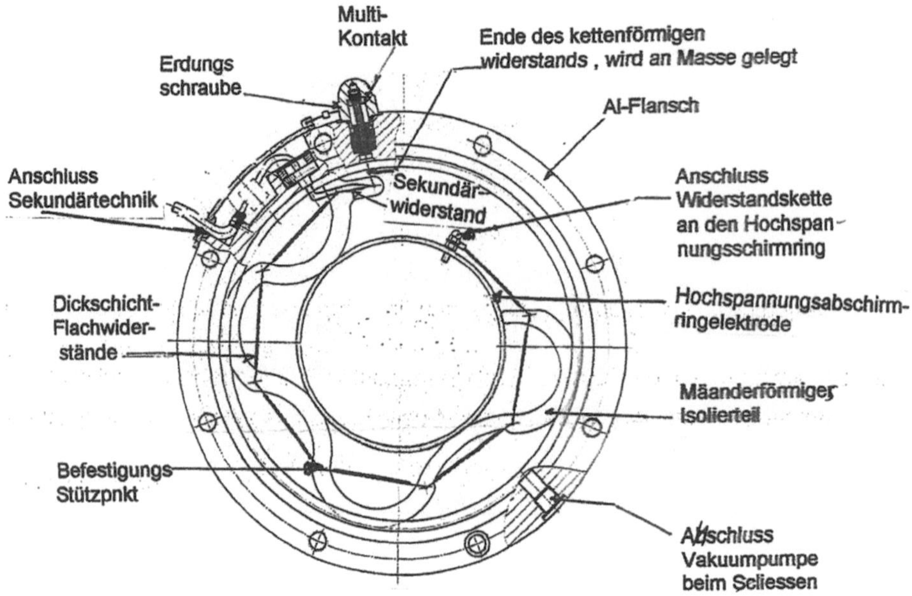

Abb. 4.84 Aktivteil des koaxialen kompensierten R-Teilers für gasisolierte Mittelspannungsanlagen

Abb. 4.85 Koaxialer kompensierter Widerstandteiler in einer gasisolierten Mittelspannungsschaltanlage

4.8 RC-Teiler

4.8.1 Einführung

Für die Messung der Spannung in Übertragungs- und Verteilnetzen haben sich induktive und kapazitive Spannungswandler in den letzten 100 Jahren bewährt. Der kapazitive Spannungswandler wird wegen seiner Zuverlässigkeit und kostengünstigen Herstellung zu 90 % für die Spannungsmessung eingesetzt.

Die heutigen Forderungen der Diagnose-, Schutz und Messtechnik an die Übertragungseigenschaften der kapazitiven und induktiven Spannungswandler können von diesen nicht erfüllt werden. Der RC-Spannungsteiler, der in den 1960er Jahren entwickelt wurde, ist für diese Aufgaben geeignet.

Die Forderungen an die Messwandler der Zukunft sind:

- Universalwandler mit einem Messbereich für die zu messenden Signale von 0 Hz bis 2 MHz
- Einsatz einer Technologie für kostengünstige Spannungswandler
- Messsysteme, die auf erprobter Technologie basieren, da die Netzanlagenbetreiber keine Neuanlagen mit erhöhtem Risiko mehr einsetzen können.

Die RC-Teiler erfüllen diese Randbedingungen. Sie sind seit 30 Jahren für die Netzüberwachung, für die Gleichspannungsübertragung und für AC-DC-AC Kupplungen im Einsatz.

4.8.2 Theorie der RC Spannungsteiler

In Abb. 4.86 ist in guter Annäherung das Ersatzschaltbild eines RC-Teilers unter der Voraussetzung dargestellt, dass die Primärwiderstände $R_{\mathrm{P}\nu}$ und der Sekundärwiderstand R_{S} durch eine induktivitätsarme Konstruktion realisiert sind und die dynamische Beanspruchung, ausgelöst durch Stoßspannungsvorgänge oder Isolatorüberschläge, den ohmschen Widerstandwert nicht ändern.

Die Parallelkondensatoren $C_{\mathrm{P}\nu}$ und der Sekundärkondensator C_{S} müssen ebenfalls niederinduktiv ausgeführt sein, was eine moderne Anschlusstechnologie für die in Reihe geschalteten Kondensatorelemente voraussetzt.

Für die hohe Zuverlässigkeit müssen die Kondensatoren eine Teilentladungseinsatzspannung (<5 pC) von 1,2 U_{m} haben, was durch die Imprägnierung der Kondensatoren unter Vakuum mit umweltverträglichem Mineralöl oder mit SF_6-Gas (Gasdruck von mehreren Bar, hermetisch abgeschlossen) erreicht wird.

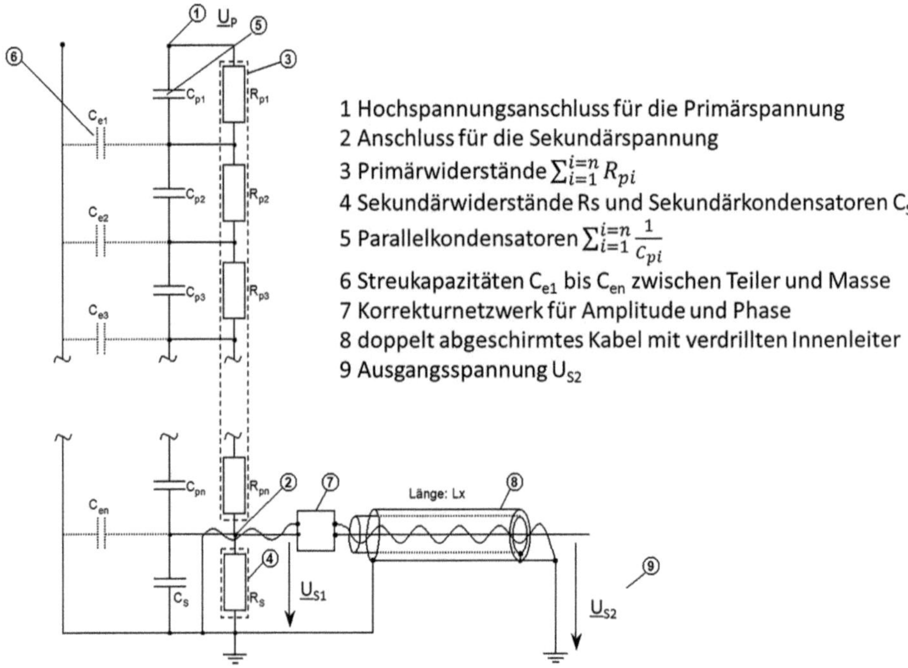

Abb. 4.86 Ersatzschaltbild eines RC-Teilers für Hochspannung [71]

4.8.2.1 Das Übersetzungsverhältnis des RC Spanungsteilers

Aus Abb. 4.86 folgt das vereinfachte Ersatzschaltbild in Abb. 4.87 des RC-Teilers ohne Berücksichtigung der Streukapazitäten.

Die Sekundärspannung U_S als Funktion der Primärspannung U_P und den Widerstand- und Kapazitätswerten R_P, R_S und C_P, C_S folgen aus dem vereinfachten Ersatzschaltbild in Abb. 4.87:

$$\frac{U_S}{U_P} = \frac{R_S}{R_S + R_P \frac{1+R_S \cdot j\omega C_S}{1+R_P \cdot j\omega C_P}} = \frac{C_P}{C_P + C_S \frac{1+1/j\omega C_S R_S}{1+1/j\omega C_P R_P}}$$

Abb. 4.87 Vereinfachtes Ersatzschaltbild des RC-Teilers

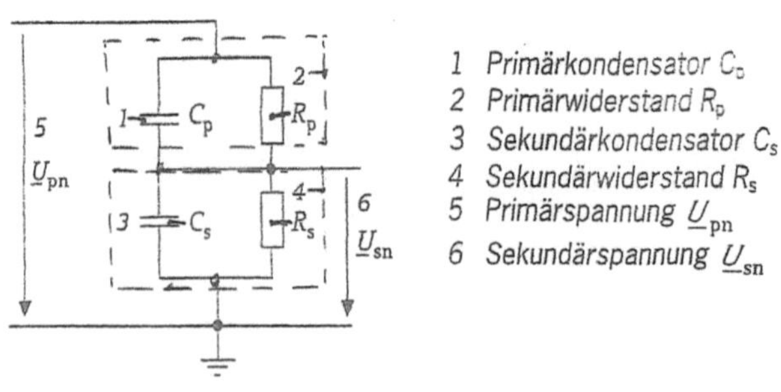

Aus den Gleichungen folgt, dass für die Frequenzunabhängigkeit von U_S/U_P folgende Bedingung besteht:

$$R_P \cdot C_P = R_S \cdot C_S$$

Weiterhin gilt:

a) für $\omega \ll 1$: $\frac{U_S}{U_P} = \frac{R_S}{R_P + R_S}$,
b) für $\omega \gg 1$: $\frac{U_S}{U_P} = \frac{C_P}{C_P + C_S}$

4.8.2.2 Der Temperatureinfluss

Den Einblick in den Einfluss der Temperatur auf das Übersetzungsverhältnis liefern die beiden letzten Gleichungen.

Durch Einführung der linearen Abhängigkeiten der Widerstände und der Kapazitäten von der Temperatur gilt:

Für kleine Frequenzen und $R_P \gg R_S$ gilt $\frac{U_S}{U_P} \approx \frac{R_{S,20\,°C} \cdot (1+\alpha_{Rs} \cdot \Delta\vartheta_{Rs})}{R_{P,20\,°C} \cdot (1+\alpha_{Rp} \cdot \Delta\vartheta_{Rp})}$

Für große Frequenzen und $C_S \gg C_P$ gilt $\frac{U_S}{U_P} \approx \frac{C_{P,20\,°C} \cdot (1+\alpha_{Cp} \cdot \Delta\vartheta_{Cp})}{C_{S,20\,°C} \cdot (1+\alpha_{Cs} \cdot \Delta\vartheta_{Cs})}$

Um ein Temperaturunabhängiges Übersetzungsverhältnis zu erhalten, dürfen die Temperaturkoeffizienten der Widerstände R_P und R_S und die Temperaturänderungen $\Delta \theta_{Rp}$ und $\Delta \theta_{Rs}$ der entsprechenden Elemente keine großen Unterschiede aufweisen.

Die gleichen Forderungen gelten für die Kondensatoren C_P und C_S. Dies ist die Voraussetzung für die zulässige Änderungen des Teilerverhältnisses entsprechend spezifizierten Klassengenauigkeiten.

Versuche im Klimaschrank haben die obigen Voraussetzungen bestätigt. Konstruktiv bedeutet diese Forderung, dass Primärteil und Sekundärteil des Teilers den gleichen Temperaturen ausgesetzt sind.

4.8.2.3 Das Anschluss- und Verbindungssystem

Im Ersatzschaltbild Abb. 4.86 ist der Anschluss des Verbindungskabels (8) an den RC-Teiler für quasi stationäre Vorgänge bei Netzfrequenz gezeigt. Diese Möglichkeit entspricht der traditionellen Standardlösung für induktive und kapazitive Spannungswandler. Dieser Anschluss wird für Schutz und Verrechnungszwecke sowie für die Überwachung der Netzqualität und für die Messungen der Überschwingungen und der Subharmonischen angewendet.

Für den Einsatz des RC-Teilers zu Diagnosezwecken muss für die Verbindung des RC-Teilers zum Kontrollraum ein 50 Ω Koaxialkabel eingesetzt werden. Dieses wird idealer Weise in der Mitte des zylindrischen Sekundärteils über einen sehr niederinduktiven Widerstand von 50 Ω an die Anzapfung des Teilers angeschlossen wie in Abb. 4.88 gezeigt.

Der Eingangswiderstand des angeschlossenen Registriergerätes muss in diesem Fall $\geq 1\ \mathrm{M\Omega}$ sein.

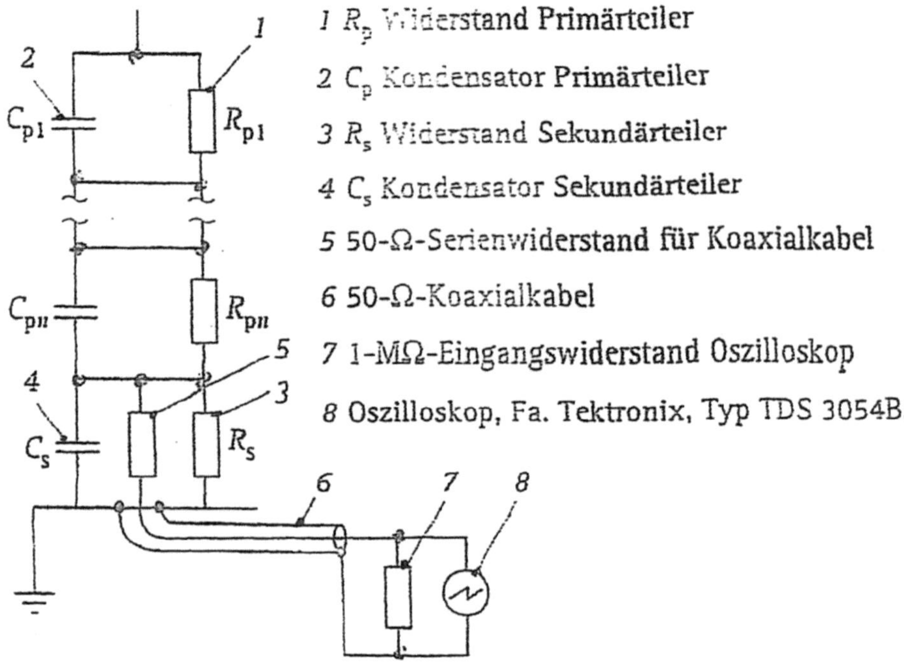

Abb. 4.88 Anschluss eines RVC-Teilers mit einem 50 Ω Koaxialkabel

4.8.2.4 Der RC-Teiler als Messwandler für Verrechnungszwecke

Für die Kalibrierung von RC-Teiler für Verrechnungszwecke können bestehende Messbrücken mit einem vorgeschalteten, geeichten Impedanzwandler eingesetzt werden, da die vorhandenen Messbrücken für die Quellimpedanz des Sekundärteilers von 10 kΩ bis 20 kΩ nicht geeignet sind.

In der Abb. 4.89 ist die Messschaltung für eine weitere Möglichkeit zur Messung der Klassengenauigkeit angegeben. Diese Messmethode wird auch von Eichämtern eingesetzt. Sie hat sich mit dem Einsatz von zwei digitalen Spannungsmessgeräten (DVM) und einem Präzisionsphasenmessgerät in der Praxis bewährt. Die Schaltung kann sowohl mit einem von der PTB (Physikal.-Technische Bundesanstalt Braunschweig) geeichten induktiven Spannungswandler als auch mit einem geeichten RC-Teiler mit definiertem Abstand gegen die Umgebung betrieben werden.

Bei der Kalibrierung von RC-Teilern der Klasse 0,1; 0.2 und 0,5 muss das vollständige System, bestehend aus RC-Teiler (3), Korrekturnetzwerk (7), abgeschirmtem Verbindungskabel mit verdrillten Signalleitungen (8) und Bürde (9) gemessen werden.

Bei der Angabe des ohmschen Widerstandwertes der Bürde (9) müssen die Eingangswiderstände R_{iVDM} des digitalen Spannungsmessgerätes (4) und R_{iPhM} des Präzisionsphasenmessgeräts (5) mit einbezogen werden.

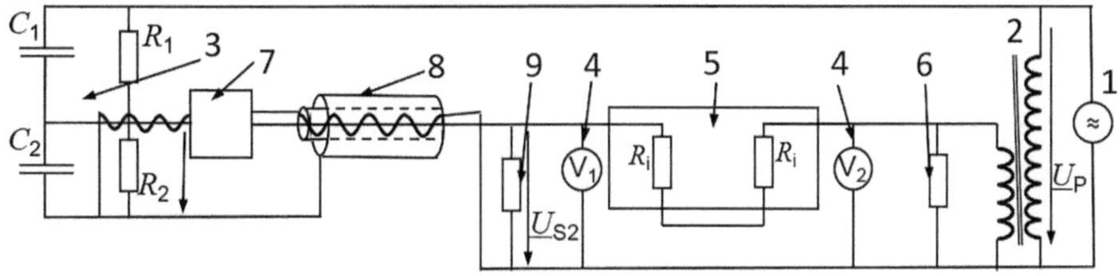

1 Hochspannungsquelle
2 Geeichter Spannungswandler
3 Zu prüfender RC-Teiler
4 Digitales Spannungsmessgerät (z.B. Agilent Typ 3440IA mit Innenwiderstand R_{iVDM})
5 Präzisionsphasenmessgerät (z.B. Krohn-Hite Typ 6620 mit Innenwiderstand R_{iPhM})
6 Bürde des induktiven Spannungswandlers
7 Korrekturnetzwerk für Amplitude und Phase
8 Verbindungskabel
9 Bürde (Eingangswiderstand) des Sekundärgerätes)

Abb. 4.89 Kalibrierschaltung für RC-Teiler für Verrechnungszwecke

4.8.2.5 Der RC Spannungsteiler im Betrieb

In den letzten 20 Jahren wurden RC-Teiler eingesetzt für

- Gleichstromübertragungssysteme (HGÜ)
- AC-DC-AC Kupplungsstationen
- Messung von transienten Übergängen bei Schaltvorgängen
- Messung von Harmonischen im Frequenzbereich DC bis 2 MHz (power quality recording)
- Präzisions-RC-Teiler als Ist-Wertgeber für geregelte Gleichspannungsquellen von 300 kV und 600 kV zur Speisung von Elektronen-Mikroskopen für die Halbleiterforschung

Die neueste Anwendung ist für Diagnose- und Schutzzwecke und für die Zählung der Leistung bei Netzfrequenz entwickelt worden.

4.8.2.6 Einsatz der RC-Teiler für Diagnosezwecke

In den heutigen Netzen spielen die zusätzlichen Verluste, hervorgerufen durch das Ansteigen der Harmonischen infolge des Einsatzes von Leistungshalbleitern im Netz, eine immer größere Rolle. Zur Messung und Überwachung von Harmonischen wurde der Einsatz von kapazitiven und induktiven Spannungswandlern von verschiedenen Herstellern [72] durch die Messung des reziproken Amplitudengangs (Übersetzungsverhältnis) in Abhängigkeit der Frequenz überprüft. Die Messwerte $\frac{U_P}{U_S} = f(\omega)$ zeigen eine

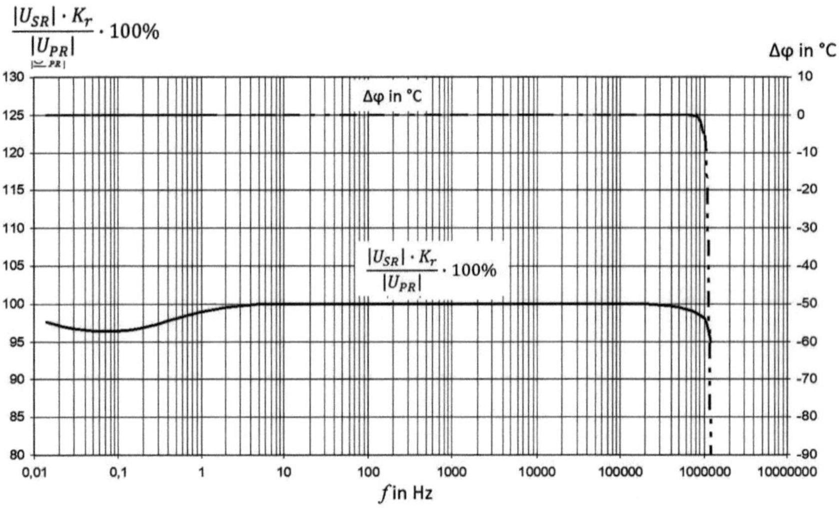

Nennübersetzungsverhältnis $K_r = U_{PR}/U_{SR} = 3600$
Phasenverschiebung $\Delta\varphi = \varphi_p - \varphi_s$
primäre Nennspannung U_{PR}
sekundäre Nennspannung U_{SR}

Abb. 4.90 Frequenzgang eines 420 kV RC-Teilers

starke Abhängigkeit und lassen im Bereich von Resonanzstellen keine Rückschlüsse über die Netzqualität zu (siehe Abb. 4.67 und 4.68).

In Abb. 4.90 ist der gemessene Frequenzgang, der Amplitudengang $\frac{U_s \cdot K_n}{U_P} = f(\omega)$ und der Phasengang $\Delta\varphi = \varphi_P - \varphi_S$ eines RC-Teilers in Abhängigkeit der Frequenz dargestellt.

Der gemessene Frequenzgang in Abb. 4.90 zeigt die Eignung des RC-Teilers für Diagnosezwecke. Der Frequenzgang ist stabil bis in den MHz Bereich.

4.8.2.7 Bestimmung des Frequenzganges

Nachfolgend sollen einige Hinweise zur Messung des Frequenzganges eines 420 kV RC-Teilers in Form von Gleichungen des RC-Teilers für $R_P \cdot C_P \neq R_S \cdot C_S$ gegeben werden.

Das Übersetzungsverhältnis ergibt sich aus:

$$\frac{U_P}{U_S} = 1 + \frac{R_P}{R_S} \cdot \sqrt{\frac{1 + (R_S \omega C_S)^2}{1 + (R_P \omega C_P)^2}} \cdot e^{j(\varphi_P - \varphi_S)}$$

$\varphi_P - \varphi_S$ ist die Phasenverschiebung zwischen der Primärspannung U_P und der Sekundärspannung U_S.

Der Betrag der Übersetzung errechnet sich zu:

$$\frac{U_P}{U_S} = 1 + \frac{R_P}{R_S} \cdot \sqrt{\frac{1 + (R_S \omega C_S)^2}{1 + (R_P \omega C_P)^2}}$$

mit der Phasenverschiebung

$$\varphi_P - \varphi_S = \arctan(R_S \omega C_S) - \arctan(R_P \omega C_P)$$

oder

$$\frac{U_P}{U_S} = 1 + \frac{C_S}{C_P} \cdot \sqrt{\frac{1 + 1/(R_S \omega C_S)^2}{1 + 1/(R_P \omega C_P)^2}}$$

mit der Phasenverschiebung

$$\varphi_P - \varphi_S = -\arctan\left(\frac{1}{R_S \omega C_S}\right) + \arctan\left(\frac{1}{R_P \omega C_P}\right)$$

Abschließend die Gleichungen des Frequenzgangs U_S/U_P mit:

$$\frac{U_S}{U_P} = \frac{R_S}{R_P + R_S} \cdot \frac{1 + R_P \cdot j\omega C_P}{1 + \frac{R_P \cdot R_S}{R_P + R_S} \cdot j\omega (C_P + C_S)}$$

oder

$$\frac{U_S}{U_P} = \frac{R_S}{R_P + R_S} \cdot \sqrt{\frac{1 + (R_P \omega C_P)^2}{1 + \left[\frac{R_P \cdot R_S}{R_P + R_S} \cdot \omega (C_P + C_S)\right]^2}} \cdot e^{j(\varphi_P - \varphi_S)}$$

und mit der Phasenverschiebung

$$\Delta\varphi = \varphi_P - \varphi_S = \arctan(R_P \omega C_P) - \arctan\left[\frac{R_P \cdot R_S}{R_P + R_S} \cdot \omega (C_P + C_S)\right]$$

Mit $R_P \gg R_S$ und $C_S \gg C_P$ gilt für den Amplituden- und Phasengang als Näherungsformeln:

Für große Frequenzen ω:

$$\frac{|U_S|}{|U_P|} \approx \frac{R_S}{R_P + R_S} \cdot \sqrt{\frac{1 + (R_P \omega C_P)^2}{1 + (R_S \omega C_S)^2}}$$

mit dem Phasengang:

$$\Delta\varphi = \varphi_P - \varphi_S = \arctan(R_P \omega C_P) - \arctan(R_S \omega C_S)$$

oder für kleine Frequenzen ω:

$$\frac{|U_S|}{|U_P|} \approx \frac{C_P}{C_S + C_P} \cdot \sqrt{\frac{1 + 1/(R_P\omega C_P)^2}{1 + 1/(R_S\omega C_S)^2}}$$

mit dem Phasengang:

$$\Delta\varphi = \varphi_P - \varphi_S = -\arctan\left(\frac{1}{R_P\omega C_P}\right) + \arctan\left(\frac{1}{R_S\omega C_S}\right)$$

Die angegebenen Gleichungen sind für die Beurteilung der Korrektur des gemessenen Frequenzgangs hilfreich. Je nach Auslegung des RC-Teilers, d. h. Kapazitäts- und Widerstandswerte von C_P, C_S und R_P, R_S, und dem Bereich der Kreisfrequenz ω sind die angegebenen Näherungsformeln auszuwählen.

4.8.2.8 Messung des Amplituden- und Phasenganges eines 420 kV RC-Teilers

Die Darstellung der Messung des Frequenzganges in Abb. 4.91 zeigt die wesentlichen Parameter des Messaufbaus, um gemessene Amplituden und Phasengänge vergleichen zu können. Abb. 4.90 zeigt den damit gemessenen Frequenzgang eines 420 kV RC-Teilers.

Für reproduzierbare Frequenzgangmessungen ist ein festgelegter Messaufbau eine notwendige Voraussetzung. Die Fläche (6) muss so klein wie möglich sein, da sie äquivalent einer Induktivität im Messkreis ist und das Resultat stark beeinflussen kann. Der Abstand des Frequenzgenerators zum RC-Teiler wurde auf 2 m festgelegt.

4.8.3 Einsatz des RC-Teilers als Spannungswandler für Schutzzwecke und Energiezählung

Durch die weltweit beherrschende Stellung des kapazitiven Spannungswandlers (CVT) in Freiluftschaltanlagen zur Messung der Hochspannung wurde das Verhalten des CVT beim Einsatz für Distanzschutzgeräte [74–76] bei Netzstörungen untersucht. Das komplexe Übertragungsverhalten für schnelle veränderliche Vorgänge erfordert zusätzliches Engineering. Das Auftreten von kurzzeitigen nichtlinearen Schwingungen (Ferroresonanzen) kann zu Fehlfunktionen von Schutzgeräten führen.

Dabei werden in keiner der Arbeiten die Probleme des kapazitiven Spannungswandlers und des C-Teiler, hervorgerufen durch die gefangenen Ladungen (trapped charges) bei Kurzunterbrechungen und Wiedereinschaltungen, erwähnt (siehe Abb. 4.30). In der IEC Norm 60044-7 von 1999 wird das erste Mal auf die Zusammenhänge des transienten Verhaltens und der gefangenen Ladungen hingewiesen (übernommen in IEC 61869-6:2016 [35]).

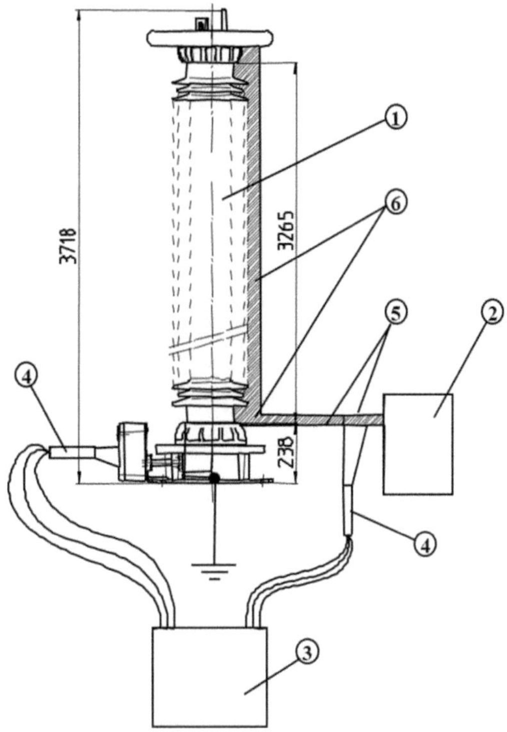

1 RC-Spannungsteiler 420 kV
2 Frequenzgenerator
3 Oszilloskop, Tektronix Typ TDS 30548
4 HF Proben 10:1
5 Cu-Bandleiter 0,5 mm x 20 mm
6 Fläche klein halten

Abb. 4.91 Schematische Darstellung der Frequenzgangmessung

Bei dem System des RC-Teilers und Schutzgerät kann es, infolge des idealen Übertragungsverhaltens des RC-Teilers, nicht zu Fehlfunktionen des Schutzrelais kommen.

Beim Einsatz der RC-Teiler können keine durch gefangene Ladungen verursachte Phänomene auftreten.

Die ersten 420 kV RC-Teiler wurden für die von der National Grid Company in Großbritannien betriebenen Stationen Singlewell in Sellindge, beide in der Grafschaft Kent, im Südosten Englands in Betrieb genommen (Hersteller Trench Switzerland Basel/CH).

An diese RC-Teiler sind multifunktionale Dreiphasenmessgeräte (Diagnose, Schutz und Messung) vom Typ ION 7500/ION 7600 des Herstellers Power Measurement angeschlossen, die der Norm DIN EN 50160 [77] entsprechen. Die Hauptfunktionen der Messgeräte sind:

- Energiemessung
- Messung Harmonischer bis zur 63. Oberschwingung
- Power Quality Messung
- Messung von Spannung, Strom und Frequenz

Die Dreiphasenmessgeräte besitzen für des Spannungssignal einen Eingangswiderstand von 5 MΩ und sind direkt an den Sekundärabgriff mit der Sekundärspannung U_S angeschlossen.

Die elektrischen Daten der eingesetzten RC-Teiler sind:

- Höchste Spannung für den RC-Teiler $U_m = 420$ kV
- Primäre Nennspannung $U_{Pr} = 396/\sqrt{3}$ kV
- Nennübersetzungsverhältnis $K_r = 3600$
- Prüfwechselspannung $U_{eff} = 630$ kV
- Prüf-Blitzstoßspannung (1,2/50 µs) $U_{peak} = 1425$ kV
- Prüf-Schaltstoßspannung (250/2500 µs) $U_{peak} = 1050$ kV
- Nennfrequenz $f_r = 50$ Hz
- Temperaturklasse −50 °C– +55 °C
- Sekundäre Nennspannung $U_{Sr} = 100/\sqrt{3}$ V
- Teilentladungspegel nach IEC 61869-1 <5 pC bei 1,2 $U_m/\sqrt{3}$
  <10 pC bei 1,2 U_m
- Mechanische Kräfte (horizontal und vertikal) 3150 kN

4.8.4 Dimensionierung der RC-Teiler

4.8.4.1 Die Ausführung für Freiluftschaltanlagen

RC-Teiler, wie in Abb. 4.92 gezeigt werden im gesamten Hochspannungsbereich von 72,5 bis 550 kV hergestellt. In der Tab. 4.10 sind die wichtigsten Nennwerte der wichtigsten Ausführungstypen zusammengestellt.

Die primäre Nennspannung U_{Pr} beträgt dabei $\frac{U_m}{1{,}2\cdot\sqrt{3}}$. Der Widerstand des Primärteils R_P wird festgelegt, sodass bei der primären Nennspannung ein Strom von 300 µA fließt.

Dieser Wert hat sich in der Praxis bewährt und beruht auf der Erwärmung im Dauerbetrieb bei Nennspannung.

Die Kapazität der parallel geschalteten Kondensatoren C_P wird mittels der Streukapazitäten gegen Erde bestimmt.

Nachmessungen von Beeinflussungen haben gezeigt, dass die Längskapazität C_P des RC-Teilers größer als 10-mal der Streukapazität C_e sein muss, damit die Streukapazität nicht die Messung des RC-Teilers beeinflusst.

Abb. 4.92 420 kV RC Teiler als Spanungswandler in der Schaltanlage Singlewell/UK

Die Streukapazität des RC-Teilers berechnet sich zu [78]

$$C_e = \frac{2 \cdot \pi \cdot \varepsilon_r \varepsilon_0 \cdot l}{\ln\left[\frac{2l}{d} \cdot \sqrt{\frac{4h+l}{4h+3l}}\right]}$$

Wobei:

ε_r relative Dielektrizitätskonstante von Luft $\varepsilon_r = 1$
ε_0 Dielektrizitätskonstante $\varepsilon_0 = 8{,}854 \cdot 10^{-12}$ F/m
l Länge des Aktivteils in m
d Durchmesser des Aktivteils in m
h Höhe des Aufstellgerüsts in m

Mithilfe von Näherungsgleichungen kann daraus eine einfache Formel zur Berechnung von C_e abgeleitet werden:

$$C_e = \frac{2 \cdot \pi \cdot \varepsilon_r \varepsilon_0 \cdot l}{\ln\left[\sqrt{2} \cdot \frac{l}{d}\right]}$$

Abb. 4.93 zeigt die der Berechnung zugrunde liegenden Abmessungen

Tab. 4.10 Typenreihe der RC-Teiler für den Einsatz als Spannungswandler

Typ	RCVT 71,5	RCVT 145	RCVT 245	RCVT 300	RCVT 420	RCVT 550
Maximale Spannung U_m in kV_{eff}	72,5	145	245	300	420	550
Prüfwechselspannung U in kV_{eff}	140	275	460	460	630	680
Prüfblitzstoßspannung U_{BIL} in kV_{peak}	325	650	1050	1150	1425	1550
Prüfschaltstoßspannung U_{SIL} in kV_{peak}				850	1050	1175
Kleinste Schlagweite in mm	630	1200	2000	2000	3200	3800
Standardkriechweg in mm	1813	3625	6125	7500	10600	13750
Primäre Nennspannung U_{Pr} in kV_{eff}	34,88	69,76	117,88	144,34	202,07	252,59
Widerstand des Primärteils R_P in MΩ	116	232	392	481	674	842

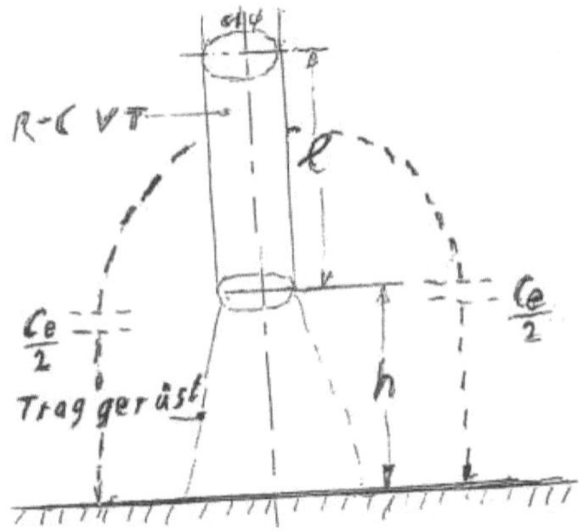

Numerische Werte:
l = 3,2 m
h = 3,0 m
d = 0,25 m

Abb. 4.93 Abmessungen eines RC-Teilers mit Traggerüst (siehe Abb. 4.92)

Die Berechnung der Streukapazität eines 420 kV RC-Teilers nach den beiden oben angegebenen Formeln:

a)

$$C_e = \frac{2 \cdot \pi 28{,}854 \cdot 10^{-12} \cdot 3{,}2}{\ln\left[\frac{2 \cdot 3{,}2}{0{,}25} \cdot \sqrt{\frac{4 \cdot 3 + 3{,}2}{4 \cdot 3 + 3 \cdot 3{,}2}}\right]} F = \frac{178{,}02 \cdot 10^{-12}}{\ln 21{,}45} F = 58{,}04\,\mathrm{pF}$$

b)

$$C_e = \frac{2 \cdot \pi \cdot 8{,}854 \cdot 10^{-12} \cdot 3{,}2}{\ln\left[\sqrt{2} \cdot \frac{3{,}2}{0{,}25}\right]} F = \frac{178{,}02 \cdot 10^{-12}}{\ln\left[\sqrt{2} \cdot \frac{3{,}2}{0{,}25}\right]} F = 61{,}47\,\mathrm{pF}$$

Die Näherungsformel in b) ergibt einen etwas größeren Wert. Für die weiteren Überlegungen wird der Wert der Gesamtstreukapazität des RC-Teilers gegen Masse mit $C_e = 60$ pF verwendet.

Abb. 4.94 zeigt das Ersatzschaltbild eines 420 kV RC-Teilers mit den Längskapazitäten C_{Pi} und den Streukapazitäten C_{ei} gegen Masse.

Die Aktivteile der RC-Teiler werden in Modulen gefertigt. Der Teiler für 420 kV in Abb. 4.94 ist in 4 Module aufgeteilt.

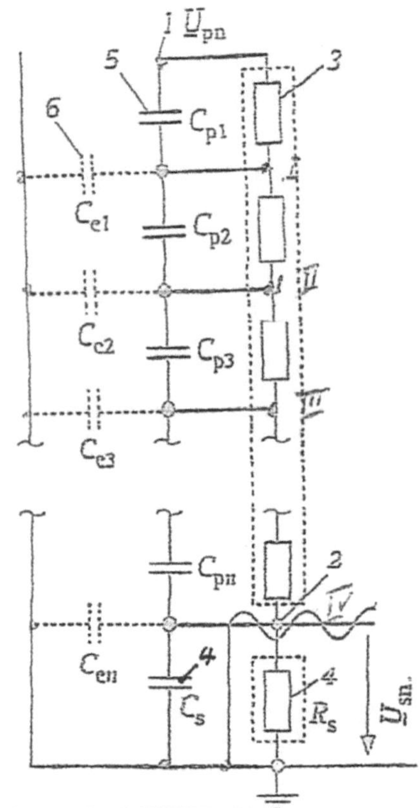

1 Hochspannungsanschluss an die Primärspannung U_P
2 Anschluss für die Sekundärspannung U_S
3 Primärwiderstände R_P
4 Sekundärwiderstand R_S und Sekundärkondensator C_S
5 Primärkondensatoren C_P
6 Streukapazitäten gegen Masse C_{ei}

Abb. 4.94 Ersatzschaltbild des 420 kV RC-Teilers, aufgeteilt in 4 Module (I bis IV)

Die Größen der numerischen Werte des 420 kV RC-Teilers beziehen sich auf die Nennspannung $U_{Pr} = \frac{U_m}{1{,}2\cdot\sqrt{3}} = \frac{420\,\mathrm{kV}}{1{,}2\cdot\sqrt{3}} = 202{,}07\,\mathrm{kV}$

Primärwiderstand $R_\mathrm{P} = 673{,}58\ \mathrm{M\Omega}$, das entspricht $168{,}4\ \mathrm{M\Omega}$ pro Modul
Primärkapazität $C_\mathrm{P} = 810$ pF, das entspricht 3240 pF pro Modul
Streukapazität $C_\mathrm{e} = 60$ pF, das entspricht 15 pF pro Modul

Eine Optimierung des Kettenleiternetzwerkes kann mit der LaPlace Transformation nach Doetsch [79] erfolgen.

Wie oben bereits ausgeführt, sollte die Längskapazität der Primärkondensatoren C_P mindestens 10-mal so groß sein als die Streukapazität C_e. Im obigen Beispiel des 420 kV RC-Teilers ist die Längskapazität um einen Faktor 14 größer als die Streukapazität, was einen besseren Frequenzgang zur Folge hat.

In einem anderen Beispiel eines 245 kV RC-Teilers beträgt die berechnete Streukapazität 40 pF. Für die Kapazität des Primärkondensators C_P wurde eine Kapazität von 1492 pF gewählt, was sie um einen Faktor 40 größer macht als die Streukapazität. Die Beeinflussung des RC-Teilers durch die Streukapazität ist daher sehr gering. Der Frequenzgang dieses 245 kV RC-Teilers ist gegenüber dem 420 KV RC-Teilers deutlich erweitert.

Abb. 4.95 zeigt einen Aktivteil eines RC-Teilers mit dem Stapel der Kondensatorelementen für C_P und den parallel dazu geschalteten Widerständen. Für die Kondensatorelemente wird bei öl-isolierten Teilern ein Mischdielektrikum aus Papier und Polypropylenfolien verwendet, bei SF_6 isolierten Teilern wird reine Polyproylenfolie als Dielektrikum verwendet.

Die konstruktive Entwicklung der Hochspannungs-RC-Teiler ist eng verknüpft mit der technologischen Entwicklung der Widerstände und Kondensatoren.

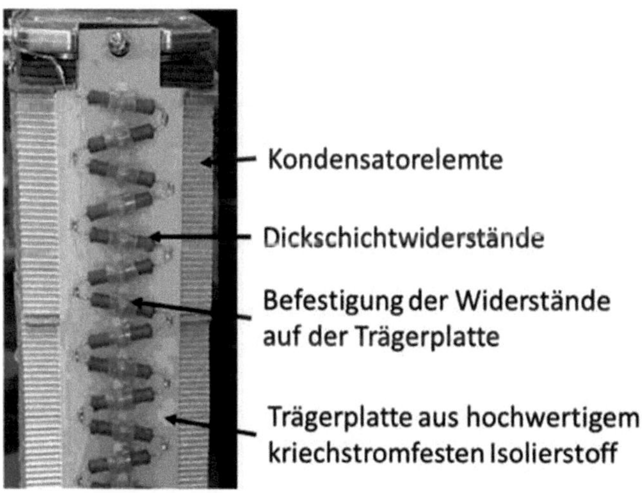

Abb. 4.95 Aktivteil eines RC Teilers

4.8.4.2 RC-Teiler in gasisolierten Schaltanlagen

4.8.4.2.1 Der dreiphasig gekapselte RC-Teiler mit öl-imprägniertem Dielektrikum

Die Abb. 4.96 zeigt den Schnitt eines RC-Teilers mit öl-imprägniertem Misch-Dielektrikum aus Papier-Polypropylen. Drei solche Teiler werden zu einem dreiphasig gekapselten RC-Teiler für GIS zusammengebaut. Die Daten für diese Teiler sind:

- Höchst zulässige Spannung $U_m = 145$ kV
- Prüfwechselspannung $U_{eff} = 275$ kV
- Prüfblitzstoßspannung (BIL) $U_{peak} = 650$ kV
- Überschlagslänge 410 mm
- Durchmesser des RC-Teilers (einphasig) 108 mm
- Wanddicke GFK Rohr 4 mm
- Gewicht 6 kg

Für die Stabilität der Primärkapazität C_P wird der Stapel der Kondensatorelemente mit Federn gepresst (Pos. 16 und 17). Einige Längenmaße wurden in Abb. 4.96 eingetragen, um eine Vorstellung von der Größe zu geben.

Die Überschlagslänge beträgt 490 mm – 2 · 40 mm = 410 mm, was bei einer Belastung mit Prüfspannung 275 kV, eine Längsfeldstärke von 275 kV/410 mm = 0,67 kV/mm entspricht.

Um die Position 4 in Abb. 4.96 ohne Zwickel zu gestalten, welche zu Teilentladungen an der Isolieroberfläche führen könnten, wurde dieser Bereich, wie in Abb. 4.97 gezeigt, ausgeführt.

Abb. 4.98 zeigt den Aufbau der drei Aktivteile für den Einbau in das GIS Druckgehäuse. In Abb. 4.99 sind die drei Aktivteile eingebaut in das Druckgehäuse zu sehen.

Die Widerstandskomponente im Primärteil des RC-Teilers durch Dickschichtwiderständen montiert auf eine GFK Trägerplatte realisiert, wie in Abb. 4.100 zu sehen ist. Diese Widerstandsplatte wird parallel zu den Kondensatorwickeln in das GFK Rohr montiert (siehe Abb. 4.101).

Die Widerstände sind so dimensioniert, dass der Strom durch die Widerstände etwa 0,3 mA beträgt.

Zur Feldsteuerung werden in die Aktivteile Potentialringe (Pos. 4 in Abb. 4.101) eingebaut, welche mit der Kondensatorsäule und den Widerständen verbunden sind. Die Potentialringe sind mit Isolierlack beschichtet, um die Durchschlagsspannung zwischen den Ringen zu erhöhen. Die Kondensatorsäule wird durch GFK- Führungsschienen gehalten und mittels Federn gepresst.

Die Größe der Primärkapazität C_P des RC-Teilers sollte mindestens 10-mal größer sein als die gegenseitigen Streukapazitäten C_{st}, sowie die Streukapazitäten gegenüber dem geerdetem Kessel C_{sE} (siehe Abb. 4.102).

In der Abb. 4.103 ist schematisch der gesamte 3-phasige RC-Teiler gezeigt, mit den Hochspannungsanschlüssen der Phasen R, S und T am Schottungsisolator, dem

1. Anschluss Sekundärteil
2. Flansch auf Massepotential
3. Verbindung von Primär- zu Sekundärteil
4. Hinterschneidung zur Vermeidung von Gleitentladungen
5. Ausdehnungskörper
6. Isolieröl
7. GFK-Zylinder
8. Dickschichtwiderstände
9. Papier/Polypropylen Dielektrikum
10. Potentialringe
11. Verbindung Aktivteil – Flansch
12. Doppeldichtung
13. Flansch auf Hochspannung
14. Durchführung
15. Gas- Einfüllvorrichtung
16. Schrauben für das Pressen der Kondensatorwickel
17. Federn für die Pressung der Kondensatorwickel

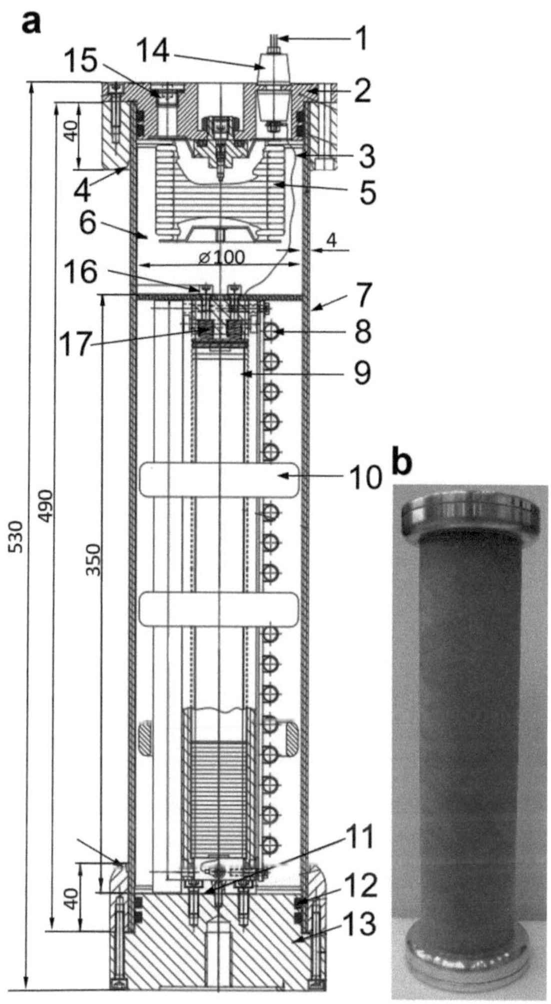

Abb. 4.96 Aktivteile eines 145 kV RC-Teilers mit Öl-imprägniertem Dielektrikum für eine dreiphasig gekapselte GIS ohne Sekundärteil. **a** Schnittbild. **b** Montierter Teiler

Abb. 4.97 Detail der Ausführung des Flansches (Position 4 in Abb. 4.96) zur Vermeidung von Gleitentladungen an der Isolierstoffoberfläche

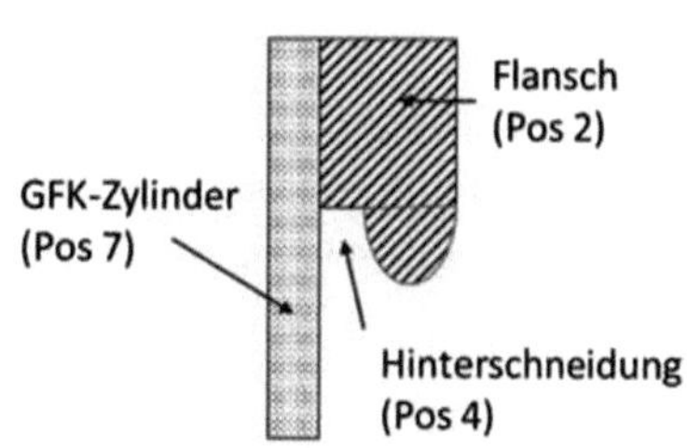

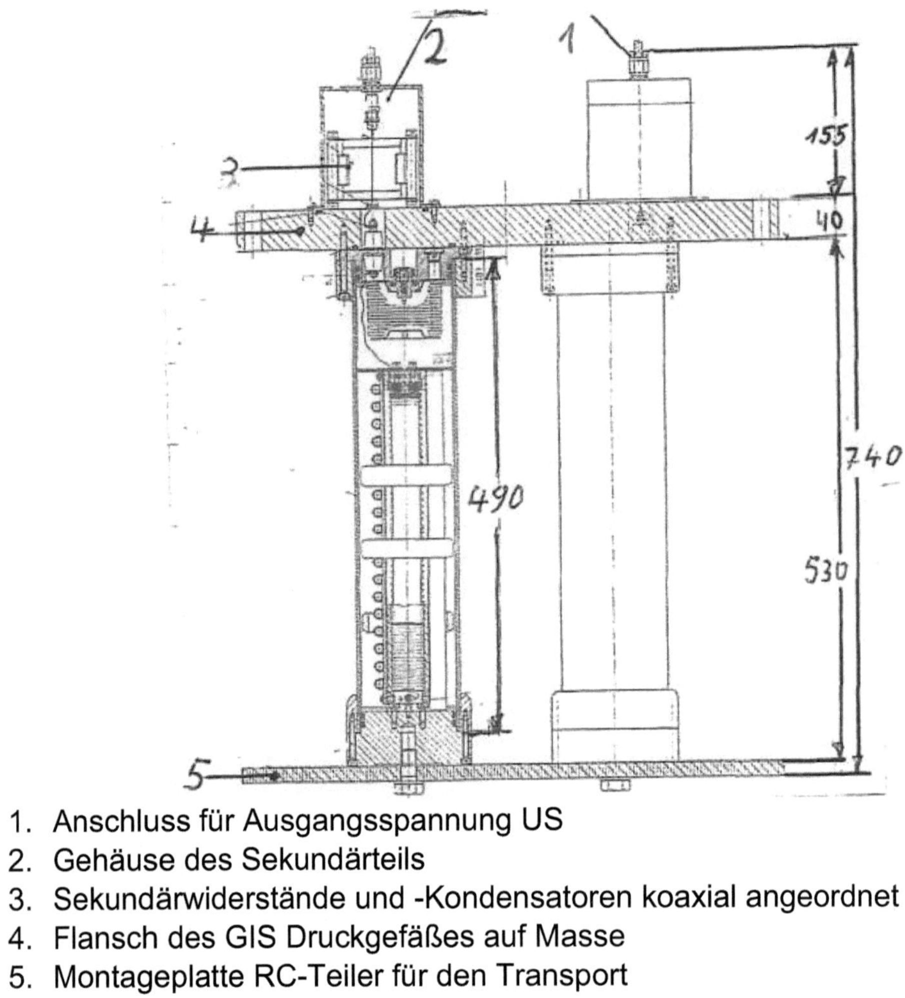

Abb. 4.98 Aktivteile des dreiphasigen RC-Teilers mit den Sekundärteilen des Teilers, montiert auf dem Deckel des Druckgehäuses

Druckgehäuse und den Sekundärteilen (Bemerkung: die Konstruktion kann auch ohne Schottungsisolator eingesetzt werden).

Abb. 4.104 zeigt ein Foto der drei Aktivteile bereit zum Einbau in das Druckgehäuse. Es ist speziell die Verbindung zu den Durchführungen im Schottungsisolator gezeigt.

Der Sekundärteil des RC-Teilers ist koaxial aufgebaut und befindet sich außerhalb des Druckgehäuses.

Die Abb. 4.105 zeigt den konstruktiven Aufbau des koaxialen Sekundärteils, der wie in der schematischen Darstellung in Abb. 4.88 in Abschn. 4.8.2.3 aufgebaut ist. Die Anschlussplatte (Pos. 1) wird von zwei Isolierstützern (Pos. 2) getragen. In der Mitte

Abb. 4.99 Verbindungsstelle dreiphasiger RC-Teiler zum Schottungsisolator (3 RC-Teiler in einem SF_6-Drucktank)

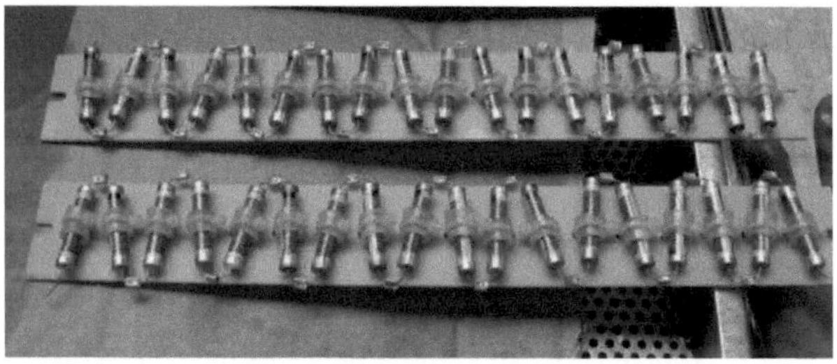

Abb. 4.100 Widerstandskomponente des Primärteils des RC-Teilers

ist die Verbindung mit 50 Ω (Pos. 3) zwischen der Anzapfung des Teilers und dem Sekundäranschluss zu sehen.

Der Sekundärteil in Abb. 4.105 besteht aus 8 Kondensatoren (Pos. 4), zwei Dickschichtwiderständen (Pos. 5) und einer Gas-Schutzfunkenstrecke (Pos. 6). Die obere Platte (Pos. 7) ist mit dem Gehäuse des Sekundärteils auf Masse verbunden (Abb. 4.106).

Die Gehäuse des Sekundärteils sind außen am Deckel des Druckgehäuses des Primärteils angeschraubt. Abb. 4.107 zeigt den gesamten RC-Teiler mit montiertem Sekundärteil.

Für den beschriebenen dreiphasigen RC-Teiler für $U_m = 145$ kV wurden die Feldstärken berechnet für eine erhöhte Prüfspannung von 330 kV. (1 min Prüfspannung

1. Pressvorrichtung für den Kondensatorstapel
2. Widerstandskomponente des Primärteils
3. Kondensatorstapel (in Reihe geschaltete Flachwickel)
4. Potentialringe
5. GFK-Führungsschiene

Abb. 4.101 Aktivteile der RC-Teiler vor dem Einbau in die GFK-Zylinder

nach IEC ist 275 kV). Abb. 4.108 zeigt die schematische Darstellung der berechneten Anordnung.

In der Abb. 4.109 sind die berechneten elektrischen Felder bei einer Effektivspannung von 330 kV zwischen den drei RC-Teilern gezeigt. Die angelegten Spannungen wurden dabei entsprechend der Phasenlage der drei RC-Teiler für ein dreiphasiges System in dem Berechnungsprogram eingegeben. In den Abmessungen sind die aktuellen Phasenlagen angegeben. Die Abmessungen des Flansches auf Hochspannungspotential sind in Abb. 4.109d gezeigt. Die Abmessungen der Elektroden sind in Abb. 4.109f gezeigt. Die geometrische Anordnung der Elektroden ist in Abb. 4.109b dargestellt.

Die Abb. 4.109a zeigt die Feldstärke zwischen den unteren Flanschen. Die maximale Feldstärke ergibt sich zu 15 kV/mm. In Abb. 4.109c ist die Feldstärke zwischen den ersten Zwischenelektroden auf einer Spannung von $\frac{3}{4} \cdot 330\,\text{kV} = 247{,}5\,\text{kV}$ dargestellt. Die maximale Feldstärke beträgt hier 7,3 kV. Die Abb. 4.109e zeigt die maximale Feldstärke gegenüber der geerdeten Wand des Druckgehäuses, sie beträgt 14 kV/mm. Dier

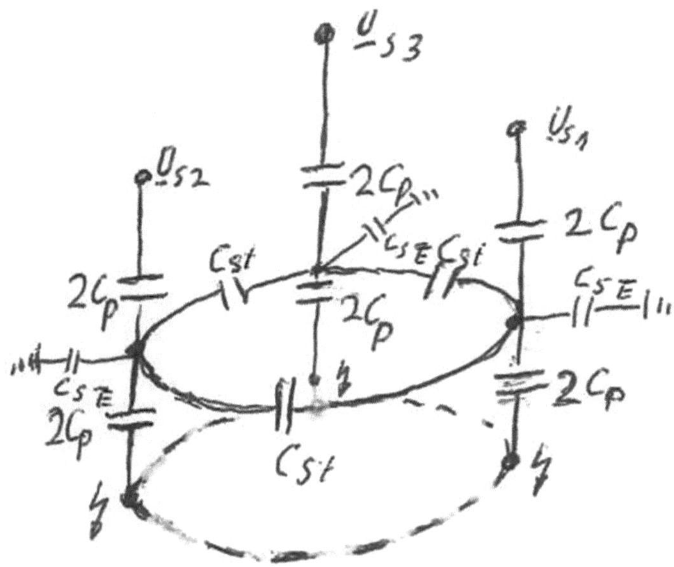

Abb. 4.102 Ersatzschaltbild des dreiphasigen RC-Teilers für die Primärkapazität C_P und die Streukapazitäten C_{st} und C_{sE}

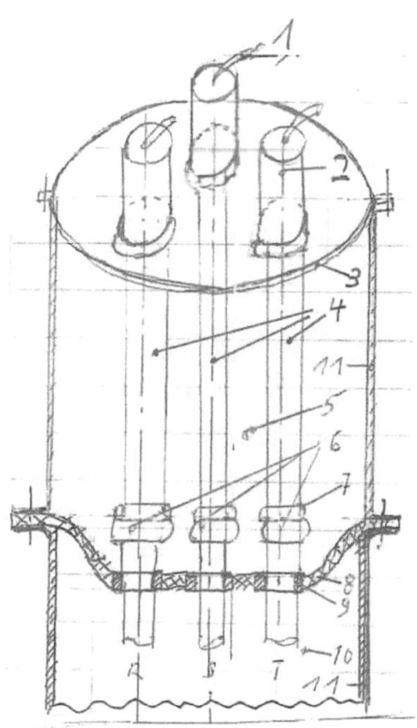

1. Anschluss für Ausgangsspannung des Sekundärteils
2. Koaxialer Sekundärteil
3. Deckel des primärteil-Gasraums
4. Primärteile
5. Gasraum des Primärteils
6. Verbindungsstücke zwischen Primärteilen und Schottungsisolator
7. Flansch des Primärteils, verschraubt mit Pos 6
8. Schottungsisolator
9. Eingegossene Schraubeinsätze (Durchführungen)
10. Gasraum der GIS Anlage
11. Druckgehäuse

Abb. 4.103 Dreiphasiger RC-Teiler

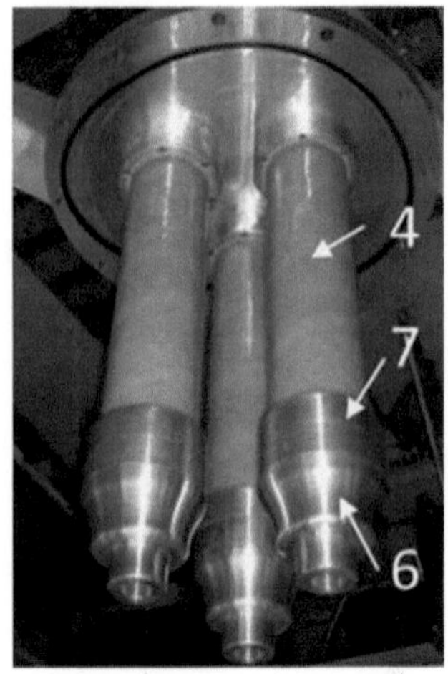

Abb. 4.104 Dreiphasige Verbindungsstelle zum Schottungsisolator (Positionsnummern wie in Abb. 4.103)

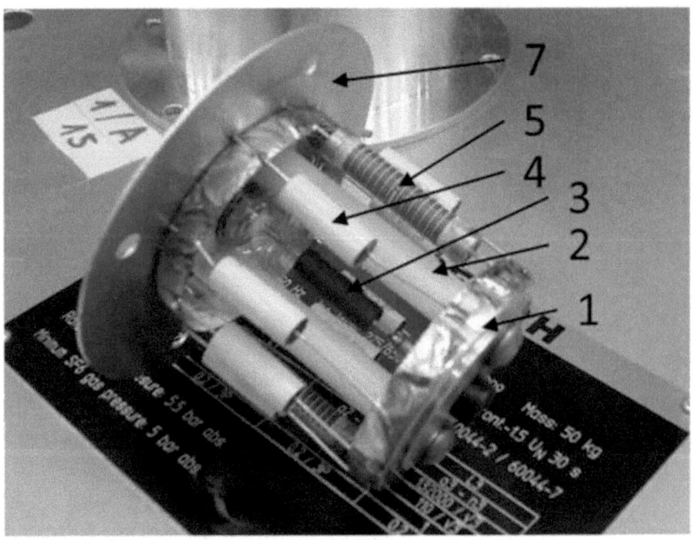

1. Anschlussplatte mit Ende des Primärteils verbunden
2. Isolierstützer
3. Elektrische Verbindung der Anzapfung des Teilers mit dem Sekundäranschluss
4. Kondensatoren (8 Stück)
5. Dickschichtwiderstände (2 Stück)
6. Schutzfunkenstrecke (nicht sichtbar)
7. Montageplatte auf Masse

Abb. 4.105 Aktivteil des Sekundärteils

Abb. 4.106 Koaxialer Sekundärteil des RC-Teilers mit Gehäuse

1. Gehäuse des koaxialen Sekundärteils
2. Koaxiale Steckbuchse für die Sekundärspannung

Abb. 4.107 Dreiphasiger RC-Teiler mit Sekundärteil (ohne Druckgehäuse)

Phasenlagen der RC-Teiler, bei der sich die maximalen Feldstärken ergeben, ist jeweils in die Abbildungen eingetragen.

In der Abb. 4.110 sind die Berechnungen an den Radien der Flansche und Elektroden dargestellt. Abb. 4.110a zeigt das Feldbild der gesamten Anordnung, Abb. 4.110b und c zeigen die Details am Radius der ersten Zwischenelektrode, und Abb. 4.110d und e zeigen die Details am Radius des Hochspannungsflansches des RC-Teilers.

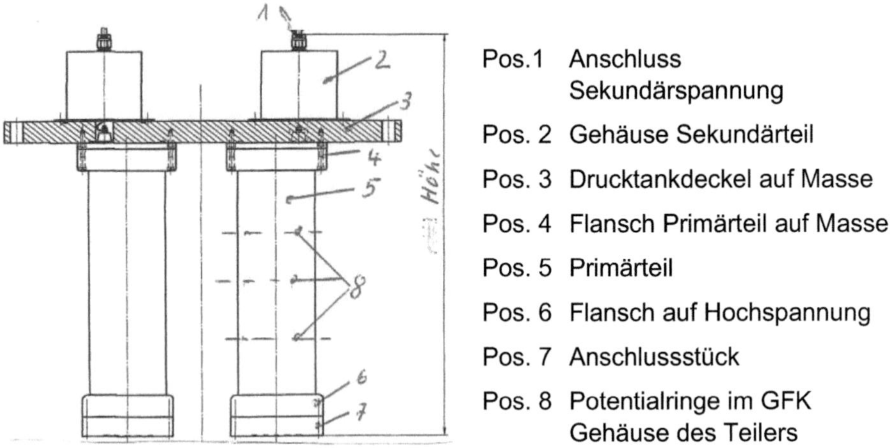

Abb. 4.108 Schematische Darstellung des dreiphasigen RC-Teilers zur Feldstärkeberechnung

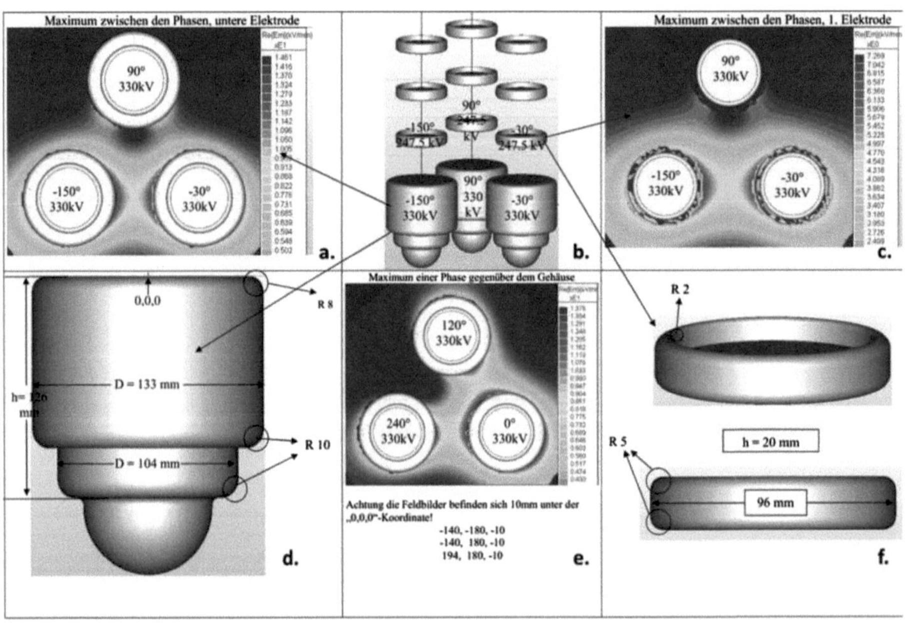

Abb. 4.109 Berechnungen der Feldstärke zwischen den drei RC-Teilern, sowie gegenüber dem Druckgehäuse

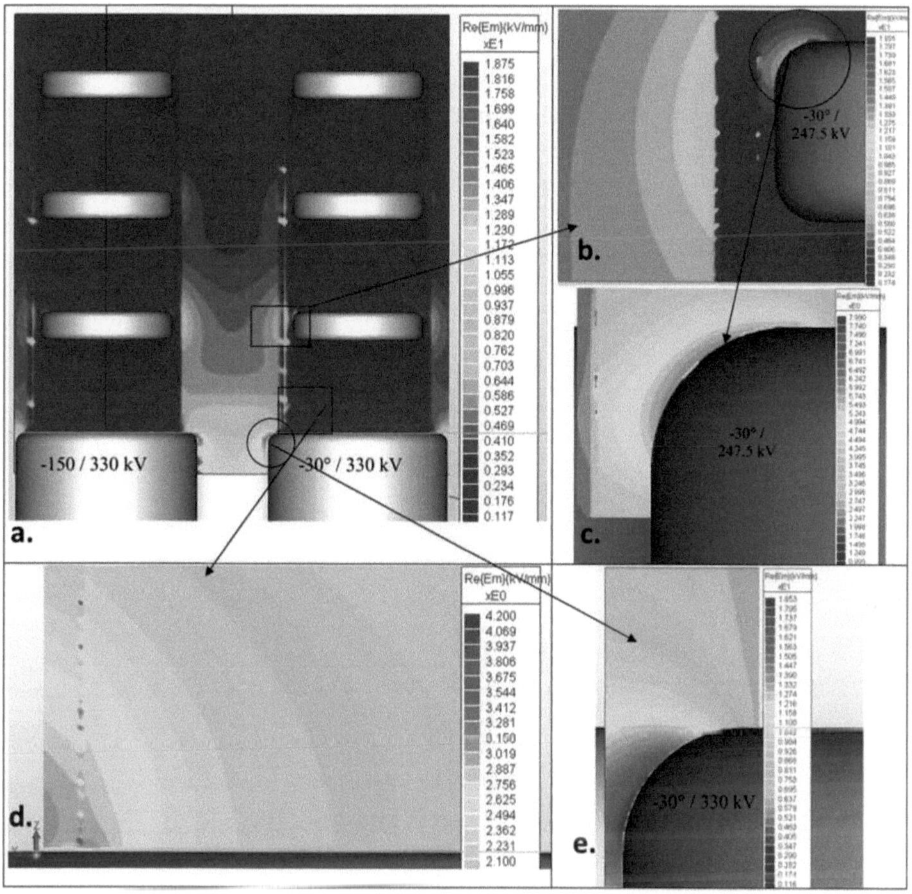

Abb. 4.110 Berechnung der Feldstärken an den Radien der Elektroden

Zusammenfassend muss für den beschriebenen dreiphasigen RC-Teiler gesagt werden, dass es sich dabei um einen Prototyp mit öl-imprägniertem Mischdielektrikum handelt, der noch nicht auf eine kostengünstige Lösung optimiert wurde.

Die vorliegende Konstruktion erfüllt alle Bedingungen eines dreiphasigen induktiven Spannungswandlers, wie Klassengenauigkeit 0,2 % und die Schutzfunktionen. Das System ist aber wesentlich kleiner im Volumen und kostengünstiger, es besitzt hervorragende dynamische Eigenschaften, und es kann für Diagnosezwecke der gasisolierten Anlage eingesetzt werden, was mit einem induktiven oder kapazitiven Messwandler nicht möglich ist.

4.8.4.2.2 Der einphasig gekapselte RC-Teiler mit SF_6 Gas imprägniertem Dielektrikum

Die Abb. 4.111 zeigt einen 145 kV RC-Teiler (Pos. 1) mit integriertem Sekundärteil (Pos. 2). Die Spannung zwischen den Potentialringen (Pos. 3) beträgt $1/\sqrt{3} \cdot 145/5\,\text{kV} = 16{,}7\,\text{kV}$. Bei diesem Teiler ist als Dielektrikum der Kondensatoren Polypropylen (PP) eingesetzt, Ähnliche Ergebnisse werden auch unter Verwendung von Polyäthylen (PE) erzielt. RC-Teiler mit SF_6 imprägniertem Dielektrikum müssen in einem getrennten Gasraum eingebaut werden. Nach der Imprägnierung darf der Gasraum nicht mehr geöffnet werden.

Um die Gasimprägnierung zwischen den Folien zu erleichtern, wurden die Führungsschienen durch schmale Leisten ersetzt, wie in Abb. 4.112 zu sehen ist. Die

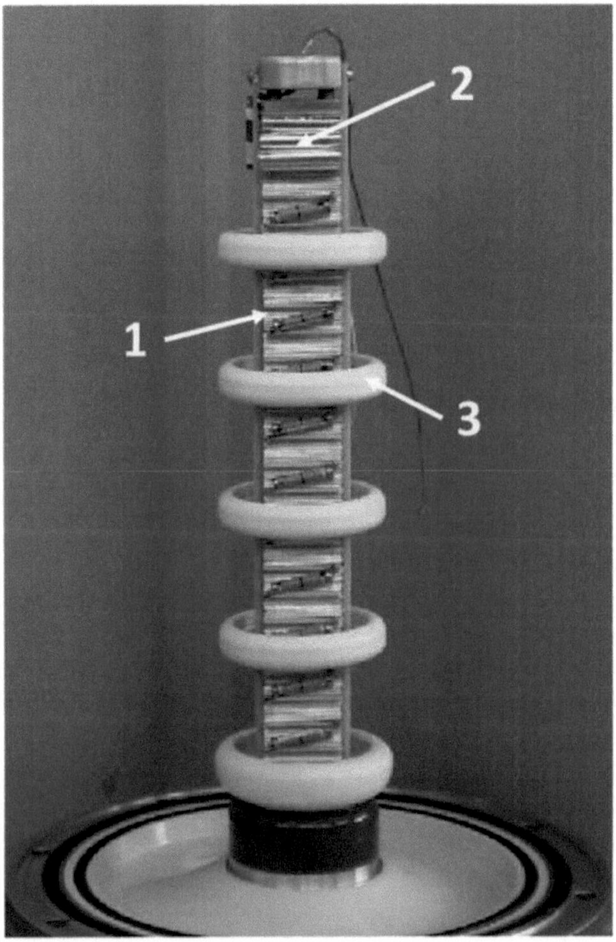

Abb. 4.111 Der einphasige RC-Teiler mit SF_6 imprägniertem Dielektrikum

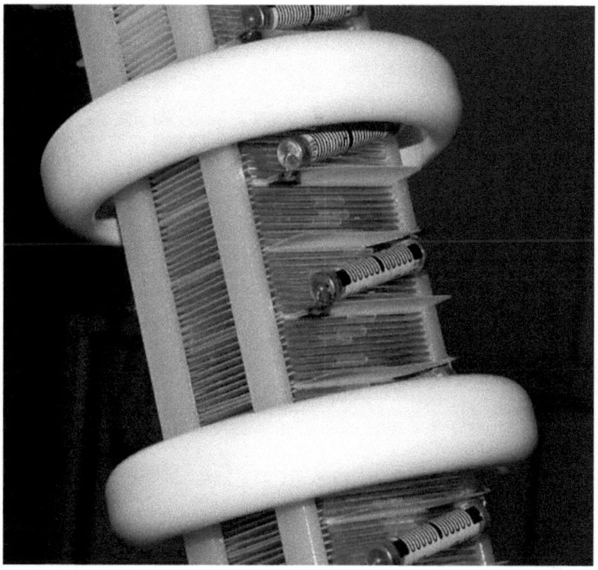

Abb. 4.112 Teilansicht des RC-Teilers mit den schmalen Führungsschienen

Teilentladungs-Einsatzspannung wird nur durch den Gasspalt zwischen den Folien und den Gasdruck bestimmt.

Die praktische Imprägnierung der Kondensatoren mit SF_6 erfolgt in folgenden Schritten:

1. Die Flachwickelkondensatoren unter hohes Vakuum setzten (<0,01 mbar für 2 h)
2. Anschließend mit SF_6 füllen, Druck 6 bar, Dauer 12 h
3. Anschließend reduzieren auf Betriebsdruck 5,5 bar absolut.

Der Aufbau des Sekundärteils ist in Abb. 4.113 gezeigt. Er besteht aus Flachwickeln und einem zusätzlichen Rundwickel-Abgleichkondensator mit dem Dielektrikum Polystyrol.

Die Abb. 4.114 zeigt den Einfluss der Temperatur auf das Teilerverhältnis des RC-Teilers. Der Teiler erfüllt die Anforderungen der Genauigkeitsklasse 0,5 bis 40 °C. Um die Kurven zu erhalten wurden mehrere Temperaturzyklen gefahren.

4.8.4.2.3 Der dreiphasig gekapselte RC-Teiler mit SF_6 imprägniertem Dielektrikum

Der Aufbau des dreiphasig gekapselten RC-Teilers mit SF_6 Imprägnierung ist ähnlich des einphasig gekapselten RC-Teilers in Abschn. 4.8.4.2.2. Als Dielektrikum wurde Polypropylenfolie verwendet. Der Teiler für $U_m = 145$ kV in Abb. 4.115 ist mit 7 Elektroden unterteilt. Die Spannung zwischen den Elektroden beträgt $1/\sqrt{3} \cdot 145/8 = 10{,}5$ kV.

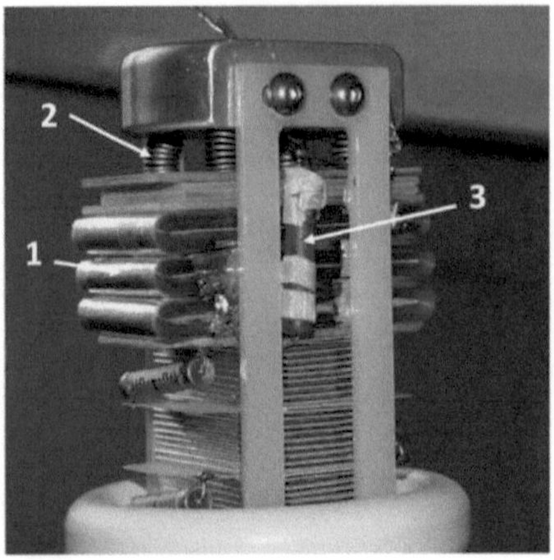

Pos. 1: Folienflachwickel mit SF_6 Imprägnierung

Pos. 2: Federn zur Druckregulierung des Kondensatorstapels

Pos. 3: Abgleichkondensator

Abb. 4.113 Sekundärteil des RC-Teilers

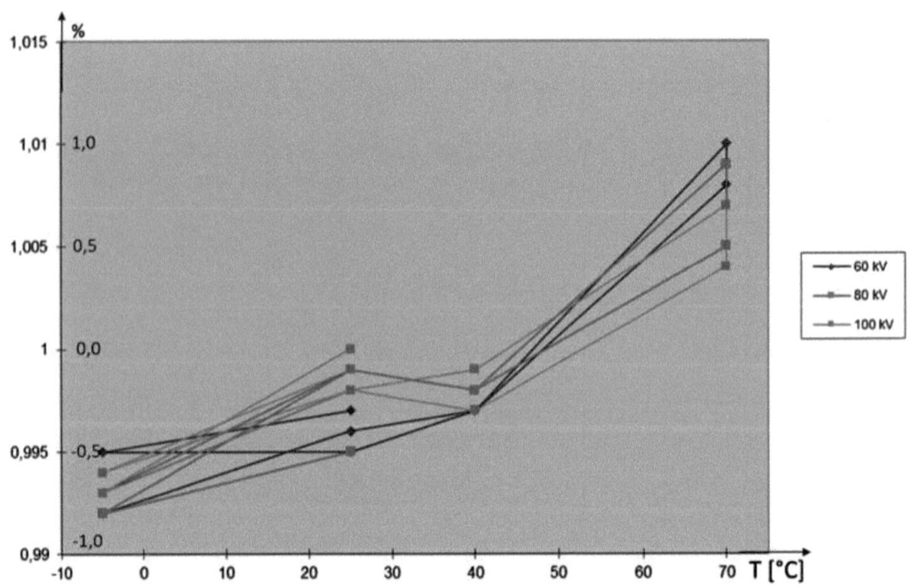

Abb. 4.114 Einfluss der Temperatur auf das Teilerverhältnis und den Fehler des RC-Teilers. Die rechte Skala an der Ordinate zeigt den prozentualen Fehler, die linke Skale das relative Übersetzungsverhältnis

Die Abb. 4.116 zeigt den dreiphasigen RC-Teiler im Druckgehäuse der GIS. Der Sekundärteil des Teilers ist außerhalb des Druckgehäuses in einem separaten Gehäuse montiert. In Abb. 4.117 ist ein Schnittbild des Teilers dargestellt.

Abb. 4.115 Aktivteile des dreiphasig gekapselten RC-Teilers mit SF6 Dielektrikum für 145 kV

4.8.4.2.4 Der RC-Teiler mit keramischen Kondensatoren und integrierten Dickschicht-Widerständen

In dem Europäischen Patent EP098003B1 „RC-Spannungsteiler" [80] ist eine weitere Variante von RC-Teilern für den Einsatz in GIS beschrieben. Diese Variante besteht aus keramischen Kondensatoren, auf deren Außenfläche die Widerstände in Dickschichttechnik aufgedruckt sind. Mehrere solche RC-Module, wie sie in Abb. 4.118 gezeigt sind, werden übereinandergestapelt, jeweils getrennt durch Elektroden zur äußeren Feldsteuerung.

Bei der Version a., bei der die Widerstände in Mäanderform aufgebracht werden, muss auf die Spannungsbelastung zwischen den Mäandern geachtet werden, da Gleitentladungen auf der Keramikoberfläche zu Überschlägen führen können.

Für die keramischen Kondensatoren wurden spezielle Glaskeramikscheiben verwendet. Für diese Keramik gelten folgende Parameter, welche für den Einsatz als Kondensatoren akzeptabel sind:

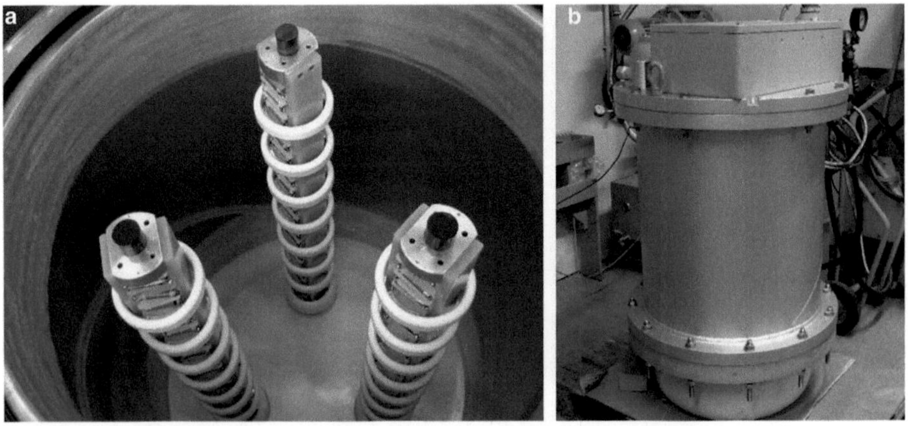

Abb. 4.116 3 phasig gekapselter RC-Teiler für 145 kV. **a** Die Aktivteile des RC-Teilers im Druckgehäuse der GIS. **b** Der montierte dreiphasig gekapselte RC-Teiler

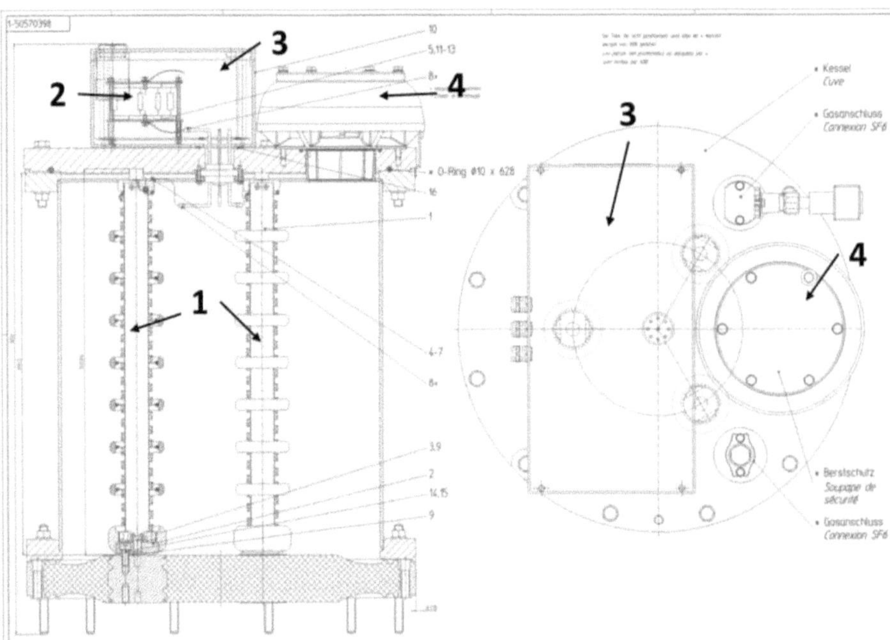

Pos. 1 Primärteil des RC-Teilers
Pos. 2 Sekundärteil des RC-Teilers
Pos. 3 Gehäuse des Sekundärteils
Pos. 4 Berstscheibe

Abb. 4.117 Schnittbild eines dreiphasig gekapselten RC-Teilers für 145 kV GIS

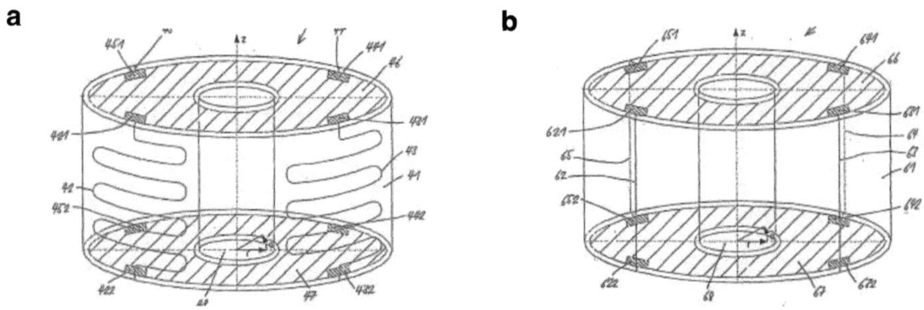

Abb. 4.118 RC-Modul bestehend aus einem keramischen Kondensator mit aufgedruckten Widerständen. **a** Widerstände in Mäanderform; **b** Widerstände als gerade Linien

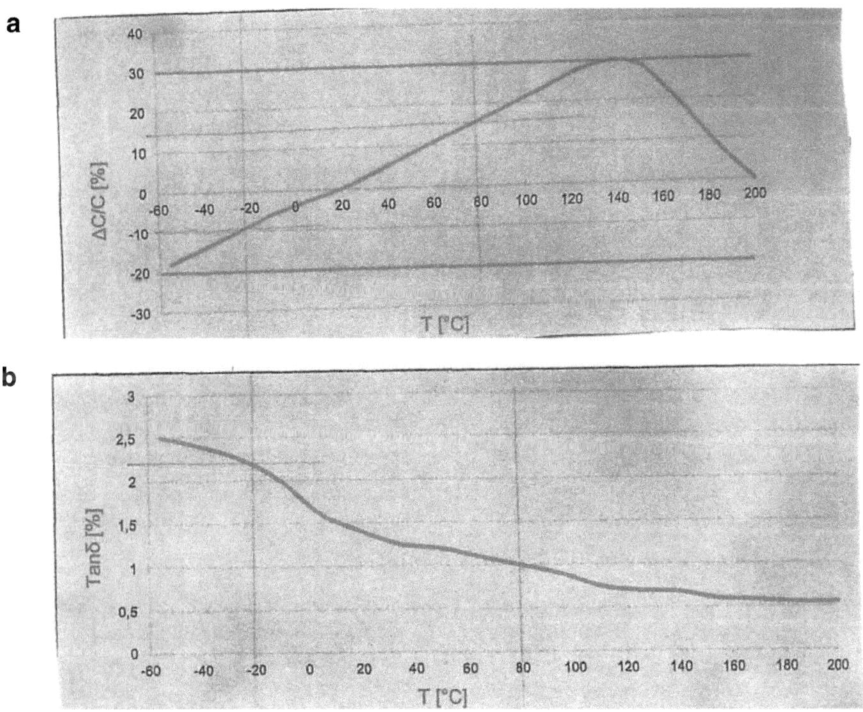

Abb. 4.119 Eigenschaften der Glaskeramik als Funktion der Temperatur. **a** Kapazitätsänderung ΔC/C; **b** dielektrische Verluste tan δ

- Durchschlagfestigkeit >40 kV/mm
- Dielektrische Konstante $\varepsilon_r = 200 \ldots 300$
- Dielektrische Verluste $\tan \delta = 1{,}5 \cdot 10^{-2}$ (bei T = 20 °C)
- Kapazitätsänderung als Funktion der Temperatur nach Abb. 4.119a
- Änderung der dielektrischen Verluste mit der Temperatur nach Abb. 4.119b

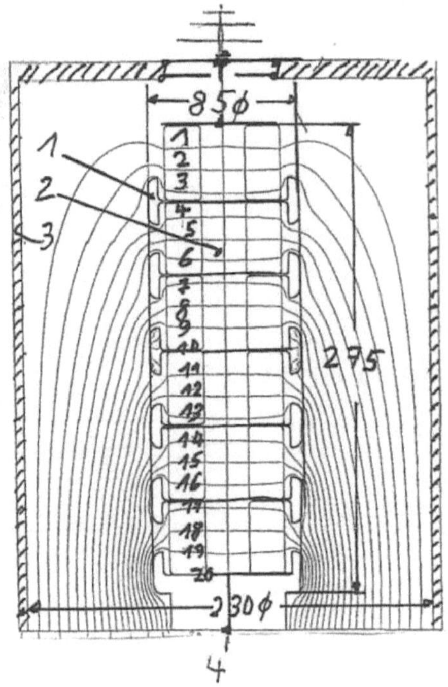

Pos. 1 Potentialringe

Pos. 2 Keramische RC-Module

Pos. 3: GIS Druckgehäuse

Pos. 4 Hochspanungsanschluss

Abb. 4.120 Potentialverteilung (5 % Schritte) eines RC-Teilers mit keramischen Kondensatoren und integrierten Dickschichtwiderständen

Die Dickschichtwiderstände können auf die zylindrische Oberfläche als senkrechte Linien oder in Mäanderform aufgedruckt und eingebrannt werden (siehe Abb. 4.118).

Abb. 4.120 zeigt einen solchen RC-Teiler, eingebaut in ein GIS Gehäuse mit den Potentiallinien in 5 % Schritten. Dieser Teiler besteht aus 6 keramischen RC-Modulen und hat 5 Zwischenelektroden. Er ist für $U_{\mathrm{m}} = 145$ kV mit einer Prüfwechselspannung von 275 kV konzipiert.

In Abb. 4.121 ist die Feldberechnung mit den Feldstärken an den Elektroden gezeigt.

An der Stelle ① lässt sich die Feldstärke zwischen dem Potentialring und dem Druckgehäuse nach der Zylinderformel $\left|\vec{E}\right| = \frac{U}{r \cdot \ln(r_a/r_i)}$ berechnen. Für die Prüfspannung von 275 kV ergibt sich daraus für den RC-Teiler in Abb. 4.121 eine Feldstärke von $\left|\vec{E}\right| = \frac{175\,\mathrm{kV}}{42\,\mathrm{mm} \cdot \ln(115\,\mathrm{mm}/42\,\mathrm{mm})} = 6{,}5\,\mathrm{kV/mm}$.

Die höchste Feldstärke besitzt der Vektor an der Stelle ② mit 11 kV/mm.

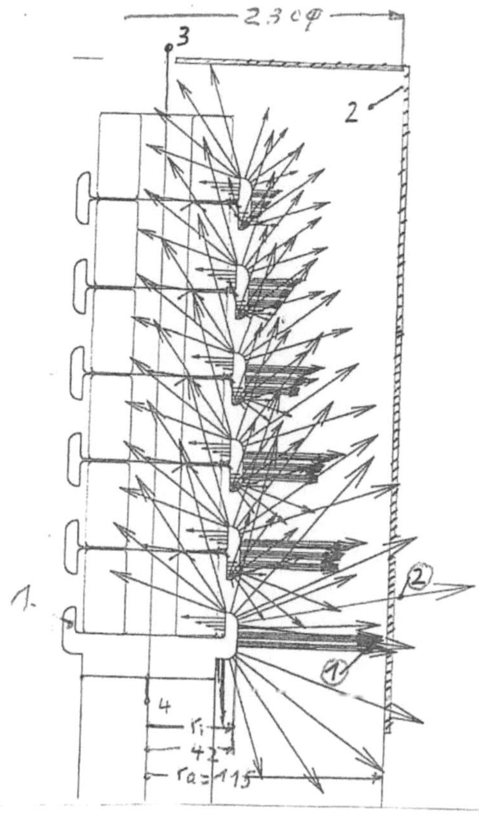

Pos. 1	Potentialring auf Hochspannung (Hochspannungselektrode)
Pos.2	GIS Druckbehälter
Pos.3	Anschluss an Masse
Pos.4	Anschluss an Hochspannung

Abb. 4.121 Feldstärkeberechnung an den Elektroden des RC-Teilers

4.9 Optischer Spannungswandler (Pockels Effekt)

4.9.1 Prinzip der optischen Spannungsmessung mit dem Pockels-Effekt

Wie der Faraday-Effekt für die optische Strommessung, kann der Pockels-Effekt für die optische Spannungsmessung verwendet werden. Der Pockels-Effekt, auch bekannt als linearer elektro-optischer Effekt, verändert die Doppelbrechung in einem Kristall bei Anliegen eines elektrischen Feldes. Durch diese Änderung in der Doppelbrechung verändert sich der Polarisationszustand des Lichts beim Durchgang durch den Kristall. Diese Änderung der Polarisation kann dann analysiert werden und gibt ein Maß für die Spannung an dem Kristall. Abb. 4.122 zeigt dieses Prinzip des Pockels-Effekts.

Im Gegensatz zum Faraday-Effekt für die Strommessung tritt der Pockels-Effekt jedoch nicht in Glasfasern auf, sondern nur in speziellen Glaskristallen. Dies schränkt

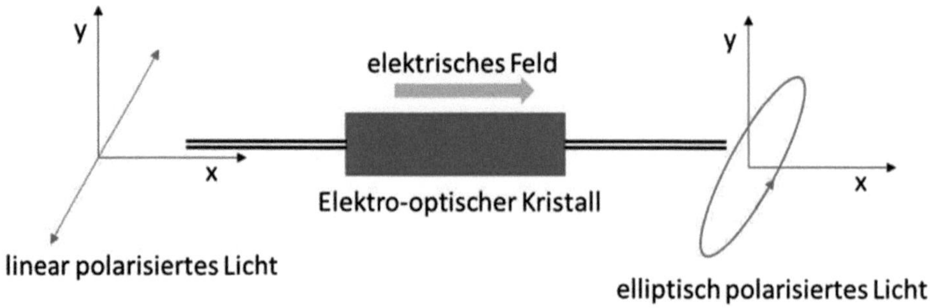

Abb. 4.122 Prinzip des Pockels-Effekts zur optischen Spannungsmessung

den Einsatz des Pockels-Effekts zur direkten Spannungsmessung ein. Zwei Lösungsmöglichkeiten werden im Folgenden beschrieben.

4.9.2 Der Aufbau optischer Spannungswandler

Um den Pockel-Effekt zur Messung hoher Spannungen zu nutzen existieren zwei unterschiedliche Ausführungen:

- Es wird das elektrische Feld an einem oder mehreren Stellen gemessen und daraus die Spannung berechnet
- Es wird ein großer Kristall eingesetzt, welcher die gesamte Spannung überbrückt.

Abb. 4.123 zeigt die Realisierung eines Spannungswandlers unter Verwendung von mehreren Kristallen, die, innerhalb eines Isolators, an verschiedenen Stellen das

Abb. 4.123 Optischer Spannungswandler mit drei elektrischen Feldsensoren nach dem Pockels-Effekt [81]

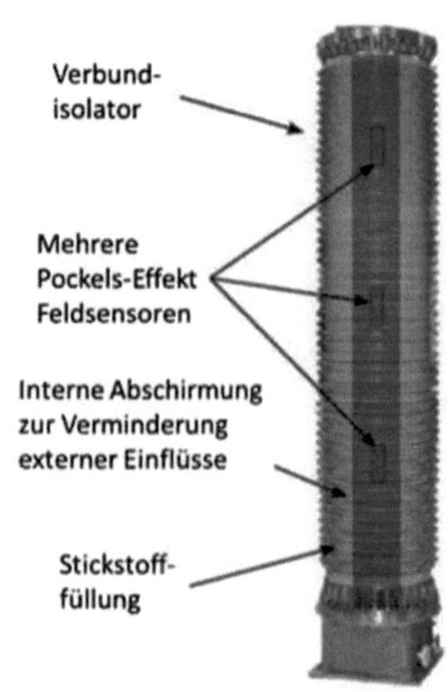

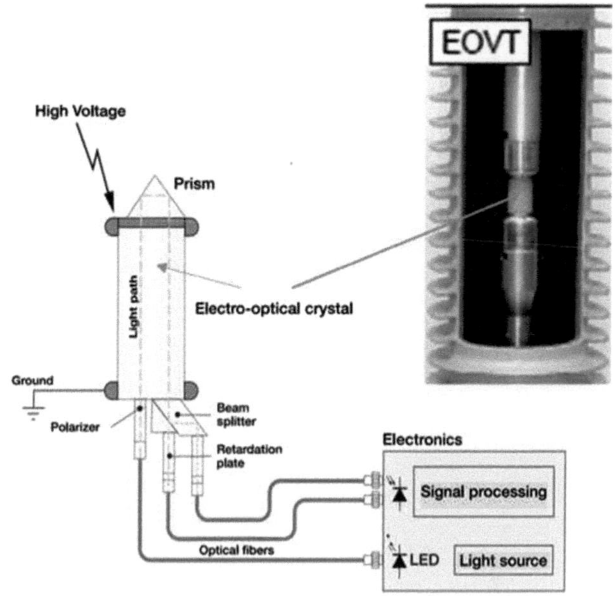

Abb. 4.124 Optischer Spannungswandler unter Verwendung eines die gesamte Spannung überbrückenden Kristalls [83]

elektrische Feld messen. In der elektronischen Einheit diese optischen Spannungswandlers wird die gesamte Spannung durch die Verknüpfung dieser Feldmessungen berechnet [81].

Bei dieser Ausführungsform muss darauf geachtet werden, dass äußere elektrische Felder von benachbarten Phasen, oder Feldverzerrungen durch geerdete Konstruktionen in der Nähe des optischen Spannungswandlers nicht das Ergebnis der Spannungsmessung beeinflussen.

Abb. 4.124 zeigt die Realisierung eines optischen Spannungswandlers durch die Verwendung eines großen, die gesamte Spannung überbrückenden Kristalls [82].

Die Herstellung solch großer Kristalle ist nicht einfach und deshalb mit hohen Kosten verbunden. Um die gesamte Spannung über den Kristall halten zu können muss dieser zwischen zwei Elektroden eingebaut werden, welche sich in einem gasisolierten Isolator unter Druck befinden. Damit die elektrische Feldstärke außerhalb des Isolators an Luft nicht zu groß wird, muss der Isolator einen gewissen Mindestdurchmesser haben.

Mit dem in Abschn. 4.8 beschriebenen RC-Teiler steht eine Technologie zur Verfügung, welche die Nachteile in der Realisierung des optischen Spannungswandlers nicht haben und direkt ohne zusätzliche aufwendige Elektronik an die Schutz- und Messgeräte angeschlossen werden können. Die Autoren bevorzugen deshalb den RC-Teiler im Vergleich zu optischen Spannungswandler.

Qualität

5

5.1 Gas in Öl Analysen

5.1.1 Einleitung

Zur Beurteilung der Qualität der Isolation eines Messwandlers im Betrieb ist die Analyse der gelösten Gase im Isolieröl eine oft angewandte Technik. Bei Fehlern in der Isolation, welche zu Teilentladungen führen, oder bei Belastung mit hohen Temperaturen zersetzt sich das Öl der Isolierung, und es bilden sich Gase wie Wasserstoff und Kohlenhydrate, welche im Öl gelöst sind. Wurde der Wandler bei der Imprägnierung unter nicht genügendem Vakuum gehalten, so enthält das Öl hohe Werte von Stickstoff und Sauerstoff. Durch Teilentladungen, bei denen das Isolierpapier in Mitleidenschaft gerät, entstehen neben den Kohlenwasserstoffen auch Kohlenmonoxid und Kohlendioxid. Mehr Information ist in der IEC Norm IEC 60599 enthalten [84].

Gelöste Gase führen nicht sofort zum Ausfall des Wandlers, können aber ein Indiz für Fehlstellen oder Überhitzungen sein. Es wird deshalb empfohlen alle 10 Jahre eine Ölprobe zu entnehmen und auf gelöste Gase zu untersuchen.

Wird durch eine Fehlstelle im Wandler dauernd Gas gebildet, so kann es zu einem Druckanstieg im Wandler kommen und dadurch zu einer Ausdehnung des Ölausdehnungsgefäßes. Als letzte Konsequenz kommt es dann zu einem Durchschlag im Wandler. Ein gewisser Anstieg der gelösten Gase ist für den Wandler nicht schädlich und kommt im Laufe der Zeit meistens vor, steigt die Gaskonzentration jedoch über die Grenze der Normalwerte (3. Spalte in Tab. 5.1), so muss er weiter untersucht werden. Es ist dann zu raten neue Gas-in-Öl Analysen bereits nach einigen Monaten durchzuführen, um ein eventuell weiters Ansteigen zu erkennen [85]. Die Werte in der 3. Spalte in Tab. 5.1 liegen für Äthen, Äthylen und Acetylen niedriger als die empfohlenen Grenzwerte in IEC 60599 Annex A3 [84].

R. Minkner und J. Schmid, *Technologie der Messwandler*,
https://doi.org/10.1007/978-3-658-30207-8_5

Tab. 5.1 Grenzwerte für im Öl eines Messwandlers gelöste Gase

Gasart	Konzentrationen in neuen Wandlern in vpm oder µl/l	Normalkonzentrationen in vpm oder µl/l	Grenzwerte, bei denen der Wandler außer Betreib genommen werden muss in vpm oder µl/l
Wasserstoff H_2	<30	<300	<1000
Kohlenmonoxid CO		<300	<1000
Kohlendioxid CO_2		<900	<2000
Methan CH_4	<5	<30	<75
Äthan C_2H_6	<5	<25	< 70
Äthylen C_2H_4	<1	<4	<25
Acetylen C_2H_2	Nicht detektierbar	<1	<5

Steigt die Konzentration eines Gases über die Grenzwerte in der 4. Spalte der Tab. 5.1 so muss er außer Betrieb genommen werden [85].

In neu produzierten Wandlern sollte die Konzentration der Gase nicht über die Werte in der 2. Spalte der Tab. 5.1 liegen.

5.1.2 Probenentnahme

Bei der Entnahme der Ölproben für die Gas-in-Öl Analyse ist darauf zu achten, dass die Proben nicht kontaminiert werden und dass kein Gas aus dem Öl entweichen kann. Dazu wird am Ölablassventil des Wandlers eine Glasspritze angebracht, welche zunächst mit Isolieröl gespült wird, bevor die Probe entnommen wird. Die Probe darf unter keinen Umständen mit Luft in Berührung kommen. Der eventuell gelöste Wasserstoff entweicht sonst sehr leicht aus dem Öl, deshalb kann bei einer falschen Probenentnahme der Wasserstoffgehalt verfälscht werden. Die Probenentnahme sollte nur durch ausgebildete Fachleute erfolgen. Gasdichte Glasspritzen eignen sich zur Entnahme der Proben. Diese sollten jedoch zunächst mit dem Isolieröl ausgespült werden.

Da die Messwandler kleine Ölvolumina haben, ist es unbedingt notwendig, das entnommene Öl wieder aufzufüllen. Dazu gibt es Vorrichtungen, welche es erlauben die Proben zu entnehmen und das Öl wiederaufzufüllen, ohne dass die Probe mit Luft in Berührung kommt oder Luft in den Wandler gelangt. Abb. 5.1 zeigt eine geeignete Einrichtung zum Entnehmen der Ölprobe und Nachfüllen des entnommenen Öls.

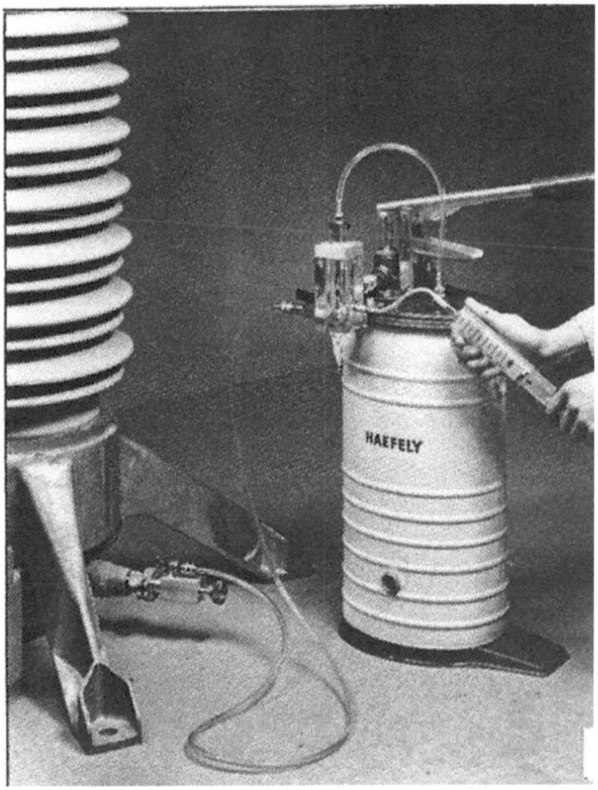

Abb. 5.1 Vorrichtung zur Entnahme und Nachfüllung von Öl bei Öl-Papier-isolierten Messwandlern

5.1.3 Interpretation der Gas-in Öl Analysen

Je nach Art des Fehlers im Wandler treten die unterschiedlichen Gase auf. Dadurch lässt sich die Art des Fehlers im Wandler bestimmen. Teilentladungen mit niedrigem Energielevel im Wandler ergeben einen Anstieg des Wasserstoffgehalts im Isolieröl begleitet von Methan. Bei stromstarken Entladungen im Wandler tritt neben Wasserstoff typischerweise Acetylen in Begleitung von Methan und Äthen auf. Sind die Entladungen in der Öl-Papierisolation, so treten bei Entladungen im Wandler zusätzlich Kohlenmonoxid und Kohlendioxid auf.

Eine Überhitzung des Öls ist durch das Auftreten von Methan und Äthan bei Temperaturen von 150 bis 300 °C charakterisiert. Bei noch höheren Temperaturen (500–800 °C) treten Äthylen zusammen mit Wasserstoff, Methan und Äthan auf und bei sehr hohen Temperaturen von über 1000 °C tritt Wasserstoff, Äthylen und Acetylen zusammen mit Methan auf.

In Tab. 5.2 sind die Fehlerarten und die auftretenden Gase zusammengestellt.

Tab. 5.2 Gasentwicklung in Ölgefüllten Messwandlers

	Teilentladung mit niedriger Energie		Stromstarke Entladungen		Überhitzung des Öls		
	Öl	Öl/Papier	Öl	Öl/Papier	150–300 °C	500–800 °C	>1000 °C
Wasserstoff H_2	•	•	•	•		○	•
Methan CH_4	○	○	○	○	•	○	○
Äthan C_2H_6					•	○	
Äthylen C_2H_4			○	○		•	•
Acetylen C_2H_2			•	•			•
Kohlenmonoxid CO		○		•			
Kohlendioxid CO_2		○		○			

• charakteristische Gase, ○ begleitende Gase

5.2 Beurteilung von TE Ergebnissen

Die Teilentladungsmessung, welche als Routineprüfung an jedem Messwandler durchgeführt wird, zeigt die Qualität der Isolation der Wandler. Nach Norm [33] sind Grenzwerte der gemessenen Teilentladung einzuhalten. Diese liegen für Öl-Papierisolation bei 5 pC bei 1,2 $U_m/\sqrt{3}$ und bei 10 pC bei 1,2 U_m für isolierte Systeme und bei U_m für geerdete Systeme.

Beim Auftreten von Teilentladungen erlaubt eine genauere Analyse der Messungen einen Hinweis auf die Ursache der Teilentladungen. Dazu werden die Phasenlage der TE-Impulse, die Häufigkeit und die Regelmäßigkeit der Impulse, Veränderung der Intensität mit der angelegten Spannung und das Verhältnis zu Einsatz- und Aussatzspannung als Parameter zur Beurteilung herangezogen [10].

Moderne Analysegeräte zur Messung von Teilentladungen zeichnen die TE-Impulse auf, und erzeugen so ein Bild der Intensität und Häufigkeit der Impulse über der Phasenlage [86, 87].

Im Folgenden werden verschiedene Teilentladungsursachen und deren typischen Teilentladungsparameter aufgezeigt [10, 88]:

Entladung an metallischer Elektrode in Luft (Koronaentladung)
Teilentladungsimpulse um einen der beiden Scheitelwerte mit gleichen Abständen. Ist die Elektrode auf Hochspannung, so treten die Impulse an der negativen Halbwelle auf (siehe Abb. 5.2a), ist die Elektrode auf Erdpotential, so treten die Impulse an der positiven Halbwelle auf. Mit steigender Spannung nimmt die Anzahl der Impulse zu, deren Amplitude bleibt aber gleich. Die TE-Einsatzspannung ist gleich der TE-Aussatzspannung (siehe Abb. 5.2b).

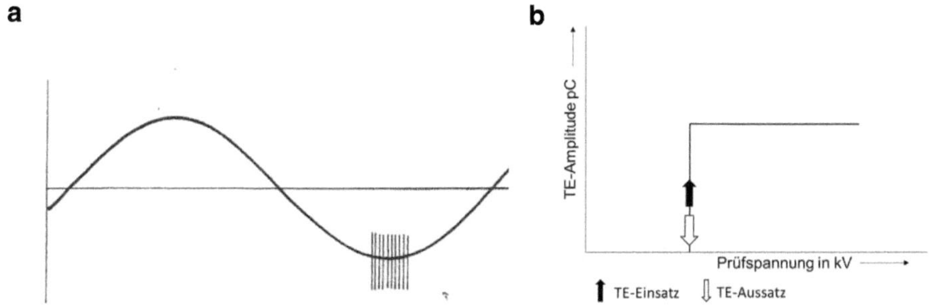

Abb. 5.2 Koronaentladung in Luft an einer metallischen Spitze auf Hochspannungspotential **a** Teilentladungsbild, **b** Amplitude in Abhängigkeit der Spannung

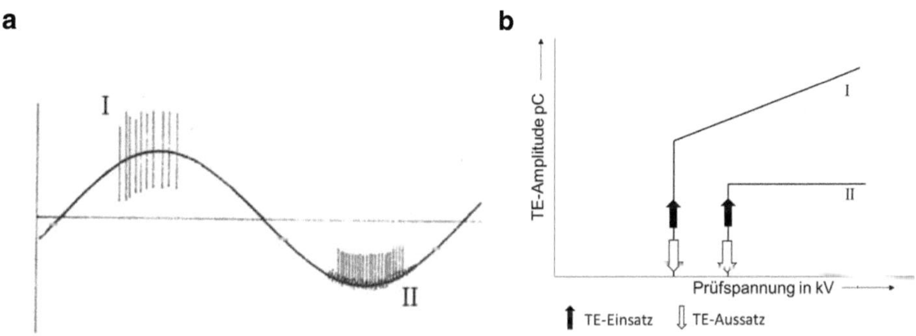

Abb. 5.3 Entladung an einer metallischen Spitze auf Hochspannungspotential unter Öl **a** Teilentladungsbild, **b** Amplitude in Abhängigkeit der Spannung

Entladung an metallischer Elektrode unter Öl

Teilentladungsimpulse an beiden Scheiteln mit gleichmäßigen Abständen. In einer Halbwelle mehr Impulse mit gleicher Amplitude, die bei Spannungssteigerung gleich bleibt (II). An der anderen Halbwelle sind weniger Impulse mit höherer Amplitude, welche mit Spannungssteigerung ansteigt (I) (siehe Abb. 5.3).

Entladung an Fehlstellen im Dielektrikum

Teilentladungsimpulse an beiden Halbwellen vor dem Scheitelwert. Die Amplituden können sich bis zu einem Faktor 3 unterscheiden. Bei mehreren Fehlstellen steigt die Amplitude der Impulse mit zunehmender Spannung (siehe Abb. 5.4). Beim Herunterfahren der Spannung setzen die Teilentladungen bei niedriger Spannung aus als sie eingesetzt haben.

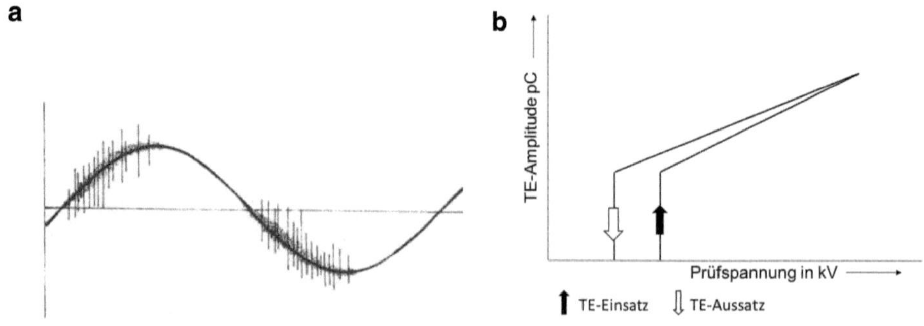

Abb. 5.4 Teilentladung an Fehlstelle im Dielektrikum, z. B. Hohlräume, oder nicht imprägnierte Stellen **a** Teilentladungsbild, **b** Amplitude in Abhängigkeit der Spannung

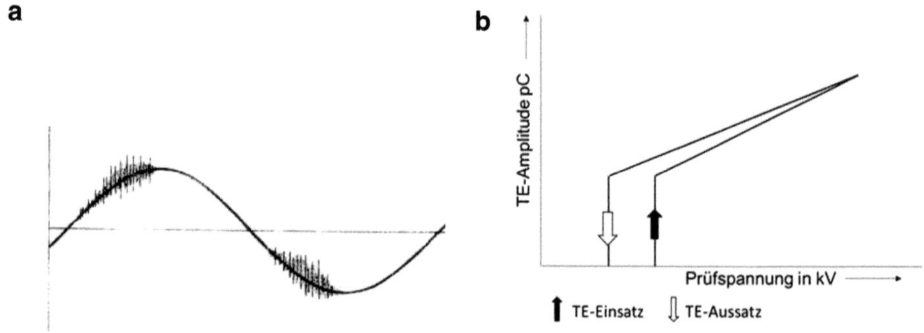

Abb. 5.5 Teilentladung an entlang einer Isolierstoffoberfläche **a** Teilentladungsbild, **b** Amplitude in Abhängigkeit der Spannung

Entladung entlang Isolationsoberflächen (Gleitentladung)

Teilentladungsimpulse an beiden Halbwellen vor dem Scheitelwert, oft zum Scheitelwert hin ansteigende Amplitude. Mit steigender Spannung nimmt die Amplitude der Impulse zu (siehe Abb. 5.5). Beim Herunterfahren der Spannung setzen die Teilentladungen bei niedriger Spannung aus als sie eingesetzt haben.

Entladung an schlechten elektrischen Kontakten

Unregelmäßige Teilentladungsimpulse symmetrisch zu den Nulldurchgängen. Die Amplituden nehmen mit der Spannung zu (siehe Abb. 5.6). Wird der Kontakt bei größerer Spannung „verschweißt", so kann die Teilentladung auch plötzlich verschwinden (siehe Abb. 5.6b. Fall II).

Entladungen an Metallteilen auf freiem Potential

Teilentladungsimpulse auf beiden Halbwellen, oft paarweise auftretend. Die Impulse können über das Bild wandern. Bei ansteigender Spannung nimmt die Anzahl der Impuls

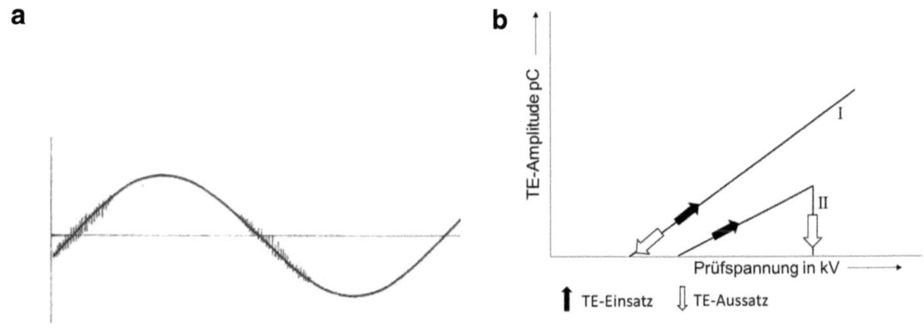

Abb. 5.6 Teilentladung an einem schlechten elektrischen Kontakt **a** Teilentladungsbild, **b** Amplitude in Abhängigkeit der Spannung

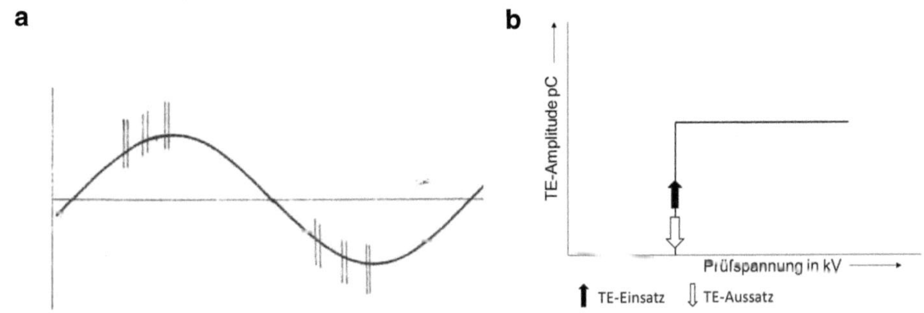

Abb. 5.7 Teilentladung an einer metallischen Elektrode auf freiem Potential **a** Teilentladungsbild, **b** Amplitude in Abhängigkeit der Spannung

zu und die Zwischenräume zwischen den Impulsen wird kleiner, wobei die Amplitude der Impulse gleich bleibt (siehe Abb. 5.7).

Die Ermittlung der Ursache auftretender Teilentladungen kann durch Überlagerung mehrerer Teilentladungsquellen oft schwierig sein.

Bei Teilentladungen in Öl-Papierisolierten Messwandlern können Teilentladungen durch unzureichende Imprägnierung des Papiers und dadurch entstehende Lufteinschlüssen in der Isolation hervorgerufen werden. In solchen Fällen kann eine Nachimprägnierung helfen, die Teilentladungen zu eliminieren. Dies kann durch Aufwärmen der Isolation oder durch Erhöhung des Drucks in der Isolation für eine gewisse Zeit gemacht werden.

Literatur

1. Bauer, R.: Die Messwandler. Springer, Berlin (1953)
2. Grambow, I.: Messwandler für Mittel- und Hochspannungsnetze; Technische Akademie Esslingen Kontakt und Studium, Bd. 554. Expert Verlag, Renningen (2000)
3. Ollendorff, F.: Potentialfelder der Elektrotechnik. Springer, Berlin (1932)
4. IEC 60156: Insulation liquids – Determination of the breakdown voltage at power frequency – Test method (2018)
5. IEC 60071-1: Insulation coordination, Part 1: principles and rules (2006)
6. IEC 60505: Evaluation and qualification of electrical insulation system (2011)
7. IEC 60071-2: Insulation coordination, Part 2: Application guide (1996)
8. IEC 60296: Fluids for electrotechnical applications - Unused mineral insulating oils for transformers and switchgear (2012)
9. Moser, H.P.: Transformerboard. Birkhäuser AG, Basel (1979)
10. Küchler, A.: Hochspannungstechnik. Springer, Berlin (1997)
11. Montsinger, V.M.: Belastung von Transformatoren nach dem Grade ihrer Erwärmung. Etz **23**, 739 (1931)
12. www.huntsman.com
13. IEC 60376: Specification of technical grade sulphur hexafluoride (SF6) and complementary gases to be used in its mixtures for use in electrical equipment (2018)
14. IEC 60480: Specifications for the re-use of sulphur hexafluoride (SF6) and its mixtures in electrical equipment (2019)
15. Mosch, W., Hauschild, W.: Hochspannungsisolierungen mit Schwefelhexafluorid. Dr. Alfred Hüthig Verlag, Heidelberg (1979)
16. Finis, G.: Das Verhalten von Silikongel unter hohen elektrischen Feldstärken. Dissertation, Universität Kassel (2005)
17. Belz, O.: Mikrohohlkugelgefülltes Silikongel als Isolierstoff in der Hochspannungstechnik. Dissertation, Universität Kassel (2010)
18. Europäisches Patent EP 2281 294 B1, Hochspannungswandler mit flexibler Isolierung, Patentblatt 2012/04
19. Schaumburg, H.: Einführung in die Werkstoffe der Elektrotechnik. Teubner Verlag, Stuttgart (1993)
20. Roth, Arnold: Hochspannungstechnik. Julius Springer, Wien (1938)
21. Schaumburg, H.: Werkstoffe und Bauelemente der Elektrotechnik Band 5 Keramik. Teubner Verlag, Stuttgart (1994)
22. IEC 60672-1: Ceramic and glass insulating materials Part 1: Definitions and classification (1995)

R. Minkner und J. Schmid, *Technologie der Messwandler,*
https://doi.org/10.1007/978-3-658-30207-8

23. NGK Insulators Ltd.: Technical Guide, catalog no. 91, Tokyo japan (1974)
24. IEC 60672-3: Ceramic and glass insulating materials Part 3: Specifications for individual materials (1997)
25. Kunde, K., Schmid, J.: Development of SF6 current transformers and capacitive voltage transformers for high voltage levels with regards to design, installation and service life of instrument tranfsormers, CEPSI (Conference of the Electric Power Supply Industry), Mumbay/India, Nov. 2006
26. CIGRE technical Broshure 455, Aspects for the Application of Composite Insulators to High Voltage (≥72kV) Apparatus, CIGRE April 2011
27. Europäisches Patent EP0821373A1, Kunststoffverbundisolator mit spiralförmigem Schirm und Verfahren zu seiner Herstellung, Patentblatt 1998/05
28. IEC 61462: Composite hollow insulators – Pressurized and unpressurized insulators for use in electrical equipment with rated voltage greater than 1 000 V – Definitions, test methods, acceptance criteria and design recommendations (2007)
29. IEC 62217: Polymeric HV insulators for indoor and outdoor use – General definitions, test methods and acceptance criteria (2012)
30. IEC 60137: Insulated bushings for alternating voltages above 1000 V (2017)
31. Kuipers, L., Timman, R.: Handbuch der Mathematik. De Gruyter, Berlin (1968)
32. Voss, H.J.: Technologie der Öl- und SF6-isolierten Wandler, FKH Fachtagung 2003 Hochspannungsmesswandler, Zürich (2003)
33. IEC 61869-1: Instrument transformers Part 1: general requirements (2007)
34. IEC 61869-2: Instrument transformers Part 2: additional requirements for current transformers (2012)
35. IEC 61869-6: Instrument transformers Part 6: additional general requirements for low power instrument transformers (2016)
36. IEC 61869-8: Instrument transformers Part 8: additional requirements for electronic current transformers, draft (2020)
37. IEC 61869-10: Instrument transformers Part 10: additional requirements for low power passive current transformers (2017)
38. IEC 61869-9 Instrument transformers Part 9: digital interface for instrument transformers (2016)
39. IEC 61850-9-2: Communication networks and systems in substations Part 9-2: Specific communication service mapping (SCSM) – sampled values over ISO/IEC 8802-3 (2020)
40. Boll, R.: Weichmagnetische Werkstoffe. Vakuumschmelze, Hanau (1990)
41. Europäisches Patent EP1851 566 B1, Ringkern-Stromwandler mit Phasenkompensationsschaltung, Patentblatt 2009/27
42. CIGRE technical brochure 57: The paper-oil insulated measurement transformer (1990)
43. IEC 60060-1: High-voltage test techniques – Part 1: general definitions and test requirements (2010)
44. IEC 60085: Electrical insulation – Thermal evaluation and designation (2007)
45. Europäisches Patent EP0990160B1, Ringkern-Stromwandler mit integriertem Messshunt, Patentblatt 2001/48
46. Minkner, R.: Universelle Ringkern-Stromwandler für Mess- und Schutzzwecke, ETZ Elektrotechnik und Automation, Bd. 22. VDE, Berlin (2003)
47. Minkner, R.: Der Drahtwiderstand als Bauelement für die Hochspannungstechnik und Rechentechnik, Bd. 4. Vieweg Verlag, Messtechnik (1969)
48. Minkner, R.: Die Technologie des modernen Hochspannungswandlers, ETG Sponsortagung 22.01.1992 in Muttenz/Schweiz, ETG im SEV Zürich, ETG Band 22d (1992)
49. LOPO – Low power instrument transformer for medium voltage switchgear, Trench Switzerland Prospekt E910, Basel (2011)

50. Nicati, P.A.: Capteur de courant à fibre optique base sur un interféromètre de Sagnac, PhD Thesis no. 976, EPFL, Lausanne, 1991
51. Bohnert, K., Guggenbach, P.: A revolution in high dc current measurement. ABB Review **1**, 6–10 (2005)
52. Optical current transformers for air insulated substations, Trench Katalog TOCT_IEC, 8/2016
53. IEC 61869-3: Instrument transformers Part 3: additional requirements for inductive voltage transformers (2011)
54. IEC 61869-5: Instrument transformers Part 5: additional requirements for current transformers (2011)
55. IEC 61869-11: Instrument transformers Part 11: additional requirements for low-power passive voltage transformers (2017)
56. IEC 61869-7: Instrument transformers Part 7: additional requirements for electronic voltage transformers, draft (2020)
57. IEC 61869-15: Instrument transformers Part 15: additional requirements for voltage transformers for DC applications (2018)
58. CIGRE technical broshure 394: State of the art of instrument transformer, October 2009
59. Minkner, R.,et al.: Ferroresonance Oscillations in Substations. VDE, Berlin (2019)
60. Steward, J.L.: Circuit Theory and Design. Wiley, New York (1956)
61. Liebscher, F., Held, W.: Kondensatoren. Springer, Berlin (1968)
62. Adler, H., Minkner, R., Reinhold, G., Seitz, J.: Ein hochstabilisierter 1.5 MeV Elektronenbeschleuniger. Proc. Eur. Reg.Conf. Electron. Microsc. **1**, 122–125 (1960). Delft
63. Minkner, R.: Untersuchungen an Hochspannungsgleichrichtern zur Erzeugung konstanter Gleichspannungen. Dissertation, TU Berlin (1965)
64. Minkner, R., Schweizer, E.: Low power voltage and current transducer for protecting and measuring medium and high voltage systems. WPRC, Spokane Washington/USA (1999)
65. Menten, L., Amsinck, R.: Electronic voltage measurement system for gas-insulated substations. 4th international symposium on high voltage engineering; Athens, Greece, September 1983
66. Matthiessen, P., Weigel, U.: Spannungswandler für Hochspannungsanlagen mit kapazitivem Teilern und elektronischem Messverstärker. Bulletin SEV **71**, 450–455 (1980)
67. Blind, R.: Emil Haefely AG, interner Bericht ZEB Nr. 36 (1972)
68. Minkner, R., Schmid, J.: Widerstandstechnologie für Mittelspannungssensoren. ETZ Elektrotech.+Autom. **17**, 18–21 (2000)
69. Jost, C.: Die Messung der Beanspruchung eines Spannungssensors, Semesterarbeit E5c. University of Applied Sience, Burgdorf/Schweiz (1997)
70. Datenblatt: Du Pont 110X High voltage thick film resistor composition, www.dupont.com
71. Minkner, R.: Ein universeller RC-Spannungswandler für Hochspannungs-Versorgungsnetze. ETZ Elektrotech.+Autom. **22**, 22–29 (2002)
72. Seljeseth, H., Saethre, E.A., Ohnstad, T., Lien, I.: Voltage transformer frequency response. Measuring harmonics in Norwegian 300 kV and 132 kV power systems, harmonics and quality of power, 1998. Proceedings. 8th international conference on Volume 2, Issue, 14–18 Oct 1998
73. Minkner, R., Schmid, J.: Koaxiale Spannungssensoren in gasisolierten Mittelspannungsanlagen. ETZ Elektrotech.+Autom. **19**, 62–64 (1999)
74. Pohl, M., Schröder, H.: Einfluss des Ausgleichvorgangs auf den Richtungsentscheid von Distanzschutzgeräten. ETZ-A **4**, 90 (1969)
75. Hou, D., Roberts, J.: Capacitive voltage transformer: transient overreach concerns and solutions for distance-relaying. WPRC Spokane, Washington/USA (1995)

76. Bnmouyal, G., Hou, D., Roberts, J., Tziovams, D.: The effect of conventional instrument transformer transient on numerical relay instruments. WPRC, Spokane Washington/USA (2000)
77. DIN EN 50160: Merkmale der Spannung in öffentlichen Elektrizitätsversorgungsnetzen (2011)
78. Küpfmüller, K.: Einführung in die theoretische Elektrotechnik. Springer, Berlin (2008)
79. Doetsch, G.: Handbuch der La Place Transformation. Springer, Basel (1956)
80. Europäisches Patent EP098003B1, RC-Spannungsteiler, Patentblatt 2006/10
81. Rahmatian, F.: Optical instrument transformers, pacworld, Houston/USA, März 2018
82. Bohnert, K., Gabus, P., Brändle, H.: Fiber-optic current and voltage sensors for high-voltage substations. 16th international conference on optical fiber sensors, October 13–17, 2003, Nara, Japan
83. Sjövall, K.: ABB outdoor instrument transformer application guide, ABB Ludvika/Schweden (2005)
84. IEC 60599: Mineral oil-filled electrical equipment in service – guidance on the interpretation of dissolved and free gases analysis (2015)
85. Bedienungsanleitung IOSK, Trench Switzerland, Basel (2010)
86. Omicron MPD 600, www.omicronenergy.com
87. Haefely DDX 9121b, www.haefely.com
88. Praehauser, T.: Elektrotechnik und Maschinenbau. Z. des Elektrotechnischen Vereines Wien **86**, S193–S201 (1969)

MIX
Papier aus verantwortungsvollen Quellen
Paper from responsible sources
FSC® C105338

If you have any concerns about our products,
you can contact us on
ProductSafety@springernature.com

In case Publisher is established outside the EU,
the EU authorized representative is:
Springer Nature Customer Service Center GmbH
Europaplatz 3, 69115 Heidelberg, Germany

Printed by Libri Plureos GmbH
in Hamburg, Germany